ディープラーニングを支える技術

「正解」を導くメカニズム
［技術基礎］

Okanohara Daisuke
岡野原 大輔
［著］

技術評論社

本書について

　本書は、「ディープラーニング」の基本となる考え方から最新の発展までを、そのしくみや原理に従ってまとめた技術解説書です。

　ディープラーニングは現在の「人工知能」(AI)の発展の中核を担っており、さまざまなアプリケーションやサービスを通じて実用化が進むとともに、将来の人工知能の発展において重要な技術として研究開発が進められています。たとえば、ディープラーニングは画像認識や音声認識、自然言語処理(機械翻訳、質問応答)、ロボティクス、自動運転、材料探索、創薬、異常検知、最適化、プログラミング支援など、幅広い分野で大きな成果を挙げています。

　人工知能の中でもデータから知識やルールを獲得するのが「機械学習」であり、機械学習の中でも層数が多く幅の広い「ニューラルネットワーク」と呼ばれるモデルを使うアプローチが「ディープラーニング」です。

　ニューラルネットワークは単純な関数を大量に組み合わせていくことで複雑な関数を表現し、その実体は「関数の塊」のようなものです。各関数はパラメータで特徴づけられており、パラメータを変えることで挙動を変えることができます。そして、ニューラルネットワークは目的のタスクをこなせるよう、膨大な数のパラメータを局所的な相互作用の情報を元に効率的に調整するしくみ、いわゆる誤差逆伝播法を備えています。これによって、ニューラルネットワークは同じモデルを使って実にさまざまな問題を扱うことができます。

　ディープラーニングは、データや問題の表現方法/特徴を学習するという「表現学習」を実現することで、これまでの機械学習にないような高い性能と柔軟性を兼ね備えています。

　ディープラーニングの利用環境は、日々整ってきています。ディープラーニングフレームワークを使った開発環境や学習済みモデルなどが整備されることで、すぐに簡単に試せる/使えるようになってきました。

　一方で、実際にディープラーニングを現実世界の問題に適用しようとするとさまざまな事態に遭遇することがあります。そうした場合に、機械学習やディープラーニングのしくみやその原理について理解していることで、問題を的確に把握し、それを解決したり回避したりすることができます。

　すでに本書以外でもディープラーニングを扱っている文献は、多く登場しています。そうした文献と比べると、本書は次のような特徴があります。

　一つめは、本書はさまざまな手法やアイディアをカタログのようにまとめるのではなく、それらの背後にある原理、原則、考え方を中心に解説をしていき、

その中でさまざまな手法を紹介していくように心がけました。こうすることによって、機械学習やディープラーニング全体を貫く問題やそれに対する解決法を理解していけることを期待しています。なぜ人が持っている知識を直接、プログラミングするのではなく学習させる必要があるのか、どのようにして学習させ、その際にどのような問題があるのかといったことを理解することができます。

二つめは、急速に進化し続けているディープラーニングの世界において、近年注目されるようになってきた手法について、広く深く取り上げていることです。とくに「ReLUなどの活性化関数」「スキップ接続」「正規化手法」という学習の三大発明は、なぜ、それによって学習がうまくできるようになるのかという直感的、理論的な説明を行うように心がけました。また、Transformerなどでも使われており、今後のディープラーニングの中心的な役割を果たす「注意機構」についても詳しく取り上げています。

三つめは、人工知能のこれまでの歴史やディープラーニングの現在の位置づけ、今後の展望について解説していることです。人工知能は発展途上の技術であり、現在どのような問題が解けていて、また解けていないのか、今後どのような発展があるのかについて言及しています。

筆者は発展著しいディープラーニングやその周辺分野について理解しようと、これまでディープラーニング関連の論文を毎日数本読むというのを10年間続けてきており、これまで延べ数千本の論文を読んできました。単純な方法が驚くほどうまく働く、これまでの理解とは違ったしくみで動いていることがわかるなど、日々驚きがありました。また、それらのいくつかを実装、実験したり、また会社の中で実世界の問題を解決できるよう社会実装し、成功と失敗の経験を数多く積んできました。

こうした経験を元に本書を執筆しました。今後のソフトウェア開発において、ディープラーニングを使う機会はさらに増えてくると考えられます。ディープラーニングをサービス/アプリケーションのメインの機能として利用する場合もあれば、一部の機能として利用する場合もあるでしょう。また、ユーザーとして触れる機会もより多くなると思います。

本書を通じてディープラーニングの基本構造を理解し、その魅力に触れることで、ディープラーニングをこれから学ぼうとする方、またすでに知っている方、使っている方、さまざまな方々にとって、今後のディープラーニング、最先端の人工知能への関心がますます高まる機会につながればと思っています。

本書の構成

本書は、全5章と Appendix から成ります。

第1章　ディープラーニングと人工知能
なぜディープラーニングが成功しているのか

第1章は、ディープラーニングと人工知能と題し、はじめに知能とは何なのか、それをコンピュータ上で実現する人工知能の実現にどのような難しさがあるのかを解説します。次に、人工知能の歴史について概説し、ディープラーニングがどのような位置づけにあるのかを押さえます。最後にディープラーニングがなぜ急速に発展したのかについて計算リソース、データ、手法の観点から説明します。

第2章　［入門］機械学習
コンピュータの「学習」とは何か

第2章は、機械学習の基礎知識を説明します。なぜ直接、知識を実現するルールやプログラムを直接コンピュータに実装せず、データから学習する必要があるのか、機械学習における学習とは何か、機械学習の主要な目的である汎化とは何かを解説します。また、代表的な学習手法として教師あり学習、教師なし学習、強化学習を紹介した後に、機械学習の流れをひととおり取り上げます。

第3章　ディープラーニングの技術基礎
データ変換の「層」を組み合わせて表現学習を実現する

第3章は、ディープラーニングの基本を説明していきます。ディープラーニングが実現する「表現学習」とは何か、なぜ重要かを解説します。次に、ディープラーニングとはどのようなモデルなのかを説明した後、その学習のエンジンである誤差逆伝播法について解説していきます。最後に、ディープラーニングのモデルを構成するテンソル、接続層、活性化関数/活性化層を紹介します。

第4章　ディープラーニングの発展
学習と予測を改善した正規化層/スキップ接続/注意機構

第4章は、ディープラーニングの発展について紹介していきます。ディープラーニングの学習を成功させるために重要な役割を果たす「正規化層」「スキップ接続」について詳しく解説していきます。また、ディープラーニングの表現力や柔軟性を飛躍的に向上させ、Transformer など現在のディープラーニングの中心的な役割を果たしている「注意機構」についても取り上げます。

第5章　ディープラーニングを活用したアプリケーション
大きな進化を遂げた画像認識、音声認識、自然言語処理

第5章では、ディープラーニングを使ったアプリケーションとして、画像認識、音声認識、自然言語処理の例を挙げていきます。ディープラーニングの世界は進歩が速いので、ここではあえて最新手法を紹介せず、今後も必要となるであろう基本的な考え方、問題の解き方を中心に説明を進めます。

Appendix　［厳選基礎］機械学習&ディープラーニングのための数学

Appendix では、本書の理解に役立つ数学の知識をまとめました。厳選基礎と題して「線形代数」「微分」「確率」を取り上げます。

本書の補足情報

本書の補足情報は以下から辿れます。

URL https://gihyo.jp/book/2022/978-4-297-12560-8

前提知識について

本書を読むために必要となる特別な前提知識は、それほどはありません。以下のような基礎知識があれば、より読みやすいでしょう。

- 高校数学
  - ➡ とくに役立つのは線形代数、微分、確率といった知識
- コンピュータの基本的なしくみ
  - ➡ プロセッサ、メモリ/記憶装置、並列処理、計算量、データ構造

解説にあたり、前半（第1章～第2章）は、おもに文章と図を用いて数学などをできるだけ使わない解説を行っています。後半（第3章～第5章）は、数学的な知識を使った説明を最低限加えることで、概念をより正確に理解できるように解説を行いました。解説内容をより深く理解したい方、以前勉強されて忘れてしまったという方など、必要に応じてAppendixを参考にしてみてください。

謝辞

本書を執筆するにあたり、まず編集者の土井さんには長く諦めずにお付き合いいただいたこと感謝します。2014年に最初の話を受け（最初のテーマは別でした）、2017年に筆者の希望でディープラーニングのテーマに変更し、その後何度も断絶しながらも諦めずに励ましていただいたおかげで最後まで執筆することができました。

ディープラーニングの発展に貢献されている研究/開発に携わっている業界やアカデミアの方々にも感謝しています。また、勤務先のPreferred Networksの同僚の方々には、本書の最初の草稿について見てもらいフィードバックをいただき、感謝しています。その後も追加変更をしており、もし本書中に間違いなどありましたら筆者の責任です。

また、執筆は早朝に少しずつ書きためていったものですが、そのようなイレギュラーな生活を支えてくれた家族にも感謝しています。

第**2**章
［入門］機械学習
コンピュータの「学習」とは何か
44

第**3**章
ディープラーニングの技術基礎
データ変換の「層」を組み合わせて表現学習を実現する

第**4**章
ディープラーニングの発展
学習と予測を改善した正規化層/スキップ接続/注意機構   172

第5章
ディープラーニングを活用したアプリケーション
大きな進化を遂げた画像認識、音声認識、自然言語処理　222

Column

ディープラーニングを支える技術

「正解」を導くメカニズム［技術基礎］

第 1 章

ディープラーニングと
人工知能

なぜディープラーニングが成功しているのか

図1.A 　　　**数字で見るディープラーニング ──深層学習の今**

学習データ量

言語モデル

- RNNベース　100万単語
  （2011）
- GPT-3　5000億トークン
  （2020）

画像認識

- AlexNet　　　　100万枚
  ImageNet（2012）
- SEER　　　　　10億枚
  （2021）

学習時間

- AlexNet　5〜6日/2GPU
  （2012）
- OpenAI Five　10ヵ月
  （2019）　　　1500GPU

チーム対戦ゲーム（5 vs. 5）

ディープラーニング（*deep learning*、深層学習）は現在の人工知能の発展の中心を担っており、画像認識、音声認識、自然言語処理をはじめとして多くの分野で目覚ましい進展をもたらしています。

　コンピュータがデータから「ルールや知識を獲得」（学習）するアプローチを機械学習（*machine learning*、マシンラーニング）と呼びます。その機械学習の中でもニューラルネットワークと呼ばれるモデルを使って表現学習も同時に行うアプローチを「ディープラーニング」と呼びます。本書では、このディープラーニングについて基本的な話から最先端の話まで解説し、人工知能の最前線を紹介していきます。

　本章では、そもそも人工知能（さらには知能）とは何なのか、人工知能を実現するためにこれまでどのような試みがなされてきたのか、なぜその中でもディープラーニングが成功しているのかについて説明していきます 図1.A 。

モデルサイズ（パラメータ数）

- DALL-E　120億パラメータ
  （2021）
  テキストから画像を生成
- Switch Transformer　1.6兆パラメータ
  （2021）
  自然言語処理

PROMPT:avocado
IMAGES:

層数

- AlexNet　11
  （2012）
  タンパク質構造の予測
- AlphaFold　1500（繰り返し含む）
  （2021）
- Deep Equilibrium Model　事実上無限
  （2019）

処理基盤（ハードウェア）

- Tesla Dojo 1.8EFLOPS（自動運転向け）
  （2021）　　　　　5760GPU
- Microsoft/OpenAI　10000GPU
  （2020）

1.1
ディープラーニング、知能、人工知能とは何か

ディープラーニングとは何なのか。そもそも知能、人工知能とは何かについて、本節で考えてみましょう。

多様な問題を一つのアプローチで解ける「ディープラーニング」

ディープラーニング（*deep learning*、**深層学習**）は、現在の**人工知能**の中心を担っている手法の一つです。**ニューラルネットワーク**（*neural network*）と呼ばれるモデルを使ってデータからルールや知識を学習し、学習されたモデルを使って予測や認識、生成などさまざまなタスクを実現します。

ディープラーニングは、驚くほど多くのタスクを実現できます。

たとえば、カメラで撮影した対象を認識することができ、どこに人や物体が写っており、それらが何であるかを分類し、次にどのように動くのかといったことを予測することができます。

マイクで集音した波形データから話している言葉を書き起こすことができ、それを百を超える言語にプロに匹敵する精度で翻訳することができます。

テキストに何が書かれているのかを理解し、質問に答えたり、要約したり、必要な情報を検索することもできます。

新しい材料や薬の候補を探索し、望むような性質を持つように改良し、その設計方法を導出することもできます。

ロボットを制御し、荒れ地を歩き回ったり、モノを掴んだり操作することもできるようになります。

囲碁、将棋、チェスなどで、トッププレイヤーより強いシステムを作ることができます。

スケッチから写実的な絵を生成したり、動かしたりすることができます。

このような多様なタスクを、ディープラーニングで実現することができます。

ディープラーニングは「データ」から解法を学習する

　こうした多くの問題を一つのアプローチ、アルゴリズムで解けることは驚異的なことです。

　従来、こうした問題を計算機(コンピュータ)上で解くには、それぞれの問題ごとに専用のアルゴリズム、解き方の手順を考える必要がありました。

　それに対し、**ディープラーニングは学習用のデータ**が用意できれば、さまざまな問題に対応し、その解法を得ることができます。しかも、人が思いつくような手法を遥かに超えるような精度や性能を達成できるようなシステムを作ることもできます。画像認識や音声認識、自然言語処理においては、これまで世界中の研究者やエンジニアが叡智を振り絞って数十年にもわたって考えてきた手法を超える性能を、ディープラーニングによって数時間の学習で実現されてしまうのです。

Column

モデルとは何か

　本書では**モデル**(*model*)という言葉がさまざまな形で登場します。

　モデルのもともとの定義は、対象物や対象システムを情報として抽象的に表現したものです。対象となるシステムのうち興味のある部分だけを切り取って簡略化し、扱いやすく本質を捉えられるようにしたものといえます。

　機械学習におけるモデルは、対象の問題で獲得したい未知の分類器や予測器を表したものであり、入力を与えると出力を返すような関数とみなすことができます。ただ、純粋な関数とは限らず、状態や記憶を持つ場合もあります。このモデルは**パラメータ**で特徴づけられた**パラメトリックモデル**(*parametric model*)を指すことがほとんどですが、k近傍法(*k-nearest neighbor algorithm*、k-NN)のようなパラメータを持たず、データだけから構成されるモデルも存在します。

　その他のモデルの例として、本書の言語獲得の一節で登場する**心理モデル**は、人の心理状態を抽象化しシミュレーションし、何を感じているか、どのような感情であるか、入力に対しどのように反応するかといったシステムや関数を示しています。また、**強化学習**(*reinforcement learning*)で登場する**世界モデル**(*world model*)は、「環境」を模したものであり、エージェントがとる行動に対し環境がどのように遷移するのかを表しています。

　データからルールや知識を獲得すること自体は**機械学習**という分野で長い歴史があり、すでに多くの分野で成功を収めてきましたが、**ディープラーニング**という、これまでにない柔軟性と学習性能を持ったモデルが登場したことで、その進展が加速しています。

　　　　　　　　　　　　　　　　　　　　　　　　　　　　　　　　　　　　

　このディープラーニングの凄さを理解するためには、そもそも知能とは何か、なぜ実現が難しいのか、これまでどのような試行錯誤がされてきたのかについて触れる必要があります。それらについて順に説明していきます。

知能とは何か。人工知能とは何か。

　人工知能(*artificial intelligence*、AI)とは、人が備えているような**知能**をコンピュータで実現する試みです。しかし、そもそも「知能」とは何でしょうか。

　知能とは何であるかについては、専門家の間でも議論が分かれています。たとえば、Shane Legg(シェーン・レッグ)とMarcus Hutter(マーカス・ハッター)は、これまで専門家が提唱した70の異なる人工知能の定義をまとめています[注1]。その中からいくつか定義を引用すると、「環境変化に対応し学習する能力」「認知的複雑性に対応する能力」「抽象的に考え言語を運用できる能力」「多様な環境のさまざまな目標を達成できる能力」とあります。

　いずれの定義も尤もらしいものであり、大きく外れているようには思えません。このような多様な定義を統一的に扱えるような理論は、未だ打ち出されていません。

　一般に知能というと、学校のテストで高い点数をとれるような能力、知能テストで見られるような図形やパターンの背後にある法則を見つけ、その法則を適用できる能力のようなものだと考えられるかもしれません。しかし、知能とはこのような特別な問題を解く能力とは限りません。**日常生活の何気ないあらゆる行動、判断の瞬間に知能が使われています** 図1.1 。

- -

注1　•参考：Shane Legg、Marcus Hutter「A Collection of Definitions of Intelligence」(Frontiers
　　　in Artificial Intelligence and Applications、Vol.157、pp.17-24、2007)

図1.1 「知能」とは何か

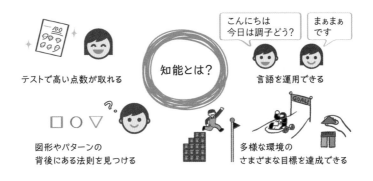

- テストで高い点数が取れる
- 図形やパターンの背後にある法則を見つける
- 知能とは？
- 言語を運用できる
  - こんにちは今日は調子どう？
  - まぁまぁです
- 多様な環境のさまざまな目標を達成できる

ポランニーのパラドックス

そして、重要なことですが、こうした**知能の大部分はほとんど意識せず実行されています**。人は日常生活の中で、今のコンピュータがまだ扱えないような膨大かつ高度な処理を苦労せず実現しています。これをハンガリー出身の科学者Michael Polanyi（マイケル・ポランニー、マイケル・ポラニー）は「我々は語れる以上のことを知っている」と表現しており[注2]、このような明示できない暗黙知が存在することを「ポランニー（ポラニー）のパラドックス」と呼びます。

別の言い方をすると、人は多くの**情報処理を無意識下で行っており**、どれほど高度な処理をしているのかに自分すら気づいていません。

人は無意識下で膨大かつ複雑な処理をしている

人は常に目、耳、鼻、舌、肌などから得られた感覚情報を統合し、外部世界を認識しています **図1.2**。そして、これらは別個の経験ではなく**一つの経験**として統合され、さらに各瞬間ごとに別々の感覚としてではなく**一貫性のある統合された感覚**として処理されています。さらに、認識した結果から自分の過去の経験や知識を自動的に想起し、比較し、それに基づいて行動を起

注2 ・参考：『暗黙知の次元-言語から非言語へ』（Michael Polanyi 著、紀伊國屋書店、1980）

こします。現在のコンピュータでも達成できない、このような膨大で高度な処理が無意識下で瞬時に行われています。

　これ以外にも**言語の運用**、他者の心の推定とそれに基づいた**協調行動**、経験からの**因果関係の推定**といった複雑な処理を意識せずに難なくこなします。

図1.2　　　統合された感覚

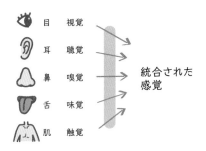

システム1とシステム2

　心理学者であり経済学者でもある Daniel Kahneman（ダニエル・カーネマン）教授は、人の意思決定は「システム1」（速い思考）と「システム2」（遅い思考）と呼ばれる二つのしくみから成ると提唱しています[注3]。

　システム1はよく知っている問題を扱う場合に発動し、直感的、高速で自動的に働き、考えることに努力はほぼ必要なく、並列処理ができ、連想するのが得意です。それに対し、**システム2**はシステム1がうまくいかない場合や、はじめて見る問題を扱う場合に発動し、未知の問題に対処できますが、論理的で遅く、考えるには注意力が必要で長時間使うと疲れ、同時に一つしか処理できないという特徴を持ちます。

　たとえば、知っている道を車で運転する場合はシステム1で達成され、並列で処理ができ、隣の人と会話できるのに対し、知らない道を運転する場合はあらゆる部分に注意を払う必要があり、同乗者と会話する余裕はありません（システム2）。そして、これら二つの機能は自動的に使い分けられ、多くの場合は同時に利用し問題をこなしていきます。

注3　•参考：『ファスト＆スロー』（上／下、Daniel Kahneman 著、早川書房、2014）

このように、知能は何か一つの単純なしくみで実現されているわけでなく、**さまざまな能力から成る総合的な能力**です。そして、ポランニーのパラドックスやシステム1、システム2でも表されるような、無意識下で実現されている直感的な知能処理と意識下で実現されている論理的な処理が複雑に絡み合っています。

コンピュータ上で実現可能な知能を求める

これらの知能は人が実現しているので、まだ実現されていないチャレンジとは違って、人のような知能は実現可能であることは証明されています。一方で、どのようなしくみで実現されているかについては、その多くは解明されていません。しかし、人における実現手法がわからなくても、別の実現手法で同じ機能をコンピュータ上で実現することができます。

そもそも人とコンピュータは、そのハードウェアの特徴が大きく違います。たとえ、人における実現方法がわかったとしても、それをコンピュータ上に実現することは容易ではありません。また、逆に人の方が苦手で、コンピュータの方が容易に実現できることも多くあります。たとえば、記憶や計算などはコンピュータの方が膨大な量を正確に誤りなく実行することができますし、あるコンピュータに収められた情報を他のコンピュータに一瞬でコピーするといったこともできます。

このような状況は、鳥の飛び方を参考にしながら、飛行機が発展してきた経緯と似ています。鳥の羽や胸筋は、現在の科学を持ってしても実現不可能な技術で作られていますが、その代わりに飛行機は、固定翼、プロペラ、エンジンなど別のしくみを使って同じ空を飛ぶという目的を達成しています。

これと同様に、人工知能では人の知能を参考にしつつ、必ずしもそのしくみをすべて再現する必要はなく、半導体や周辺機器を使ったコンピュータを利用して別のしくみで知能を実現しようとしています 図1.3 。

図1.3　人や生物が持つ能力を別ハードウェアで実現する

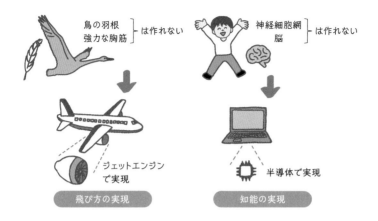

人にとっての難しさと人工知能にとっての難しさは違う

人にとって簡単/難しいタスクと、コンピュータにとって簡単/難しいタスクは、必ずしも一致しません 図1.4 。

図1.4　コンピュータ（計算機）が得意なこと、（まだ）苦手なこと

```
123
+456
─────
579
```
高速で　　　　　正確に情報を伝える　　複雑な外部世界　　"赤いトマト"=
正確な計算　　　　　　　　　　　　　を認識する　　　　言語を理解し、
　　　　　　　　　　　　　　　　　　　　　　　　　　現実世界の
　　　　　　　　　　　　　　　　　　　　　　　　　　現象と結びつける

膨大な情報を誤りなく記憶する　　　　因果関係を推定する

コンピュータが得意なこと　　　　コンピュータが（まだ）苦手なこと

しかも、先ほど述べたように、人は自分がどれだけ高度なタスクを解いているのについて無自覚なので、今の人工知能をいろいろな問題に適用する場合に予想外の課題に直面します。こうしたギャップは、ディープラーニングの現実世界への適用を難しくしています。

本書の目的は、この過渡期にあるディープラーニングの現状を技術面から可能な限り正確に伝え、どのようなしくみで動いているのか、どのような問題に使えるのか、今後どのように発展していくのかの見通しを示し、共有することです。

なぜ人工知能の実現が難しいか

なぜ人工知能の実現は難しいか、どのような課題があるのかについて、さらに見ていきましょう。

人は、コンピュータやプログラムを使って非常に複雑なシステムを作ることができます。現在のOS（*Operating system*）やWebサービスなどは、世界の中で最も複雑で精巧にできているシステムの一つといえるでしょう。それであれば人工知能も同様に、人が自分自身が持っている知識をプログラムしていけば実現可能なように見えます。実際、このようなアプローチは過去数十年にかけて行われており、現在でも進んでいますが、簡単ではありません。

なぜ難しいかというと、ポランニーのパラドックスであったように、人はそもそも**自分の知能を無意識に実行しており**、**どのように実現しているのかを意識できない**ためです。そのため、人が知能をコンピュータ上でそれを実現しようとしたとき、どのような手続きで実現すれば良いか、わからないのです。

●⋯⋯⋯人は言語をどのように獲得しているか

例として、まず**言語獲得**を考えてみます。人は、母語であれば他の人が話しているのを聞いているだけで、多少の前後はありますが2、3歳頃には話し始めることができ、小学生の頃にはかなり難しい言い回しも使えるようになります。この母語の獲得過程では、外国語を学習するときのような単語の使い分けや文法の学習をしなくても、言語を扱う能力が獲得されていきます。

さらに、言語を扱う能力には、**言語という記号列を解釈、生成する能力**だけでなく、単語や句、文といった**記号列を現実世界の現象や概念に対応づけ**

る能力も含まれます。これは**記号接地**（*symbol grounding*、シンボルグラウンディング）**問題**として知られています。また、会話をする際に他者が何を知っているのか、考えているかを想像し、それに基づいて適切なコミュニケーションをとる**心理モデル**や**コミュニケーション能力**も実現されていきます。

　人は、この驚異的ともいえる言語能力を苦労なく獲得し、獲得した後は、驚くべき精度でこの処理を毎日無意識に実現します。この言語処理がいかに複雑で獲得が困難なものであるかは、幸か不幸か外国語を勉強する際に体験することができます。外国語を使う場合、相手の話していることは理解できず、自分の言いたいことを伝えることも四苦八苦します。さらに、文法や単語の使い方はいくら覚えてもきりがありません。非常に多くの年数をかけて努力して学習しても、母国語話者と同じレベルに到達するのはほぼ不可能です。

　このように、苦労なくほぼ完璧に運用している母国語も、それがどのようなルールに基づいて運用しているのかを説明することは容易なことではありません。言語学者が長い時間をかけて解明していますが、未だにそのルールの全容はわかっていません。わかっているならば、それをコンピュータに実装し、完璧に話せるようなコンピュータができているはずです。

●┈┈┈人は画像をどのように認識しているか

　二つめの例として、**画像認識**の例を考えてみます。一枚の画像が与えられ、それに写っているのが犬か猫かを当てる問題を考えてみましょう。ほとんどの人は苦労なく、この問題を正しく答えることができます。

　それでは次に、画像を見たときに犬か猫かにどのようにして分類したか、分類するルールを列挙してもらうことを考えてみます。読者のみなさんも、少し時間をとって考えてみてください。

　これは、実際は難しい問題です **図1.5**。犬と猫には違う点はありますが、ひげの長さや目の丸みなどで特徴的な部分を見つけることは難しいです。犬も猫も外見上は多様性があり、これらをカバーできるルールをもれなく列挙することも困難そうです。柴犬、プードル、三毛猫、シャム猫をどのように特徴づけ、どれとどれは一緒で、どれは違うかと正確に記述できるルールを見つけるのは極めて困難です。ルールが増えてくると、あるルールを導入すると、他のルールと干渉する可能性も出てきます。これら、特徴を見つけることや、共通や異なる部分を記述するルールを見つけることは、犬や猫をコンピュータ上でどのように表現するのかという表現方法の問題ということもできます。

このように、人は犬か猫かを容易にほぼ100％正確に分類できるのに、どのようにそれを実現しているのかわかっておらず、説明できません。

図1.5　分類できても分類方法がわからない

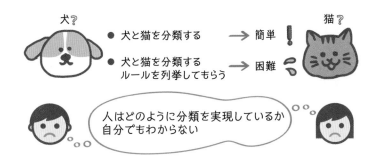

これは犬と猫に限った話ではなく、同様に生物と無生物、おいしそうな食べ物とおいしくなさそうな食べ物、物体が上を向いているか下を向いているか、といったことは判定できても、それをどのように実現しているのかを説明することは容易ではありません。

●……… 人は画像を分解し、そこから3次元情報を復元する

　画像を扱う異なる問題の例として、画像のセマンティックセグメンテーション（*semantic segmentation*）と呼ばれる問題を考えてみます。人は見ている風景を、木、地面、山、川、人などそれを構成している要素に正確に分けることができます。さらに、それらの構成要素が何であるか、それらはどのような姿勢、状態であり、お互い関係しているか（木が地面の上にある、人が川の手前にいる）を推定することができます。そして、要素同士が重なりあっており、一部分しか見えていない場合でも隠れている部分も含め全体がどうなっているだろうかを推定できます。

　また、画像というのは奥行きのない2次元の情報ですから、本来であれば3次元の情報を復元するには情報が不足しており、画像だけからは一意に3次元情報を特定できません。しかし、人は苦労することなく、2次元の画像を見ただけで3次元情報を推定できます。この能力を逆手にとって、本来存在し得ない3次元情報の推定を引き起こさせる錯視と呼ばれる現象も存在します。

人は経験を積むことで多くの機能を獲得できる

　人はこうした言語運用や画像認識の能力は生まれながらには持っていませんが、**経験を積むことで誰でも自然に獲得することができます**。

　このような無意識下で実現されている機能はほかにもたくさんあります。**抽象的な思考**、**連想記憶**、**物理モデル**（物体がどう動くのか、どのような軌道を描いて飛んでいくのか）、**心理モデル**（こういうことを言ったら相手の心情はどう変化するか）などがその例です。

　もちろん、**努力し、練習を繰り返して獲得する能力**も多くあります。自転車の運転や鉄棒、バイオリンやピアノの演奏、筆算、数学や物理の問題を解ける能力、料理をできるスキル、わかりやすい文章を書く能力、チーム運営能力や経営能力なども努力して獲得する部分が多いといえます。しかし、これら努力して獲得する能力も比較的、言語化、体系化されているとはいえ、すべて**明示的にルールやプログラム可能な形で表されるかというと難しい**のが現状です。

Column

汎用人工知能
AGI

　本章では、現在の人工知能と人の知能の差などについて焦点を当てて解説しています。本書が取り扱う人工知能は深層学習を中心とした知能であり、人工知能分野の一部です。これに対し、人が備えているようなさまざまなタスクをこなし、汎用的に使えるような人工知能をとくに汎用人工知能（*artificial general intelligence*、AGI）と呼び、多くの研究者や企業が取り組んでいます。汎用人工知能を実現できるのかについては研究者の間でも意見は分かれており、また実現するにしてもどのくらい期間がかかるのかについてもさまざまな意見があります。

　本書ではAGIについて詳しく扱いませんが、少なくとも現在の人工知能や深層学習はAGIからはまだ程遠く、実現には多くのブレークスルーが必要だと考えます。一方、多くのタスクで、人と同等もしくは人を超えるような能力も達成しています。

意識下と無意識下の処理の融合

　人の知能は、**無意識下の処理**と**意識下の処理**の**複雑な相互作用**で実現されています。意識下にある処理は氷山の一角で、その下では膨大な無意識下の処理がされています 図1.6 。

図1.6 **意識下、無意識下の処理**

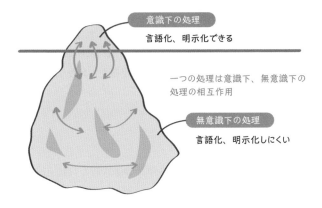

意識下の処理
言語化、明示化できる

一つの処理は意識下、無意識下の
処理の相互作用

無意識下の処理
言語化、明示化しにくい

　意識下の処理は明示化しやすく、言語化しやすいです。それに対し、無意識下の処理は意識されないため、どのように実現されているのかはよくわかっておらず、その能力がどのように獲得されるのかもよくわかっていません。

　さらに、無意識下の処理のほとんどは、並列処理で実現されています。さらに、これらの並列処理は独立ではなく協調して実現されています。こうした並列処理も、それを意識的にルール化する、言語化するのが難しい理由です。

　先述のとおり、ほとんどの処理は、無意識下の処理と意識下の処理の複雑な相互作用の上で成り立っています。たとえば、数学の問題で、補助線を入れたり式変形をすると簡単に解ける場合があります。こうした補助線や式変形、公式は意識上にある明示的な知能です。しかし、補助線の入れ方や式変形の**可能性は無数に存在**し、コンピュータをもってしても、すべての場合を列挙することは困難になります。しかし、人は直感をもって、どのような式変形をすれば良いかを目星をつけることができます。

　このように**知能**というのは、それを**どのように実現すれば良いかがわからない問題**を扱っているため、実現が容易ではありません。

1.2
人工知能の歴史

　ここまで知能とは何か、なぜそれを人工知能として実現するのが難しいのかについて紹介してきました。こうした困難に立ち向かいながら、これまで多くの研究者やエンジニアが人工知能の実現に向けて取り組んできました。

　本節では、人工知能がどのように発展してきたのかについて簡単に見ていきます。人工知能自体は計算機登場以前より考えられており、代表的な例としては1840年代にはAda Lovelace（エイダ・ラブレス）が考えていたと見られます[注4]。以下では、「人工知能」という分野が確立された1950年頃からの歴史を見ていきます。

ダートマス会議

　人工知能という言葉、分野は、1956年に開催された「Dartmouth Summer Research Project on Artificial Intelligence」（**ダートマス会議**）で作られました。この会議には人工知能をその後牽引するJohn McCarthy（ジョン・マッカーシー）、Marvin Minsky（マービン・ミンスキー）に加えて、情報理論を提唱したClaude Elwood Shannon（クロード・シャノン）など、当時の計算科学や人工知能を代表する研究者が多く参加しました。

　ダートマス会議の趣意書には「各分野を代表する研究者が2ヵ月集中して取り組めば、言葉を扱い、人のように抽象的に考え、人にしかまだ解けていないタスクを解くことについて大きく前進できるだろう」と書かれていました。

　それにもかかわらず、この会議では目覚ましい成果は生まれず、そもそも人工知能の問題そのものを把握すること自体が困難だということが明らかになりました。成果は出なかったものの、この会議の参加者たちがその後、各大学や研究機関で人工知能の研究をリードしていきます。

注4　●参考：『イノベーターズ1　天才、ハッカー、ギークがおりなすデジタル革命史』（Walter Isaacson著、講談社、2019）

シンボリック、ノンシンボリック

1950年から1960年にかけて、人工知能は「シンボリック派」と「ノンシボリック派」の二つの派閥に分かれ、それぞれ発展します。

●‥‥‥**シンボリック派** 記号処理によって問題解決を図る

シンボリック（*symbolic*）派は、**記号処理**（*symbolic processing*）によって問題解決を図るアプローチです。**定理証明**（*theorem proving*）や**ゲーム**に対し、専門家が作ったデータベース上で推論することで問題解決を図ります。

こうした記号処理による人工知能の実現を目的として、さまざまなプログラミング言語が登場してきます。人が知識を「プログラミング」という形で直接書き込めるようなプログラミング言語です。

その中でも、John McCarthyが開発した LISP は大きく注目されます。LISPはすべてがリスト（*list*）[注5]で表され、リストを操作することでさまざまな問題を解くことができます。関数すらリストに格納された値（ラムダ/*lambda*）であり、さらにプログラム自身がリストで書かれているため、プログラム自身がプログラムを操作できるという自己編集可能性を持っていました。現在もLISPの後継である Scheme などが利用されています。

●‥‥‥**ノンシンボリック派** パターン処理によって問題解決を図る

これに対し、**ノンシンボリック**（*non-symbolic*）派では、おもに**パターン認識**（*pattern recognition*）に基づき**音声処理**、**画像処理**を扱えるようなシステムの研究開発が進められていきます。とくに、画像処理は軍事目的による研究開発が進み、1960年代ではすでに空撮画像から戦車などを自動的に発見することが実用的なレベルとなっていました[注6]。

また、テキストなど言語情報をコンピュータを使って解析する**自然言語処理**（*natural language processing*、NLP）も発展し、機械翻訳や質問応答システムの研究や製品化が進められていました。

注5　たとえば、要素列を (1, 2, 3) と表し、数式も (+ (* a b) (* c d)) で a*b+c*d といったように表します。

注6　•参考：『The Quest for Artificial Intelligence』（Nils. J. Nilsson 著、2010）
　　　URL https://ai.stanford.edu/~nilsson/QAI/qai.pdf（Web版）

●········**ノンシンボリック派の代表例**　パーセプトロン

　ノンシンボリック派の中からは、後のディープラーニングにつながる**ニューラルネットワーク**を使った研究も広がっていきます。

　とくに、1957年にFrank Rosenblatt（フランク・ローゼンブラット）が人の学習、認識、記憶をモデル化した**パーセプトロン**（*perceptron*）と呼ばれる**ニューラルネットワーク** 図1.7❶ を提唱し大きな注目を集めました。

図1.7　　　　**パーセプトロン（初期のニューラルネットワーク）**

重み（後述）は
学習で調整される

入力　　出力

❶Frank Rosenblattは視神経のしくみをモデル化。現在のニューラルネットワークにつながる「パーセプトロン」を提唱した

❷Marvin Minskyらが著した本の中でパーセプトロンが与えられた図形が連結しているかどうかすら判定できないことを示した

将来は、シンボリック派とノンシンボリック派の融合が必要となる

　ちなみに、現在の人工知能では、ディープラーニングをその代表としてノンシンボリック派が唱えたモデルが成功しているように見えます。つまり、パターン処理によってあらゆる問題（言語やグラフなど、シンボリック派が得意としていた領域も含め）を解けるようになっています。

　一方で、先ほどシステム1とシステム2について少し取り上げましたが、それと関連したこれからの人工知能の方向性の話として、今後さらに難しい問題に取り組む場合には、シンボリック派が唱えていたような**抽象化された知識を取り込み、その表現上で処理することが重要になる**と考えられます。しかし、そこでもシンボリック派の人が唱えていたようなシンボルを直接操作するのではなく、ノンシンボリック派が作った**モデルの上で操作する**と考えられます。

AI楽観主義と現実との戦い

　人工知能（AI）への期待が世の中で高まっていくなか、人工知能の実力は計算機の能力や手法が十分開発されていないこともあり、その実力はまだ非常に限られたものでした。たとえば、1969年にMarvin Minskyは『Perceptrons』という本[注7]を出版し、1層のニューラルネットワークは与えられた図形が連結であるかないかという問題を解けないことを示しました（前出の　図1.7❷　）。人工知能が万能であると期待していた人は、こんな問題すら解けないのかと限界を知り、失望します[注8]。

　また、1965年に機械翻訳の実現を目指していたなかで、機械翻訳を評価するためにアメリカで創設された委員会であるALPAC（*Automatic Language Processing Advisory Committee*）が、「有用な機械翻訳が実現できる見込みはない」との報告を出し、機械翻訳の研究開発の予算が大幅に削減されます。機械翻訳の研究開発は大きく減速し、また多くのAIを使った企業も窮地を迎えます。

　しかし、そうしたなかでも、各大学や研究機関に根づいた人工知能研究コミュニティは発展し続け、実用化も少しずつ広がっていきます。

第五世代コンピュータ　そして、AI冬の時代

　そして、1975年から1985年にかけて世界的にAIブームが起きます。この中心となったのは経済分野での躍進が目覚ましかった日本であり、とくに1982年に当時の通商産業省を中心に「第五世代コンピュータ」という10年間で総額500億円超の予算がついたプログジェクトが立ち上がります。日本の経済成長を驚異としていた米国や欧米でも、これに対抗して同様のプロジェクトが立ち上がります。

　第五世代コンピュータは、大規模なデータベースと知識ベースを元に推論し、人と計算機が自然言語を用いてコミュニケーションがとれるような人工知能を目指したものです。

　ちなみに、第五世代という名前は、第一世代が**真空管**（*vacuum tube*）、第二

注7　●参考：『Perceptrons: an introduction to computational geometry』（Marvin Minsky/Seymour Papert著、MIT Press、1969）

注8　その後、多層のニューラルネットワークを誤差逆伝播法で学習させることで、連結であるか自体は少なくとも判定できることはわかっています。

世代が**トランジスタ**(*transistor*)、第三世代が**チップ**(*chip*、集積回路/*integrated circuit*)、第四世代が**VLSI**(*Very large-scale integration*)をそれぞれ使ったコンピュータであり、第五世代は多くの**並列プロセッサ**(*parallel processor*)を使った計算機であることに由来しています。

第五世代コンピュータではプログラミング言語として、論理型プログラミング言語である**PROLOG**（プロログ）が使われました。これは推論、自然言語処理に適しているとして選ばれました。

この第五世代コンピュータのもともとの目的は「並列推論ができるようなプロセッサを作る」ことでしたが、世の中の期待はその先にある人工知能の実現に集まりました。

このプロジェクトは実際に想定していたプロセッサを完成させることができ、もともとの目標は達成できました。しかし、そのプロセッサを元にさまざまな研究開発が進められたものの、有効なアプリケーションが見つけることができませんでした。また、開発された並列計算機も、そもそもPROLOGが並列処理に適していないこともあり、有効性を見い出せませんでした。

そして、その間に飛躍的に性能を伸ばしてきた商用ワークステーションやパーソナルコンピュータ(*personal computer*、PC)に性能面でも負けてしまいます。

Note

当時のコンピュータの進化

1979年のPC-8001 (NEC)のCPU (*Central processing unit*、Z-80A互換)が4MHz、RAM (*Random access memory*)が16KB (*Kilobyte*)なのに対し、1992年に登場したPC-9801A (NEC)のCPU (386)は約16MHz、RAMは1.6MB (*Megabyte*)となり、10年でPCの計算性能は数倍、RAM容量は100倍程度向上を達成しているような状況でした。

この第五世代コンピュータは大きな挑戦を行い、多くの人材を輩出したものの、期待されていたような人工知能(AI)の実現は達成できませんでした。その後、日本を含め世界は「AI冬の時代」を迎えます。

機械学習の時代

こうしたなかでも、コンピュータは**ムーアの法則**(*Moore's law*)[注9]に従い、

注9　半導体技術の進歩について「半導体回路の集積率は1.5〜2年で2倍となる」という予測。

指数的に性能向上し続け、また利用可能なデータも急激に増加していきます。それによって、「機械学習」と呼ばれる手法が台頭してきます。

● 機械学習はデータからルールや知識を獲得する

　機械学習(*machine learning*、マシンラーニング)は、人がコンピュータに**ルールや知識を明示的に与える代わりに、学習するためのデータを与え、コンピュータ自身がそのデータからルールや知識を獲得する**手法です。

　ここでの**ルール**(*rule*)とは、入力から出力や判定を求める**式**や、プログラムで書くような**手続き**などを指しており、**知識**は処理対象に関する情報を表しています。たとえば、自然言語処理(形態素解析や構文解析、文書分類)や機械翻訳などでは、各単語やフレーズはこういう意味を持つということをすべて辞書のような形で書き込み、日本語や英語の文法やそこから意味を導出するルールを人手で書いていました。

●⋯⋯⋯**機械学習はエキスパートを必要とせず、さまざまな問題にも適用できる**

　こうした**ルールや知識**は「複数人の専門家が数年かかって作っていく」ような作業であり、**作成自体にも、作った後に少し変更したりするメンテナンス**も、**膨大にもコスト**がかかります。とりわけ、大規模になっていったときに、一貫性を維持し、ルールや知識に矛盾がないように整合性をとる部分では多くの労力がかかります。

　こうした作業が、**機械学習**によって、**学習用データ**を使って機械にかけて数時間〜数日待てば、**自動的にできてしまう**ようになったのです。

　また、それぞれのルールや知識が特定の問題対象にしか使えないという問題もありました。この問題対象を**ドメイン**(*domain*、領域)と呼びます。**ドメイン特化型のモデル**といえば、その特定の問題にしか適用できず他の問題には使えないという手法です。機械学習は、学習データさえ用意できれば、モデルや学習アルゴリズムは同じものを使えるため、**さまざまなドメインに適用する**ことができる利点もありました。

●⋯⋯⋯**1990年代に多くの機械学習手法が登場する**

　機械学習手法としては、1990年代後半から単純ベイズ法(ナイーブベイズ法)、最大エントロピー法、ロジスティック回帰モデル、アダブースト、サポ

ートベクトルマシン、条件付き確率場などの各種手法が登場し、大きな注目を受けます 表1.1 。

表1.1 押さえておきたい機械学習の手法

手法名	概要
単純ベイズ法/ ナイーブベイズ法 （naive Bayes）	確率ベースの分類器。入力の各特徴が独立という強い仮定のもと、ベイズの定理を使い、クラス分類する。解析的にモデルが得られ、高速に学習でき、逐次更新も容易に可能
最大エントロピー法 （maximum entropy model）	制約（特徴の出現期待値など）を満たす確率分布の中でエントロピー（entropy、情報量の尺度、期待値）が最大のモデルを求める
ロジスティック回帰モデル （logistic regression）	対数線形モデルを使った確率モデルであり、単純パーセプトロンにSoftmax（後述）を使った場合、最大エントロピー法と一致する
アダブースト （adaptive boosting）	弱学習器（弱い学習器）を組み合わせて強い分類器を作る。少ない特徴集合で分類器を構成できる
サポートベクトルマシン （support vector machine、 SVM）	最大マージン原理に基づき超平面（hyperplane）を求める。カーネル法（kernel method）と組み合わせ、非線形の分類ができる
条件付き確率場 （conditional random field）	分類対象が、無向グラフ（undirected graph、頂点と向きを持たない辺により構成されたグラフ）で表現される確率変数の集合である場合に確率を定義する。自然言語処理や画像処理で利用される

●⋯⋯機械学習の応用がビジネスにも大きなインパクトを与える

これらの機械学習手法は、自然言語処理や画像認識をはじめとしてさまざまな分野で、従来のルールベースやドメインに特化した手法の性能と比べて、性能が同等かそれを大きく上回ることもあり、広く使われていきます。

2000年代になると、Googleの検索システムや検索連動型広告、Amazonの推薦システム（recommender system/recommendation system）など機械学習を使ったシステムがビジネスでも大きなインパクトを与える例が増えてきます。

ユーザーの活動履歴など、すでに豊富なデータを持っている企業は、それらのデータを使って機械学習を行い、他の企業が真似できないような精度や特徴を備えたシステムをリリースし、大きな差を生み出していきます。

ディープラーニングの時代

いよいよ、本書のテーマである**ディープラーニング**の登場です。ディープラーニングは、こうした機械学習の一手法であり、**ニューラルネットワーク**と呼ばれるモデルを使った技術です。

[基礎]ニューラルネットワーク
基本構造、勾配降下法、アーキテクチャ設計

ニューラルネットワークは**入力**に対し、**接続層**と呼ばれるパラメータを持った「**線形変換**」と、**活性化関数**と呼ばれる「**非線形関数**」を繰り返し適用していき、入力から予測を計算します。

ニューラルネットワークの特徴は、単純な関数を合成して複雑な関数を構成していることです。入力を多数の関数で計算した結果を並べたのが次の入力となります。数万〜数億の単純な関数を組み合わせて作られており、ニューラルネットワークは「合成関数のオバケ」ということもできるかもしれません。これだけ複雑な関数にもかかわらず、そのパラメータを調整して望みの挙動をとるように学習させることができます。

具体的には、**学習の際は予測と正解の誤差**を求め、その誤差が小さくなるような**パラメータの更新方向**（誤差のパラメータについての**勾配**）を**誤差逆伝播法**と呼ばれる方法で効率的に求め、得られた更新方向に少しだけ更新します。

この誤差を求め、その誤差が小さくなる方向にパラメータを少しだけ更新するということを、誤差が十分小さくなるまで何回も繰り返していきます。これを**勾配降下法**と呼びます。

ニューラルネットワークは問題ごとに「ニューラルネットワークアーキテクチャ」（*neural network architecture*）、省略して「ネットワークアーキテクチャ」や単に「アーキテクチャ」とも呼ばれる、その構造を設計します。

それまでの機械学習では、ドメイン知識を利用し入力を機械が扱えるような特徴に変換する**特徴設計**が重要でしたが、**ニューラルネットワークではド**メイン知識を活かした**アーキテクチャ設計**が重要になります。

● ⋯⋯⋯**ニューラルネットワークは従来、注目を受けていなかった**

ニューラルネットワークは人工知能の黎明期より存在していましたが、先ほど述べたような機械学習手法と比べて注目を受けていませんでした。ニューラルネットワークを使った手法は、他の機械学習手法に比べて**性能的に劣っていた**のと、**理論的な解析が難しく、扱うことが難しい**とされていたためです。

性能的に劣っていた理由としては、ニューラルネットワークが効果的に動くような規模のデータサイズやモデルサイズを使うことができず、また、それらを使うのに必要な計算リソース（計算資源）がなかったからです。のちに、小さいニューラルネットワークより大きいニューラルネットワークの方が学

習しやすく、汎化しやすいこともわかってきて、小さいニューラルネットワークを使って研究や実験を行っていた場合はそれだけで成功するのが難しかったことが知られています。

また、先ほど挙げた機械学習手法の多くは、理論的に解析しやすい凸最適化（とっさいてきか）（*convex optimization*）問題（もんだい）を扱っており、最適化（学習）や最適解への収束保証などができましたが、ニューラルネットワークが扱うのは凸ではない最適化問題であり、そもそも学習ができることすら理論的保証ができませんでした[注10]。

> **凸関数と非凸関数と最適化**　Note
> 　凸関数は、関数の形が下に凸であるような関数であり、2階微分が非負であるような関数です。非凸関数はそうでない関数です。最適化問題の目的関数が凸関数の場合、極小値（周囲より、その位置の値が小さいようなときの値）は全体の最小値に一致し、勾配降下法で最小値に到達できることが保障されています。

驚異のディープラーニングの登場　AlexNetの衝撃

しかし、2006年に University of Toronto（トロント大学）の Geoffrey Hinton（ジェフリー・ヒントン）教授が、これまでよりも層の数が多いニューラルネットワークを使った学習に成功したと報告します。彼らはこれを**ディープラーニング**（*deep learning*、**深層学習**）と名づけます。ただ、この時点でも機械学習コミュニティの中でディープラーニングはマイナーな存在でした。それでも、Hinton教授に加えて New York University（ニューヨーク大学）の Yann LeCun（ヤン・レカン）教授、University of Montreal（モントリオール大学）の Yoshua Bengio（ヨシュア・ベンジオ）教授らを中心に、着実に進歩を進めていきます（この時期の功績などでチューリング賞を共同で受賞。p.230もあわせて参照）。

そして、2012年に「ImageNet Large Scale Visual Recognition Challenge」（ILSVRC）という一般画像認識のコンテストでディープラーニングを使った手法[注11]が従来手法を大きく凌駕して圧勝し、コミュニティに大きなインパクトを与えました。このコンテストを主催していた Stanford University（スタンフォード大学）の Fei-Fei Li（フェイ・フェイ・リー）教授は、最初のその結

注10　ニューラルネットワークで学習できることの理論的保障は2019年頃になって登場してきましたが、まだ発展途上です。

注11　●参考：A. Krizhevsky、I. Sutskever、G. E. Hinton「ImageNet Classification with Deep Convolutional Neural Networks」（NIPS'12、2012）

果の報告を受けたときに精度とともに、「まさか新手法ではなく、ずっと知っ
ていたニューラルネットワークが達成するとは」と驚いたと話しています注12。

　単に精度が良かっただけでなく、その後、精度の改善速度が加速し、この
後5年近くにもわたって、ILSVRCのエラー率は毎年半分になるという驚異
的な成長を遂げます。ほとんど同時期に、音声認識や化合物の活性予測、自
然言語処理などでも従来手法を大きく凌駕する成果が報告されています。

●⋯⋯⋯ ディープラーニングは、インターンをきっかけに広がった

　これらの成果は、すぐに企業でも積極的に取り入れられていきます。この
きっかけになったのは、ディープラーニング（深層学習）を先駆けて研究して
いた研究室の学生のインターン活動です。たとえば、Hinton教授は学生の
Navdeep Jaitly（ナブディープ・ジャイトリー）がUniversity of Torontoで作っ
ていたシステムをGoogleに持っていき、従来の音声認識システムを超える性
能を挙げたことが、Googleで注目されたきっかけだったと話しています注13。

　それまでの研究者や企業がディープラーニングに対して懐疑的だったなか
で、インターンで来た若い人たちが従来システムを大きく超える性能を挙げ
るシステムを開発し、その有用性を証明したことでディープラーニングの重
要性が認識され、大きな研究投資が進められていきます。

●⋯⋯⋯ ディープラーニングは、多くの問題で既存手法を凌駕する性能を達成した

　これまでコンピュータで解くことが不可能なくらい難しいと思われていた
一般物体認識や音声認識を、人と同レベルで解き、条件さえ揃えば人を超え
るレベルで解けるようになってきました。質問応答も、簡単な問題は解ける
ようになっています。機械翻訳でも単一の言語間での精度で英中間や英独語
ではプロを超える精度を達成し、また百を超える言語間で翻訳できる能力は、
ほとんどの人の能力を超えています。さらに、囲碁や（協調が必要な）多人数
ゲームなどではトッププレイヤーにコンピュータが勝つようになっています。

　ディープラーニングの適用領域は急速に増え続け、化合物のさまざまな特
性を予測したり、プラント（*plant*、設備）を制御したり、外観検査で不良品を

注12 ・参考：「The Robot Brain Podcast」（Ep.20）　URL https://shows.acast.com/the-robot-
　　　brains/episodes/fei-fei-li-on-revolutionizing-ai-for-the-real-world

注13 　URL https://www.reddit.com/r/MachineLearning/comments/2lmo0l/ama_geoffrey_hinton/
　　　clyjgbf/

見つけたり、絵や音楽を作ったりできるようになっています。

> **従来の機械学習とディープラーニング** *Note*
>
> 機械学習は「データ」からルールや知識を獲得します。第2章で詳しく説明しますが、獲得したい関数や知識を目的関数で表し、その目的関数の最適化問題を解くことで学習を実現します。本文でも取り上げたようにディープラーニングは機械学習の一手法であり、ニューラルネットワークというモデルを使っている以外の点で従来の機械学習手法と共通部分が多くあります。
>
> 一方、大きな違いは、従来の機械学習では人が特徴設計し(問題入力をベクトルに変換するような関数)問題の特徴を捉えるのに対し、ディープラーニングではデータから特徴を学習し、人はネットワーク構造を設計(ネットワーク設計)します。これら特徴の組み合わせは「データの表現」ということもでき、ディープラーニングはデータの表現方法を学習しているといえます。このなかでは、問題が持つ不変性や同変性(入力の変化に対して、出力も同じように変化するなど)を考慮したネットワークを設計します。
>
> 機械学習では専門家が長い時間をかけて特徴を設計していきますが、ディープラーニングではネットワークを設計して、ネットワークが良い特徴/表現方法を発見できるように促します。そういう意味では、ディープラーニングは従来の機械学習よりも一つメタなレベルで問題を扱っていると考えられます。

●⋯⋯**ディープラーニングと強化学習の融合**

また、DeepMind Technologies(DeepMind)[注14]が強化学習とディープラーニングの融合を進め、2016年にはAlphaGoと呼ばれるコンピュータ囲碁で当時囲碁のトップ棋士の一人であったLee Sedol(イ・セドル)に対しAlphaGoが勝利したことは人工知能の進歩を象徴づける出来事となりました。

●⋯⋯**研究分野への注目**

研究分野への注目も集まりました。この10年で人工知能の研究コミュニティは急拡大し、主要学会は毎年投稿数が倍となり、一日に100本以上の論文が公開論文アーカイブであるarXivに投稿されるようになります。ジャーナルの重要性を評価するh5-指標(*h5-index*)ではコンピュータビジョン関連のCVPR(*Conference on computer vision and pattern recognition*)、ディープラーニング関連のICLR(*International conference on learning representations*)、人工知能関連のNeurIPS(*Neural information processing systems*)といった学会の論文が

注14 **URL** https://www.deepmind.com

『Nature』『Science』『Lancet』といった科学分野のトップジャーナルに並ぶほど
になりました。また、AIを元にした多くのスタートアップも登場しています。

· ·

　以上のように、人工知能は何度か冬の時代を経験しながらも発展してきて
おり、とくにここ最近のディープラーニングを中心といた発展は目覚ましい
ものがあります。次節では、さらにこの発展の背景について見ていきます。

───────────── C o l u m n ─────────────

ビッグデータと機械学習、ディープラーニング

　ビッグデータ (*big data*) は、従来のデータ解析と比べ大規模で複雑なデー
タを扱うような分野であり、これらのデータをどのように収集/選択/蓄
積/検索/解析するかというタスクが注目され、2010年頃からトレンドと
なってきました。代表的なデータとして、動画データ、インターネットサ
ービスでのユーザー行動履歴、テキストデータやRFID (*Radio Fequency
Identifier*)などで収集されたデータ、科学領域などで集められたデータ、ゲ
ノムデータが挙げられます。

　データは集めただけでは価値がなく、何からの形で利用しなければなり
ません。

　機械学習はこのように集められたデータを使って学習し、そのモデルを
使ってデータを解析し、行動につなげることができます。集めたデータか
ら価値を生み出すことができる代表的なアプローチです。

　解析だけでなく、収集では機械学習を利用して自動分類、選択したり、
欠損値を補完する、検索では検索クエリと結果の類似度を計算する、画像
や動画に自動的にタグを振って整理できるようにするなどされています。

　この機械学習の観点では、データが増えれば増えるほどモデル性能が改
善され、より多くのタスクを解けるようになるという利点があります。

　このように、ビッグデータと機械学習は相性が良く、しばしば組み合わ
されて使われます。

　ビッグデータ解析には膨大な計算量がかかるため、従来は計算量が少ない
単純な分類器やオンライン処理(オンライン学習/*online machine learning*、
オンラインクラスタリング/*online clustering*)が使われることが多かったの
ですが、現在はGPU (後述)などハードウェア性能も向上し、ディープラー
ニングなど高度なモデルを使った解析も可能となってきています。

1.3
なぜディープラーニングは急速に発展したか

なぜ近年、ディープラーニングが急速に発展したのでしょうか。そこには新しい登場したさまざまな手法に加えて、計算機の指数的な性能向上、データの爆発的な増加があります。手法については第2章以降で扱いますので、ここでは計算機とデータについて押さえておきましょう。

［急速な発展の背景❶］計算機の指数的な性能向上

半導体は、有名なムーアの法則に従って、1.5〜2年ごとに2倍という性能向上を数十年続けてきました。これがどのくらい驚異的かというと、何百億円もかけて大きな施設で実現されているスーパーコンピュータが、20年後には数万円の一つのチップで実現できるというものです。

たとえば、演算の種類が違うので直接比較はできませんが、2001年時点でスーパーコンピュータの性能を競うTOP500で1位を取得したIBM ASCI Whiteは7.2兆回の浮動小数点数演算が実行可能だった[注15]のに対し、2021年時点でスマートフォンに搭載されているApple A14 Bionicに組み込まれているNeural Engineは11兆回のAIに必要な演算を実行可能です。20年経つと、当時の世界最高峰のスーパーコンピュータが、誰でも入手可能で手のひらに乗るほどに進化するのです[注16]。このような**指数的な改善**は、他の分野では見られません。

●⋯⋯⋯**指数的な性能向上により、突然解けるようになる**

この**指数的な性能向上**によって、それまで計算性能の制約で解くことができなかった問題も、ある瞬間から急に解けるようになります。機械学習やディープラーニングに基づく手法は膨大な計算を必要とするため、最近になってようやく現実的なコスト、時間で解けるようになったのです。

また、半導体の性能向上は、単に処理性能を改善するだけでなく、データ

注15 **URL** https://www.top500.org/lists/top500/2001/06/
注16 本書原稿執筆時点で世界1位であるスーパーコンピュータ「富岳」も、2040年には腕時計などに入っているかもしれません。

の取得、蓄積コストを大きく下げました。さらに、**クラウド**（*cloud computing*）の登場によって、データを扱う障壁は急激に低くなっています。人が一生かかっても見きれないような画像、動画、テキストを現実的なコストや時間で扱えるようになってきています。

GPUがディープラーニング発展の中心的な役割を果たした

ディープラーニングでは、とくにGPUが果たした役割が大きいといえます[注17] 図1.8 。

図1.8 ディープラーニングとGPU※

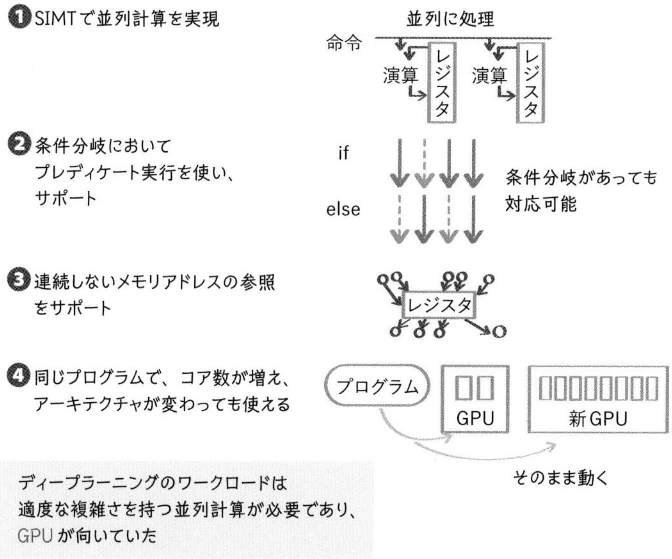

❶ SIMTで並列計算を実現

並列に処理

命令 演算 レジスタ 演算 レジスタ

❷ 条件分岐において
プレディケート実行を使い、
サポート

if

else

条件分岐があっても
対応可能

❸ 連続しないメモリアドレスの参照
をサポート

レジスタ

❹ 同じプログラムで、コア数が増え、
アーキテクチャが変わっても使える

プログラム GPU 新GPU

そのまま動く

ディープラーニングのワークロードは
適度な複雑さを持つ並列計算が必要であり、
GPUが向いていた

※ SIMTは「Single instruction, multiple threads」の略。並列計算向けの実行モデルの一つで、単一の命令で複数のスレッドを並列実行する。プレディケート（*predicate*）実行は「投機的実行」と呼ばれ、プロセッサが分岐予測が当たることを前提として、その先の処理を進めてしまう機能。

注17 『[増補改訂] GPUを支える技術——超並列ハードウェアの快進撃 [技術基礎]』（Hisa Ando著、技術評論社、2020）

　ディープラーニングでは、並列度は高いといっても**適度な複雑さを持つ並**
列計算が多く必要とされていました。分岐や可変長の入力、連続しないメモ
リアドレスの参照といったものです。こうしたことから、ディープラーニン
グはGPUが向いていたといえます。

　また、GPUはコア数やアーキテクチャが変わっても同じプログラムを使え
るように開発されてきており、半導体の微細化ペースが鈍ってきたなかでも、
搭載コア数を倍増し、アーキテクチャを大胆に改善していくことで大きな性
能向上を果たしています。

GPU　　　　　　　　　　　　　　　　　　　　　　　　　　　Note

　GPUは「Graphics processing unit」という名前が示すとおり、もともとはCG
(*Computer Graphics*)の描画専用装置でした。CGではピクセル(*pixel*)、ポリゴン
(*polygon*)、レイ(*ray*)などを独立かつ並列に計算できるような問題が多く見られ
ます。そのため、GPUはこうした並列計算処理を高速に実現するためのしくみが
備わっています。

　また、並列計算処理のプログラムを書くための開発環境CUDAなどが整備され
ています。

ディープラーニングに特化した専用チップも登場している

　最近では、画像認識や音声認識などで**ディープラーニングのワークロード**
(*workload*、タスク処理内容)が固まってきたため、それに特化した専用チップ
(**ASIC**)や**カスタムSoC**も登場しています。チップを設計する際にサポートする
機能を絞り込むことで、性能や消費電力を改善することが可能だからです。

ASICやカスタムSoC　　　　　　　　　　　　　　　　　　　Note

　ASIC(*Application-specific integrated circuit*)は特定用途向けに作られたチップ
で、画像処理や信号処理に特化したチップなどが広く使われています。ディープ
ラーニングの場合はディープラーニング処理に特化したチップとなります。

　SoC(*System-on-a-chip*)は一つのチップ上に各種回路を組み込んで一つのシス
テムとして動作させるもので、スマートフォンは機種ごとに設計された**カスタム**
SoCが使われています。

　たとえば、ディープラーニングでは小さい**カーネル**(*kernel*、フィルタ)を使

った畳み込み操作が頻出するため、専用チップでは**小さな行列積**(行列サイズが4×4など)を高速化できるようにしています。一方で、従来のCPUで必要だった条件分岐予測(*branch prediction*)やプレディケード実行といった処理は削られています。Google の **TPU**(*Tensor Processing Unit*)、Graphcore の **IPU**(*Intelligence Processing Unit*)、(筆者が所属する)Preferred Networks の **MN-Core** などは、汎用処理をある程度捨てディープラーニングで必要な機能を重点的にサポートすることで性能を大きく改善しています。

GPU も、4×4の行列演算に特化した **Tensor Core**(NVIDIA)などチップを載せることで、ディープラーニングのワークロードでの性能向上を目指しています。

スマートフォンのチップ

また、機械学習やディープラーニングの処理は、大きく、データからルールや知識を獲得する**学習**フェーズと、学習されたモデルを使って予測や分類を行う**推論**フェーズに分かれます。

スマートフォンなどでは**推論フェーズ**での利用がほとんどなので、推論に特化したチップが多く搭載されています。ちなみに、スマートフォンに載ったAI向けチップはとくにカメラ撮影の画像/動画処理で使われており、センサーから画像/動画を出力するまでの多くのステップでディープラーニングや機械学習が使われるようになっています。

スマートフォンでは**撮影した画像や動画の品質が製品の差別化要因**になっており、画像品質を上げることに使われることで、すでにチップのコストが回収できているといえます。

ハードウェアの性能改善が人工知能の発展で重要

人工知能の発展に**ハードウェアの性能改善**が果たしている役割は非常に大きく、長期的に見た場合、人工知能の手法自体の改善よりもハードウェアの性能改善が大きな役割を果たしているといえます。

そのため、人工知能の技術自体を開発するよりも、高性能なハードウェアを開発することが人工知能の発展への近道だと考えている人たちも多く存在し、新しいハードウェアの研究開発をドライブしています。

［急速な発展の背景❷］データの爆発的な増加

現在、**データは爆発的な勢いで増加**し続けています。IDCによると2020年に世界全体で生成、取得、複製されているデータ総量は64ZB（*Zettabyte*、ゼタバイト）[注18] と推定されていますが、これが少なくとも今後5年間は年率23%で増え続けると予想されています[注19]。この要因はインターネットの普及、スマートフォンなど個人向け端末の普及、ユーザーが生成したデータを活用したWebサービスの増加、センサーや通信コストが安くなったといった点が挙げられます。

●………**動画データとゲノムデータが急激に増える**

データとしては個人、企業、研究活動で生み出されるデータがあり、データの種類もテキスト、音声、画像、動画、センサー、行動履歴などがあります。この中でも、とくにデータ量の増加が著しい分野は「動画データ」と「ゲノムデータ」です。

たとえば、**動画データ**においては、HD Webカメラ（*High definition web camera*）は本書原稿執筆時点で1,000円を切る価格で販売されています。また、前述のスマートフォンに搭載されているカメラは、従来のデジタル一眼レフなどの高性能カメラの性能に匹敵もしくは凌駕しており、毎日多くの人が撮影し続けています。**ゲノムデータ**においては、人のゲノムを読み取るためのゲノムシーケンサー（*genome sequencer*）と呼ばれる機械も、読み取りあたりの価格が急速に下がっています。たとえば、2001年のHuman Genome Project（**ヒトゲノム計画**）の際は、ヒトのゲノム全体を解読するのに27億ドルと10年かかっていたのが、今では100ドルを下回る価格で1時間で測定できるようになりつつあります。

巨大な学習データが最初に必要

データを蓄積するための**ストレージ費用**も、磁気ディスク、フラッシュメモリともに安くなっています。さらに、前述のとおり**クラウド**の登場によっ

注18　ゼタバイトは1兆GB（*Gigabyte*）。
注19　**URL** https://www.idc.com/getdoc.jsp?containerId=prUS47560321

て、不要な初期投資をかけずに**膨大な量のデータを安全にかつ簡単に蓄積で
きるようになりました**。データ自体が価値を生み出すことがわかってからは、
データを無償で保存できるサービスも多く登場しています。このように、**膨
大で多様なデータ**を使って、機械学習のモデルを学習させたり、学習したモ
デルを検証したりすることができるようになっています。

　現在のディープラーニングの発展も、数百万枚の画像を集め、それらの100
万枚にラベル付けしたImageNetがなければ実現されなかったでしょう。
ImageNetも、研究を前進させるためには手法よりは**大規模なデータが必要**と
いう信念の元で作られたものでした。機械学習の開発/研究では、与えられ
た問題を学習データを増やしさえすれば精度が上がるような状態まで持って
いき、後は**学習データを増やし続けて問題を解く**という「成功パターン」が知
られています。

　この場合、**学習に使えるデータをいかに作成するか、確保するか**が全体の
成功の鍵を担います。たとえば、自動運転の実現のためにTesla（テスラ）は実際に走
行している車から走行データを自動的に集めるしくみを整え、それらに数千
人のアノテーター（*annotator*）による人手、半自動的に正解をつけるしくみ、
そして、シミュレーションを使った正解データ生成を行うことで大規模で多
様な学習データセットを作成しています[20]。

従来の機械学習からディープラーニングへと変わっていく

　従来でも、Googleの検索システムやAmazonの推薦システムなどで機械学
習が使われていましたが、こうしたシステムもディープラーニングを使うこ
とでパワーアップし続けています。

　たとえば、Googleは第5章で紹介するBERT（バート）と呼ばれる自然言語処理向け
のモデルを使って検索サービスを抜本的に改良しており、検索クエリの微妙
なニュアンスをとらえ文脈を理解した上で検索結果を出すことができるよう
になりました。検索対象の文書や、Webページをレンダリングし表示した後
の情報を解析した上で最適な検索結果を表示することができます。Amazon
の場合は、**Amazon Go**など無人店舗などでの人の行動認識、画像認識などで
ディープラーニングを使っており、新しいサービス開発を進めています。

注20　●参考：「Tesla AI Day」　**URL** https://www.youtube.com/watch?v=j0z4FweCy4M

1.4
ディープラーニングと計算コスト

　現在の機械学習やディープラーニングは、大量の学習データや計算リソースを必要とします。どの程度必要なのか、なぜ大量に必要なのかについて見ていきましょう。

人の学習と、今の機械学習/ディープラーニングの学習

　今の機械学習やディープラーニングが実現している学習より、人の学習の方が圧倒的に効率良く学習できます。人の学習ではせいぜい数回や数十回の試行回数で、自転車に乗れたり、スキーで雪山の斜面を滑れたりします。物体を認識する際は、一つ例を与えられただけで認識できるようになります。

　それに対し、現在の機械学習やディープラーニングは数百万回（実時間に換算すると数十年）の試行回数が必要であり、物体を認識する際も一つの対象の数百〜数千事例が必要となり、1000クラス分類するためには100万事例が必要となります。さらに、それらのデータを何回も何回も繰り返し参照し、**パラメータを少しずつ調整**していかなければ学習できません。

なぜディープラーニングは
大量のデータと計算リソースを必要とするのか

　今の機械学習やディープラーニングが、人の学習と比べて**大量のデータと計算リソースを必要とする理由**については、いくつか仮説があります。

●⋯⋯⋯[仮説❶]人は学習結果を応用し、再利用している

　一つめは、人は学習する際、すでに学習している結果を**再利用**している場合がほとんどであり、ゼロから学習することはありません。たとえば、自転車の乗り方を覚える上でも、すでに歩くことができて、階段も上がれて、バランスを取れる能力がすでに備わっている人が、それに追加で乗り方を学習するので少ない試行回数で乗れます。

　それに対し、現在の機械学習やディープラーニングは**ゼロから学習をする**場合がほとんどで、すべてのスキルをデータから学習しなければなりません。

● ········ [仮説❷]人も膨大な量のデータを使って学習している

二つめは、人も実は膨大な量のデータを使って**教師なし学習**や**自己教師あり学習**(いずれも後述)を無意識下で行っており、それらの学習をすでに終わっているおかげで、タスク向けの学習を効率的にできるのではないかという考えです。

たとえば人は小さい頃、物がはっきり見えず、話せなくても、ずっと目で環境を見たり、周りの音を聞き続け、そこで環境のモデルを学習しています。仮に2年間、周辺の環境を見ているだけであっても、10fps(*Frame per second*、1秒間あたり10フレーム)で次のフレームを予測していると考えると、10fps × 36000秒/日(10時間環境を見ると想定)× 365日 × 2年＝2.6億枚の画像を使って自己教師あり学習をしていると考えられます。

● ········ [仮説❸]人の脳は、省エネかつ高い計算能力を持つ

三つめに、**そもそも人の脳の計算能力がとても高く、今の計算機がそれに追いついていない**ということが挙げられます。脳の計算能力がどの程度については計算モデルや、まだよくわかっていない神経回路(たとえば、樹状突起上での計算回路など)を含めるかで大きく差がありますが、数十PFLOPS(*Peta floating point number operations per second*)[注21]程度の能力は少なくともあるだろうと考えられています。しかも、これらが20W程度[注22]で動くという超効率的な計算機という側面も持ち合わせています。

これだけの計算能力を使って膨大な教師なしデータを利用し学習し、準備しているおかげで、その後新しいスキルを獲得したり覚えたりする場合に、非常に少ないサンプルから学習できると考えられます。

··

現在の機械学習やディープラーニングが、**多くの「データ」と「計算リソース」を必要とする**ことは、全体を通じて重要なテーマとなります。

注21　10 PFLOPSは、1秒間に1京(10^{16})回の浮動小数点数計算。

注22　人の脳が消費するエネルギーは1日600kcal程度と見られており、起きている時間の電力に換算すると20Wです。

1.5
ディープラーニングは今後どう使われるのか

　先述のとおり、ディープラーニングはすでに多くのアプリケーションで使われています。たとえば、Web検索や推薦（レコメンデーション）、音声認識を備えたインターフェースなどです。従来の機械学習の時代は、おもな解析対象はあらかじめ整理されデータベースに入っているような構造化データでした。ディープラーニングによって、画像、動画、音声、ゲノム、信号データなど構造化されていないようなデータを扱うことができるようになります。

　そのため、今後アプリケーションはさらに拡大すると考えられます。本節では三つの例を挙げて、どのように使われるかについて見ていきます。

自動運転、先進運転支援システム

　一つめの例は**自動運転、先進運転支援システム**です。ディープラーニングを使ったシステムが環境を認識し、最適な行動を計画した上で制御し、人の運転に適切にサポートすることが実現されつつあります。

●⋯⋯⋯人の運転は高度な認識と予測を駆使している

　どのようにしてディープラーニングによる運転システムを実現するかを見る前に、そもそも人がどのように運転しているのかを考えてみましょう。人が車を運転する際には**非常に高度な認識、予測能力**を用いています。たとえば、交差点で右折しようとしているときに、対向車が止まってくれたが、その車に隠れてバイクの後ろの一部分が見えたとし、危ないと感じて減速したとします。このとき、頭の中では次のような処理がされています。

　バイクの後ろ部分だけを見た上で、それがバイクの一部分であると認識します（**オクルージョン処理**/occlusion）。次に、バイクは直進するだろうと考えますが（**予測モデル**）、こちらの車を認識していない可能性が高いと考えます（**心理モデル**）。これらの結果から自分の経路とバイクの経路が交差する可能性が高いと予測し、あらかじめ減速することで衝突するリスクを下げられると判断し、実際に減速する行動を実行します。

　これらの処理はすべて不確実性を伴う情報を扱い、さらに膨大な例外を扱

う必要があります。たとえば、自分のすぐ後ろにぴったりと車が詰めている場合は減速したら危ないかもしれません。この場合は、減速という行動は最適ではありません。また、車が走行する環境は極めて多様であり、天候の変化、逆光、トンネル、舗装状況の違い、横断している人や自転車がいるかもしれません。

●⋯⋯⋯センサーや認識技術の発展が進む

このように、非常に多様で複雑な場合でも、新しいセンサーや認識技術の発展によって環境を認識できるようになりつつあります。車載カメラやLIDAR（*Light detection and ranging*）注23 などを用いて認識できるだけでなく、過去の膨大な走行データから人や車がどう動くのかを予測したり、リスクがどの程度あるのかを評価し、それを元に最適な制御をしたり介入をしたりできつつあります。自動運転の場合は、人は車に対して自分の要求をより柔軟に伝えられることが求められます。たとえば、東京駅へ向かってほしいが、途中でコンビニがあれば寄ってほしい、といったことです。人の要求を把握するために車が人に状況を説明し、相談が必要になるかもしれません。

こうした技術を搭載した自動車が増えることで、今よりも交通事故を減らせることに加えて、無人運転によって人やモノの移動のサービス化が進む可能性があります。現在多くの企業や研究機関が、この実現に向けて取り組んでいます。

ロボット

二つめの例として**ロボット**を挙げます。現在、ロボットは自動車工場や物流などで使われるような産業用ロボットに加えて、案内や受付、警備を行うサービスロボットなどが登場しています。こうしたロボットは行動に高い再現性があり、人が扱えないようなモノ（危険、重い、大きい、小さすぎる）を扱え、疲れず働き続けられるという利点があり、普及しています。

こうしたロボットは、今後はより多様な環境に対応し、容易に指示できるようになり、これまでできなかった高度なタスクをこなせることが求められています。

注23　レーザーレーダーを使って、周辺環境までの距離を大量に測定するセンシング技術。

●………[タスクの例]説明書を読み、家具を組み立てるために必要なのは?

たとえば、買ってきた家具を組み立てるタスクを考えてみましょう 図1.9 。

図1.9 　　ロボットに説明書を読ませて家具を組み立てさせるには多くのタスクが必要

❶説明書の指示に
　従って作業できるか

❷作業途中に状態を
　判断し、必要に応じて
　修正できるか

ねじがうまく
入っていないので
やり直そう!

❸さまざまなツールを
　使いこなせるか

❹汎用ハンドおよび
　それを制御できる
　システムができるか

ロボットに、買ってきた家具の組み立てを行わせるには
少なくともこれだけのタスクを実現する必要がある

　人が家具の組み立てを行う際には、画像やテキストで書かれている説明書を読み、工具のドライバーなど適切なツールを使って組み立てていきます。説明書には途中のステップだけが書かれていますので、その間の状態はこうなるだろうと推定して作業していきます。組み立てている途中で実際にうまくいっているかどうかは見た目や感触などで判断し、おかしいと思えばやり直したり調整する必要があります。

●………ディープラーニングは指示理解、認識、制御、プランニングで必要とされる

　これをロボットが実現する場合、何が必要でしょうか。まずロボットに対しタスクを指示する必要があります。途中の状態をすべて指示することは非常にコストがかかりますので、理想的には人と同じぐらいのレベルの説明書で実現してくれることが望ましいです。人が一度作業した映像を見てそれを真似るということでも良いかもしれません。また、ツールも必要に応じて使いこなせる必要があります。作っている途中で、うまくいっているかどうかは画像認識やトルクセンサー(*torque sensor*、回転力検出器)などで確認する必要があります。そして、そもそも人と同じようなレベルで細かな作業をできるような汎用ハンドはまだ世の中に存在していません。耐久性がありコストが安いハードウェアを作ることも難しいですが、それ以上にそれだけの自由

度を持つハンドを制御するシステムができていないためです。

　これらを解決するためのさまざまなディープラーニングを使ったシステムが登場しています。テキストや画像、デモンストレーションからのタスク指示、画像認識、ビジュアルフィードバック、強化学習などによる高度なハンド制御などです。

　ロボットを構成するハードウェアの価格が下がってきたという追い風もあり、今後適応領域が急速に拡大すると考えられます。

医療/ヘルスケア

　最後の例は、**医療/ヘルスケア**を取り上げます。医療/ヘルスケアでは、利用可能なデータが爆発的に増えています。これまで使えていた問診、血液検査などの検査結果に加えて今後は遺伝子検査、EHR（*Electronic health record*、電子化健康記録）、CTスキャン（*Comumputed tomography scan*）やMRI（*Magnetic resonance imaging*）の画像などです。過去に取得されたデータや文献情報なども有効活用することでより効果的な診断ができる可能性があります。

　体のさまざまな部分で、重要でありながらこれまでセンシングできていなかったデータが取得できるようになっています。たとえば、腸内細菌叢（腸内フローラ *intestinal flora*）も糞便からのメタゲノミクス（*metagenomics*）で解析できるようになっています。より簡便に誰でも血液を採取できるキットや血糖値を測ることができるコンタクトレンズなども登場し、スマートウォッチなどで血圧や心拍数だけでなく反射光などから血糖値などもリアルタイムで測る技術も開発されています。食事や睡眠などもスマートフォンのアプリでデータ化されるようになってきました。

　薬などの化合物の性質や体内動態を予測したり、生体で重要な役割を果たすタンパク質の立体構造を配列から予測することもできます。こうした開発ツールにより、効果が高く副作用の少ない薬やワクチンをより短い期間で開発できるようになると考えられます。

●……… 診断、医学の進歩に貢献する
　こうした膨大な情報から、その人のさまざまなリスクを診断する上で、ディープラーニングを使った技術がより重要となります。たとえば、医用画像から病変を発見し、分類、分析することが可能となりつつあります。遺伝子検査結

果から将来、病気になるリスクを分析するだけでなく、薬の有効性や副作用を推定することもできるでしょう。また、病気になったときだけではなく、今後は**予防医療**や**アフターケア**を進めるための技術が多く進展すると考えられます。

　人体、生命は非常に複雑であり、しくみが解明されればされるほど、より複雑なシステムがあることがわかってきています。こうした人体、生命のメカニズムの解明にも、ディープラーニングは重要な役割を果たします。たとえば、見つかった遺伝子やタンパク質がどこにどのように影響を及ぼすのかといった予測にすでに使われています。

　ここでも、人の強い部分とディープラーニングが強い部分を組み合わせて、大きな成果が出てくることが期待できます。

人と人工知能の共存

　コンピュータは、すでに人よりも多くの点で優れた能力を持っています。多くの情報を同時に処理し、正確に記憶し、多くに瞬時に伝えられるという点です。こうしたすでに優れた能力と人工知能を組み合わせることで、人では実現できないタスクをこなすことができます。

　たとえば、Web検索では、入力したクエリからユーザーの意図を推定し、その意図にあったWebページを検索してその候補を提示します。

　検索対象の数千億やそれを超えるともいえるWebページは、人は一生かかっても読むことはできませんし、記憶することはできません。図書館の司書のように、Webページのすべてを知っている人がいて、このクエリにはこのページがオススメだよと勧めることはまずできません。

　コンピュータは膨大な**計算能力**と**記憶能力**、そして**処理能力**を持っています。これに人工知能を使ってユーザーの意図理解、Webページの内容理解、それらのマッチングを行うことで人にはできないWeb検索を実現しています。

●……**コンピュータにしかできないことを活かす**

　コンピュータ（計算機）は、経験や知識を簡単に複製（*duplicate*）したり、集約（*aggregation*）または逆に放送（*broadcast*、ブロードキャスト）することができます。

　人は、言葉や文章などを使って自分が持っている経験や知識をある程度は他の人に共有することはできますが、その経験、知識をそっくりそのまま共

有することはできません。また、数千人の能力を合わせて、ある人に集約したり、逆にある人の能力を数千人に共有させたりすることはできません。一方、コンピュータはこうしたことは容易です。

たとえば、ほとんどの人は大きな交通事故を経験することはありません。また、経験した人も再度事故に遭うことはほぼありません。こうした稀な経験からの学習を活かすことは難しいです。

一方、コンピュータは、多くのデバイスからこうした稀なイベントも集約し学習することができます。これらの豊富な経験から対応方法を学習することができます。

● ‥‥‥ **人の判断とコンピュータの判断を組み合わせる**

また、人の直感は大量の情報を無意識下で統合し、処理しているので、デタラメではなく優れているのですが、時に最適ではない判断をしたり、**バイアス**（*bias*、偏見）があったり、疲れていてミスがあったりします。また、多くの直感は間違っていることも指摘されています。

コンピュータは、データに基づき主観の入らない安定した判断ができます。その一方で、問題の仮定（たとえば、学習時の分布と利用時の分布が異なる）が成り立たない場合は、最適ではない結果や、ひどい場合はでたらめに近い結論を導いてしまうこともあります。また、データ自身が常に真実、最適な結果を与えるとは限りません。もしかしたらデータ自身に誤った情報や偏見が含まれているケースもあり、それをコンピュータが正直に情報を抽出した場合、誤った結果や偏見が含まれた結果が得られてしまいます。

実世界では、よほどコントロールされた環境でない限り、データから正しい結果が出るかはわかりません。結果が正しいかどうかは、人にしかできない観点で検証する必要があります。

今後、ディープラーニングの性能が向上したとしても、人の役割がすべてディープラーニングを使ったシステムに置き換わるような単純な話にはなりません。すでに、ある部分においては人を超える能力を持った自動車やコンピュータと人が共存しうまく利用できてきたように、今後も人とディープラーニングを中心とした人工知能は共存し、人の能力、活動範囲を大きく拡張してくれるものだと考えられます。

［補足］数字で見るディープラーニングの今

p.2の **図1.A** に「数字で見るディープラーニングの今」を掲載しています。

ディープラーニングは発展とともに、データ量、計算リソース、モデルサイズは大きくなり続けてきました。

学習データ量について、自然言語処理の初期の学習で使われていたのは100万単語程度（PBT/*Penn treebank*）でしたが、現在の最大規模の学習の一つであるGPT-3（*Generative pre-trained transformer 3*）[注24]では5000億トークン[注25]から成る学習データが使われています。画像認識においてもAlexNet（5.1節を参照）が利用したImageNetは100万枚の画像でしたが、Facebookが発表したSEER[注26]はInstagram（インスタ）に投稿された10億枚の画像を使って自己教師あり学習（自己教師あり表現学習）を行っています。

学習時間も増えています。従来の機械学習（2000年代）でも数十～数百のコンピュータを使って1週間や数週間学習する例はあり、ディープラーニングの最初期のAlexNetもGPUで劇的に高速化した上で1週間弱かかっていました。これに対し、リアルタイム戦略ゲームDota 2を強化学習で解かせたOpenAI Five[注27]は1500GPUを使って10ヵ月の学習時間を要し、学習途中に何回か「手術」と呼ばれるモデル変更を行っています。

モデルサイズ（パラメータ数）も大きくなっています。ニューラルネットワークは多数の関数を合成して作っているとみなすことができ、**パラメータ数の多さ**（正確には、出力先のユニット数）が**どれだけの関数を合成しているのか**を表しているとみなせます。与えられたテキストから画像を生成するDALL-E[注28]は120億パラメータを使い、自然言語処理で最大規模のモデルであるSwitch Transformer[注29]は1.6兆パラメータから成ります。モデルは1台のGPUやコンピュータに収まらないので、複数のGPU、コンピュータにモデルを分割して扱うようになっています。

....

注24 • 参考：T. B. Brown and et al.「Language Models are Few-Shot Learners」（NeurIPS、2020）

注25 単語単位で区切らず、別の方法で区切るようなアプローチが主流です。

注26 • 参考：P. Goyal and et al.「Self-supervised Pretraining of Visual Features in the Wild」（CVPR、2021）

注27 **URL** https://openai.com/five/

注28 • 参考：A. Ramesh and et al.「Zero-Shot Text-to-Image Generation」（CVPR、2021）

注29 • 参考：W. Fedus and et al.「Switch Transformers: Scaling to Trillion Parameter Models with Simple and Efficient Sparsity」（arXiv:2101.03961、2021）

層数も深層学習登場以前は5層程度だったのがAlexNetで11層、それが今では数百から1000を超えるような層を使うことも珍しくありません。アミノ酸配列からタンパク質の構造を予測するAlphaFold[注30]も、入力から出力まで1500の層が使われています。さらに、Deep Equilibrium Model[注31]などは無限回の層を適用した結果に対応するような計算結果を求める手法です。

AIを学習させるための**処理基盤(ハードウェア)**も増大しています。初期は1GPUや複数GPUでしたが、Teslaが利用中のスーパーコンピュータは5760GPU全体で1.8EFLOPS(*Exa FLOPS*、FP16、半精度浮動小数点数)の性能を備え、Tesla Dojoという自社チップを使ったスーパーコンピュータの導入も進めています(本書原稿執筆時点で、Tesla Dojoは詳細未発表)。Microsoft/OpenAIは、10000GPUから成るスーパーコンピュータを利用していると発表しています。

1.6 本章のまとめ

本章では、ディープラーニングと人工知能の基本事項を見てきました。

ディープラーニング分野は発展著しく、あるときに有効だった手法がすぐに廃れてしまうことも珍しくありません。そこで本書では、最新手法をカタログのようにまとめるのではなく、それらの背後にある原理、原則、考え方を中心に解説をするようにし、そのなかでさまざまな手法を紹介していくようにしていきます。

さて、先述のとおり、ディープラーニングは**ニューラルネットワークを使った機械学習**です。次章では「機械学習とは何か」から解説をスタートすることにしましょう。

注30 ・参考：J. Jumper and et al.「Highly accurate protein structure prediction with AlphaFold」(Nature、2021)
注31 ・参考：S. Bai and et al.「Deep Equilibrium Models」(NeurIPS、2019)

第 2 章

［入門］機械学習

コンピュータの「学習」とは何か

図2.A 本章の全体像

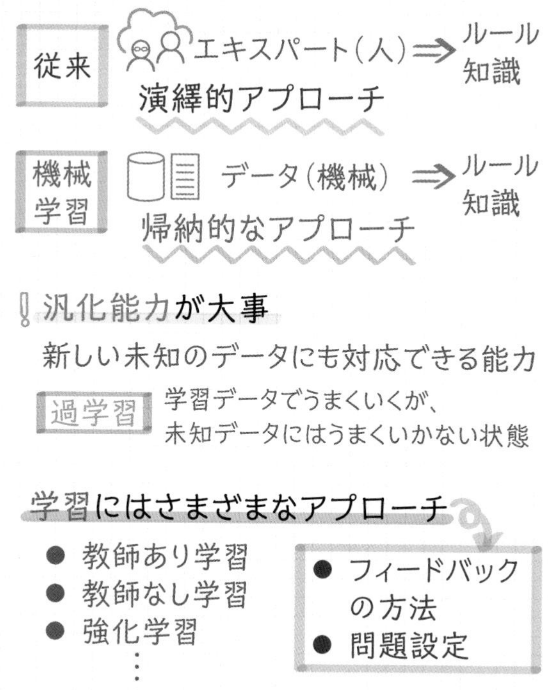

| 従来 | エキスパート（人）⇒ ルール 知識 |
| 演繹的アプローチ |

| 機械 学習 | データ（機械）⇒ ルール 知識 |
| 帰納的なアプローチ |

汎化能力が大事

新しい未知のデータにも対応できる能力

過学習　学習データでうまくいくが、
未知データにはうまくいかない状態

学習にはさまざまなアプローチ

- 教師あり学習
- 教師なし学習
- 強化学習
  ⋮

- フィードバック の方法
- 問題設定

機械学習は、人がルールや知識を計算機に直接与えるのではなく、計算機自身が「データ」の中からルールや知識を獲得していくような手法です。

　ルールや知識を教えることが大変だったり、そもそも人がタスクを実現するのに必要なルールや知識を明示的にわかっていない場合、機械学習は問題を解く上でとても強力なアプローチとなります。

　本章では、機械学習の基本的な考え方について説明していきます 図2.A 。

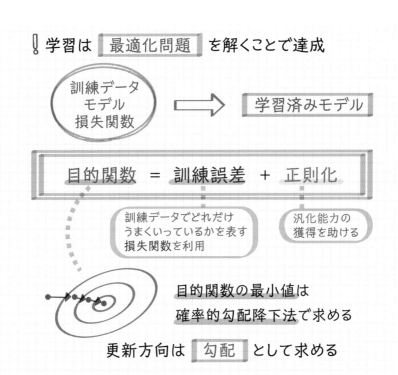

2.1
機械学習の背景

　本章では「機械学習の背景」と題して、従来のプログラミングとの比較、ごく簡単な例を見ておきましょう。

演繹的なアプローチと帰納的なアプローチ

　人は、ルールや知識を使って、さまざまなタスクを解いています。それらルールや知識が数式やロジック（*logic*）を使って表すことができる場合、それらをプログラムで表現したり、データベースに格納し利用することができます。

　一方で、多くの問題が明示的にルールや知識を表すことができません。第1章でも述べたポランニーのパラドックスである「我々は語れる以上のことを知っている」場合などです。こうした場合、機械にそれらのルールや知識を直接教えることはできません。代わりに、**計算機に「データ」を与え、それらの中から「ルールや知識」を見つけ出す**必要があります。

　これは、一般化されたルールや知識から個別の処理を生み出す**演繹的なアプローチ**ではなく、個別の事象から、普遍的なルールを見つけ出す**帰納的なアプローチ**ともいうことができます。

機械学習と従来のプログラミング

　従来のプログラミングでは、人が持っている知識やノウハウをプログラムや設定値によって表現していました。それに対し、機械学習では訓練用データから学習システムが、**学習済みモデル**としてプログラムに相当するものを自動的に作成してくれます **図2.1** 。

図2.1 従来のプログラミングと機械学習

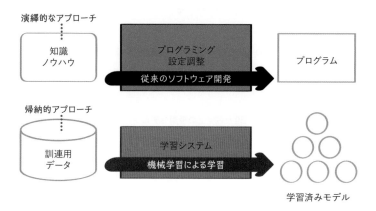

機械学習の簡単な例　気温とアイスクリーム

　まず、機械学習の簡単な例として、気温が変わるとアイスクリームの売上がどう変わるのかを推定するタスクを考えてみましょう。気温が高くなるとアイスクリームは売れるようになり、逆に低くなると売れなくなりそうというのは想像できます。しかし、実際に気温が1℃変わったとき、売上がどの程度変わるのかを正確に推定することは困難です。

　もし、過去の気温xと、そのときのアイスクリームの売上yをたくさん記録しているデータ$D=\{(x_1, y_1), (x_2, y_2), ...\}$があれば、気温$x$から売上$y$を1次式$y=wx+b$を使って予測するモデル$f(x; w, b)$を用意し、この予測モデルができる限り過去のデータと合うような**パラメータ**w^*, b^*を求めることができます。

　このようなパラメータは、「最適化問題を解く」ことで求めることが考えます。**最適化問題**（*optimization problem*）とは変数w、bと目的関数$L(w, b)$が与えられたとき、**目的関数の値が最小**（最大でも良い）**となるような変数**(w^*, b^*)**を探す問題**です。上記のアイスクリームの売上を予測する問題の場合、たとえば目的関数として予測値と実際の値との差を二乗した結果の和、

$$L(w, b) = \sum_i (y_i - f(x_i; w, b))^2$$

を目的関数とし、これが最小となるようなパラメータを求めることで、過去のデータに合うようなパラメータを求めることができます。このような、差

の二乗の和を最小化するようにして、関数をデータにフィッティングする方法を**最小二乗法**（*least squares*）と呼びます。

そして、求められたパラメータw^*、b^*を使って新しい気温x_{new}に対して、$y_{new}＝w^* x_{new}＋b^*$を売上の推定として使うことができます。

これは、データを使って気温から売上を予測するルールを獲得した機械学習といえます図2.2。

図2.2 線形回帰による気温から売上の予測モデル

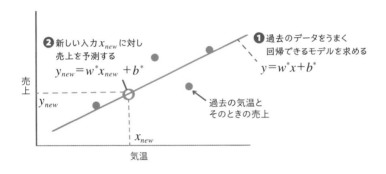

2.2
2.2
モデル、パラメータ、データ

ここまでの説明で、機械学習において重要な概念となるモデル、パラメータ、データが登場しました。これらについて、詳しく説明します。

モデルとパラメータ 「状態」や「記憶」を持つことができる

機械学習における**モデル**は対象の問題で獲得したい分類器や予測器、生成器などを表し、入力から出力を計算する関数とみなすことができます。一方で、純粋な関数とは違って、「**状態**」や「**記憶**」（たとえば、過去の入力やその処理結果を覚えておくなど）**を持つことができます**（後述）。

本書で扱うモデルは、ほぼすべて**パラメータ**で特徴づけられた**パラメトリックモデル**（*parametric model*）$f(x; \theta)$を考えます。つまり、パラメータを指

定すると、モデルの挙動が決定されます。

> **モデルの種類について** Note
>
> 　予測を扱うモデルは**予測モデル**、生成を扱うモデルは**生成モデル**です。また、予測モデルでも、カテゴリ値を予測する場合は**分類モデル**、連続値を予測する場合は**回帰モデル**と呼ばれます。

> **パラメータと記号表現** Note
>
> 　本書ではパラメータはたいていは連続値を扱い、しかも複数のパラメータから構成される場合を考えます。
>
> 　パラメータは θ のほか、w、b といった記号で表します。
>
> 　パラメータが、最適値である場合、たとえば目的関数の最小値を達成できるようなパラメータである場合はパラメータに「$*$」（アスタリスク）を付けて θ^*、推定値を示す場合は「$\wedge$」（ハット）を付けて $\hat{\theta}$ のように表します。

データ

　機械学習で重要となるのが**データ**です。機械学習は、データとモデルを入力とし、パラメータを推定する学習によって学習済みモデルを獲得します。

　このデータは画像や音声、動画の例もあれば、センサーで取得した時系列データ、人が書いたテキストデータ、行動履歴のような離散化されたデータ、ゲノムから読み取ったゲノムデータなどもあります。

　データは離散値を持つ場合（**例** 1、2、100、-1000)や連続値を持つ場合（**例** 3.1415926、1.02)もありますし、離散的であってもテキストやゲノムのようにそれが系列になっていたり、化合物のようにグラフ構造を持っていたりする場合もあります。

　機械学習で**モデルを作るためにはデータは必須**であり、**質の良いデータを十分な量を揃える**ことは良い学習を実現を達成するための必要条件です（良いモデル、学習手法を使うことも必要)。

　データが対象の問題のバリエーションをどの程度カバーしているかも重要となります。残念ながら、現在の機械学習は、人のようにまったく違うデータや問題にすぐ対応できるような能力を持っていないので、学習時に、実際に使うときに遭遇するようなデータを十分な量、揃えられることが学習成功の必要条件となります。

　しかし、データを揃えることは困難なことであり、時間やコストがかかり
ますし、そもそも稀にしか観測できないデータや倫理的に集められないデー
タ(医療における処置のデータなど)も多くあります。

独立同分布(i.i.d.)
データは同一分布から独立にサンプリングされるという仮定

　このデータについて、ほとんどの機械学習の問題設定では、**観測するデー
タ**(訓練する際に使うデータや評価用の開発データやテストデータ、推論時の
データ)が**同じデータ分布を持つ**と仮定します。正確には、観測しているデー
タは、何からの確率分布上からサンプリング(実現例)した結果の集まりとし
て考えます。そして、訓練データとテストデータは同じ確率分布上からサン
プリングされ、さらに各サンプルはお互いに独立であると考えます 図2.3 。

図2.3　　　　独立同分布（i.i.d.）

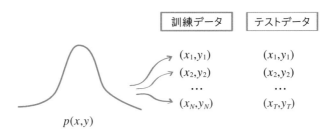

各サンプルがお互い独立であり、
同じ分布 $p(x,y)$ からサンプリングされているような問題設定を
独立同分布 (i.i.d.) 設定と呼ぶ

　このような分布を**独立同分布**(*independent and identically distributed*、**i.i.d.**)
といいます。この仮定は現実世界では必ずしも成り立つものでなく、多くの
場合、大胆な単純化をしていることになりますが、このような仮定をおくこ
とで問題の見通しを立てやすくなり、理論的解析を行うことができます。

●‥‥‥‥非i.i.d.環境

　しかし、実際の問題でi.i.d.が成り立たない場合(非i.i.d.)が一般的であり、
その違いを意識しておくことは重要です。

非i.i.d.の例として、たとえば、

- 訓練データが一部の種類しかなく偏っている
- 訓練データとテストデータの分布間に違いがある（取得した場所、条件、時間が違う）

などがあります。

　代表的な例が、**生存者バイアス**です。生存者バイアスは、何らかの選択を行ったデータだけを元に解析を行って判断をすると、選択されなかったデータの情報を見逃してしまっているため誤った結論を導くものです。

　たとえば、長寿の人たちの多くが朝、梅干しを食べていたとします。そこから、梅干しを食べれば長生きできるのではと考えたとします。しかし、このデータには、長寿ではなかった人がどのような習慣を持っていたかは含まれていません。もしかしたら長寿ではなかった人たちも長寿の方と同じくらい梅干しを食べていたかもしれず、さらにはそうした人の方が梅干しを多く食べているかもしれません（実際はわかりません。念のため）。

訓練データの偏りから誤った結論を導かないために

　これは仮説を導くのに利用する訓練データが偏っているために、誤った結論を導いてしまうという例です。これを防ぐためには、

- 訓練データがテストデータとできるだけ同じような分布を持つようにする
- 分布が違うことがわかっていれば、それにあった手法（割合が違うなら、それにあった訓練時の重み付けをするなど）を使う

必要があります。

> **因果推論** Note
> 　データの背景にある因子が変わった場合にも成り立つような仮説を見つけるためには、従来の機械学習が扱う相関だけでなく、原因と結果の関係を求める因果推論（*causal inference*）が必要となります。紙幅の都合もあり本書では詳しくは取り上げませんが、近年はこのような非i.i.d.環境でも汎化できるような因果推論手法も登場してきています。

データからモデルのパラメータを推定する　データから「学習」する

　データ、モデル、パラメータの三つの概念を使って、「学習とは何か」を説明することができます。「**データから学習する**」とは、**データからモデルの最適なパラメータを推定する**ことです。

　パラメータを推定しているというと、人が行っている学習と違うように思えますが、人も学習する場合は脳内にある神経回路（シナプスの重みやニューロン内の挙動）のパラメータを調整して実現しています。

●⋯⋯⋯パラメータ数とモデルの表現力

　このパラメータを推定する過程は、複数存在するモデルの仮説から一つ選択するというようにもみなすことができます。

　たとえば、モデルのパラメータ θ が $\{-1, 0, 1\}$ のいずれかの値をとり、このどれかを選ぶという場合は $\theta=-1$ の場合のモデル、$\theta=0$ の場合のモデル、$\theta=1$ の場合のモデルの仮説の中から選択しているとみなせます。**モデルの仮説数が多く、さまざまな仮説の中から選ぶことができる場合、モデルの表現力が高い**といいます。

　実際には、パラメータは数としては無限個ある連続値で表すため、仮説数の比較はそのままではできませんが、このようなパラメータが連続値の場合もモデルの表現力の高さや低さを示すことができます。たとえば、単純にはパラメータ数が多いモデルの方がパラメータ数が少ないモデルよりも仮説数が多く、表現力が高いといえます。

> **モデルの表現方法**　　　　　　　　　　　　　　　　　　　　*Note*
> 　本書では、こうしたモデルを数式や図で表します。一方、コンピュータ上で動かす場合は、こうしたモデルはディープラーニングフレームワーク上で書かれた**プログラムとそれに付随するパラメータのデータで表現**されたり、特定のプログラムに依存しないような**計算グラフ**（*computational graph*）[注a]とそれに紐づくパラメータのデータから成る抽象化された表現で扱われる場合もよくあります。
>
> 注a　計算グラフは関数などを頂点（*node*）、入力をその頂点に向かう方向の枝（*edge*）、出力をその頂点から出る方向の枝として構成される有向グラフ（*directed graph*）です。

2.3
汎化能力　未知のデータに対応できるか

　機械学習を理解する上で汎化能力は重要な概念であり、機械学習においては汎化能力を獲得することが重要な目標でもあります。なぜ汎化能力が重要かを理解するため、まずは汎化能力がない「丸暗記」のアプローチから見ていきましょう。

データをすべて丸暗記

　先ほどのアイスクリームの例では、過去のデータを使って回帰モデル（$y=w^* x+b^*$）を作り、それを使って新しい入力x_{new}に対応する値y_{new}を予測していました。

　しかし、回帰モデルをわざわざ作らなくても、過去の似たような値をそのまま使えば良いのではないかと考えることもできます。なにしろ計算機は人とは違って、多くの情報を誤りなく大量に記憶することができます。手間をかけてデータとは違う予測モデルを作らなくても、起きうる事象を十分網羅できるようにデータを用意できれば、それらのデータをすべて「丸暗記」しておき、予測するときには今の入力と一致する過去のデータを探し、そのときの結果を予測結果として使うだけで済みます。

　このように、学習時のデータをすべてそのまま記憶し、それを予測時に利用するアプローチを**丸暗記**（*memorization*）と呼びます。この丸暗記で解ける問題の場合は、わざわざ機械学習を使う必要はありません。たとえば、先ほどの気温と売上の予測の例では、新しい気温における売上を予測する際には、それと一番近い入力を探してきて、その入力に対応する値をそのまま予測値として使うことが考えられます　図2.4 。

図2.4 丸暗記に基づくアプローチ

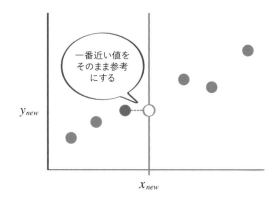

● ········ 世の中のデータは種類数が無数にあり、丸暗記できない

しかし、世の中の多くの問題では扱う問題の入力の種類が非常に多いため、すべてのケースを前もって列挙したり、それらを記憶しておくことはできません。

とくに、入力が**高次元データ**であったり、**連続値**である場合、すべての事例を網羅することは不可能です。

> Note
> **高次元データ、連続値と離散値**
> 　高次元データは画像や音声、時系列データのように値がたくさん並んでいるデータです。たとえば、400 × 600という解像度を持つ画像データは各画素が1次元に対応し、画像全体のデータは400 × 600 = 240000次元のデータとみなせます。
> 　連続値は0.1や3.14159265 ...のような実数データです。コンピュータ上ではfloatやdoubleなどの型で有限のビット(*bit*)数で打ち切って表現します。これに対して、離散値は整数などであり(1、100)、カテゴリ値("a"、true/false)も離散値です。

例として、縦横それぞれ32ピクセルであり、それぞれが白か黒の2値から成る画像データを入力とし、その画像に写っている文字が何かを判定する場合を考えてみましょう **図2.5**。この場合、ありうる画像の種類数は$2^{32 \times 32} = 2^{1024}$となり、約300桁から成る非常に大きい数となります。どのような強力な計算機を使ったとしても、すべての例を列挙することは不可能です。同様に音声、言語、時系列、複数センサーから成るデータの場合も高次元であり、すべてのありうる入

力を前もって列挙することは不可能です。

図2.5 高次元データの種類数

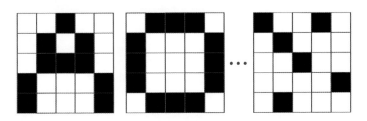

画像のような高次元データは種類数が膨大となる。
この図の例の場合、5×5のそれぞれで白と黒の場合があるので
2^{25}〜3300万以上種類の画像パターンがありうる
➡次元数が増えた場合（たとえば100×100の画像など）、
　コンピュータであってもすべてを覚えておくことはできない

汎化能力　有限の訓練データから無限のデータを予測する

　入力の種類数が非常に大きい場合、データの入力と出力の間に関係が本当に何もないのであれば予測することはできません。たとえば、ランダムな画像に、ランダムにラベルを割り振った場合の予測モデルを作ろうとしても、予測することはできません。

　幸いなことに世の中の多くの興味がある問題では、入出力間に関係があり、その関係は有限の学習データから推定できるような関係である場合が多いと考えられています[注1]。機械学習は有限数のデータを用いて、この関係を捉え、無限のデータでうまく動くようなモデルを作る手法といえます。

　このように機械学習では、有限の訓練データを用いて、無限ともいえる「未知のデータ」に対してもうまく動くようなモデルを獲得することが最も重要な能力となります。この能力を**汎化能力**（*generalization ability*）と呼び、その能力が高い/低いことを汎化性能が高い/低いと呼びます。機械学習は、単に訓練データでうまくいくようなモデルを見つけることだけが目標ではありません。

注1　•参考：H. W. Lin、M. Tegmark、D. Rolnick「Why does deep and cheap learning work so well」
　　　（Statistical Physics、2017）

未知のデータでどれだけうまくいくかを表す汎化能力をどのように獲得するかが機械学習の重要な課題となります。

過学習　汎化能力と迷信

　訓練データではうまくいっているのに、訓練時には見なかった未知のデータではうまくいかない状態を**過学習**（*overfitting*）と呼びます。実は、この過学習は日常生活でもよく見られます。

　たとえば、朝ごはんでカレーを食べた日に野球の試合に勝てたということがたまたま3回連続で続いたとします。このとき、朝ごはんでカレーを食べれば試合に勝てる、食べないと試合に負けてしまうという考えを持つかもしれません。しかし、カレーと試合の勝敗の間に、本当に因果関係がない限り、次の試合で朝ごはんでカレーを食べることで、試合で勝てるようにはなりません注2。

　現象の背後にある成り立つかもしれない仮定を「仮説」と呼びます。今回の「カレーを食べることで試合に勝てる」は仮説の一つです。たくさんの観測データを集めれば、仮説が本当に成立するかどうかを高い確率で検証することができます。しかし、100%成り立つということはありません。なぜなら観測データ、すべてでたまたま成り立ってしまう仮説が見つかってしまうかもしれないためです。

　そして、仮説数が多ければ、真に正しい仮説よりも、たまたま成り立ってしまう誤った仮説が含まれる可能性が高くなります。これが過学習が起きる場合です。

　たとえば、図2.6 の例で、図中❶のように仮説数が4種類しかないのであれば、検証して実際成立するものが見つかるかもしれません。しかし、図中❷のように検証する仮説数が数百や数万と多ければ誤った仮説（先ほどのカレー）が選ばれてしまうかもしれません。そして、選ばれた仮説が偶然訓練データで成り立ったものなのか、真の仮説なのかは区別がつきません。

注2　一方で験担ぎなどは、それを行うことで精神状態が安定するなどの効用があり、実は関係がある場合も多いかもしれません。

図2.6　仮説数と事例数の関係

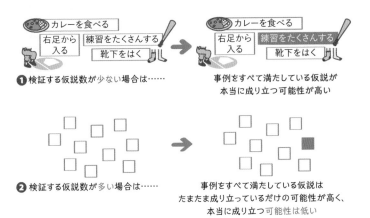

❶ 検証する仮説数が少ない場合は……

事例をすべて満たしている仮説が
本当に成り立つ可能性が高い

❷ 検証する仮説数が多い場合は……

事例をすべて満たしている仮説は
たまたま成り立っているだけの可能性が高く、
本当に成り立つ可能性は低い

過学習はなぜ起こるのか　たまたま訓練事例を説明する間違ったモデルが見つかってしまう

　機械学習も多くの仮説（あるパラメータのときのモデルが一つの仮説）の中から、多くの訓練事例を説明する仮説がどれかを探しているような問題とみなすことができます。そして、過学習は、たまたま多くの訓練事例でうまくいくようなモデルが見つかってしまうことによって起きます。

　このようなモデルは訓練事例でうまくいっているだけなので、未知のデータではうまくいきません。このような過学習を防ぐには「訓練データを増やす」か、「検証する仮説数を少なくする」ことが有効です。訓練データ数に比べて検証する仮説数が少ない状況であれば、見つかった仮説が、たまたま成り立ったものでなく、実際に関係がある可能性が高くなります。

●………［過学習を防ぐ❶］訓練データを増やす

　訓練データを増やすことができれば、過学習を防ぐことができます。多くの事例で仮説を検証することができるので、たまたま仮説が成り立つ可能性を小さくすることができます。訓練データ100個中すべてでたまたま成り立っていた誤った仮説が101個めの訓練データでは成り立たず、排除できるかもしれません。

　一方、多くの問題では訓練データを増やすことが困難です。実際のデータ

を増やす以外にも、**データオーグメンテーション**（*data augmentation*、データ
拡張）と呼ばれる手法が有効です。これは、訓練データに意味を変えないよう
な変換を加えて、人工的にデータを水増しする方法です。画像であれば並行
移動させたり、色味を多少変えたり、多少のノイズを加えても写っているモ
ノの種類が変わることはありません。音声データであればピッチや量、多少
ノイズを加えたとしても、音声は変わりません。問題が持つ対称性、不変性、
同変性[注3]を利用して、データオーグメンテーションを設計することができま
す。

たとえば、学校のテスト前に勉強して練習問題は間違いなく回答できる状
態になっていたとします。しかし、テスト時に練習問題とちょっと違う問題
が出たときに答えられなくなる場合があります。これは練習問題の答えを丸
暗記している場合、または解法を覚えていても少し違う場合にそれを応用で
きないような状態です。練習問題という訓練事例が少ないと言えます。これ
を防ぐためには練習問題に、たとえば、問題の入力の数値を少し変えてみる
など、さまざまなアレンジを加えて解けるようになっていることが必要にな
ります。これは練習問題のデータオーグメンテーションといえます。

●………［過学習を防ぐ❷］仮説数を必要最低限に抑える

また、訓練データ数が同じであれば、その中で仮説数を少なくすることも
過学習を防ぐには有効です。仮説数を少なくするにはモデルに制約を加えた
り、学習時に仮説数を少なくする機構を加え、可能な限り単純なモデルを使
うことが必要です。

この可能な限り単純なモデルを使うという指針は14世紀の哲学者／神学者
であるオッカムが「ある事柄を説明するためには、必要以上に多くを仮定する
べきでない」という言葉、いわゆる「オッカムの剃刀」として知られています。
たとえば、100個のパラメータから成るモデルと5個のパラメータから成る
モデルが、どちらもすべての訓練データを説明できる場合は、5個のパラメ
ータから成るモデルのほうが**汎化性能**（*generalization performance*）が高い可能
性が高いといえます。

注3　入力の変化に対して出力結果が一定の法則に従って変化する場合は「同変性が成り立つ」とい
　　　います。

ニューラルネットワークはパラメータ数が多いが汎化する

　このように、一般に訓練データに対する性能が同じであれば、パラメータ数が少ないモデルの方が汎化性能が高くなることが期待されます。しかし、「別の過学習を抑えるしくみ」がある場合は、必ずしもパラメータ数が少ない方が汎化するとは限りません。

　とくに、本書で扱うニューラルネットワークは、従来のモデルよりパラメータ数が数百〜数万倍と大きいにもかかわらず、汎化能力が高いことが知られており、さらにいくつかの条件を満たせばパラメータ数がむしろ多いほど（ある程度までは）汎化性能が向上することもわかってきています。

　この現象に関連して、**ディープラーニングの汎化**に触れておきます。ディープラーニングの汎化には、最適化の結果見つかる解が**フラットな解**であり、この解が単純なモデルに対応していること、学習において勾配降下法を使うことで、対象の問題を解けるようなパラメータの中で最も単純なモデルを選ぶようになっていることが重要な役割を果たしていることが知られています。

　また、最近の発見[注4]では、単に訓練データにフィッティングするだけでなく、その周辺でも関数値が滑らかであるためには従来考えられているよりも遥かに多くのパラメータ数を持つ必要があることが必要条件であることがわかっており、ニューラルネットワークが多くのパラメータを持つことで入力が多少変わっても安定して予測できる能力を獲得していることがわかっています。

注4　•参考：S. Bubeck and et al.「A Universal Law of Robustness via Isoperimetry」(NeurIPS、2021)

Column
連続値のパラメータから成るモデルの仮説数
仮説数、パラメータ数、モデル複雑度

　ここまで、仮説とは1個ずつ数えられるようなものを考えてきました。一方で、機械学習のモデルは複数の実数値を持つパラメータで特徴づけられたモデルを扱う場合が一般的です。パラメータが実数の場合は、数は無限個あり(0.1、0.01、0.001など)、仮説数を求められません。

　こうした問題に対処するために、仮説数とは違う方法でモデルの表現力を測る方法がいくつか提案されています。本書では詳しく取り上げませんが、基本的には無限個ある集合を有限個の要素で代表させ、その要素数を数えることで複雑度を評価します。ラデマッハ複雑度(*Rademacher complexity*)、VC(*Vapnik-Chervonenkis*)次元などの名称で知られています。

2.4 問題設定　教師あり学習、教師なし学習、強化学習

ここまで「データ」「モデル」「汎化能力」について説明してきました。これらの道具を使って、本節から具体的な学習方法やその種類について説明していきます。

機械学習は、データからルールや知識を獲得、つまり学習します。この学習にはさまざまな変種が存在します。本節では代表的な学習手法として、「教師あり学習」「教師なし学習」、そして「強化学習」を紹介します。

これらはいずれも目的関数を設定し、その最適化問題を解くことで学習を達成し、モデルを決定します。どのような問題設定で学習するか、学習の結果何を得るかで違いがあります。それらについて説明していきます。

［代表的な学習手法❶］教師あり学習

教師あり学習（*supervised learning*）は、現在最も広く使われている学習手法です 図2.7 。

図2.7　教師あり学習の流れ

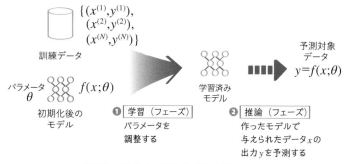

目標　入力から出力 y を予測する関数 $y = f(x; \theta)$ を学習する

訓練データ
$$\{(x^{(1)}, y^{(1)}), (x^{(2)}, y^{(2)}), (x^{(N)}, y^{(N)})\}$$

パラメータ θ　$f(x; \theta)$　初期化後のモデル

❶ 学習（フェーズ）パラメータを調整する

学習済みモデル

❷ 推論（フェーズ）作ったモデルで与えられたデータ x の出力 y を予測する

予測対象データ　$y = f(x; \theta)$

❶教師あり学習は、訓練データを用意し、それを使ってモデルを学習する（パラメータを調整する）
❷学習済みモデルを使ってテストデータの予測を行う

　教師あり学習の目標は、入力 x から望ましい出力 y を予測できるようなモデル $y=f(x; \theta)$ を学習することです。たとえば、画像分類の場合は入力が画像で出力はその画像の分類結果であり、英仏の機械翻訳の場合は入力が英語で出力がフランス語となるような関数を学習することが目標となります。

　教師あり学習では、入力 x と推定したい出力 y から成るペア (x, y) を訓練データ $D=\{(x^{(1)}, y^{(1)}), (x^{(2)}, y^{(2)}), ..., (x^{(N)}, y^{(N)})\}$ として利用します。訓練データは教師ありデータや学習データと呼ばれることもありますが、本書では「訓練データ」と呼ぶことにします。上付きの添字 (i) で i 番めのデータであることを意味します。

　この訓練データを使って、入力から出力を推定できるようなモデル $y=f(x; \theta)$ を学習します。たとえば、先述の気温からアイスクリームの売上を予測するタスクは、温度を入力として売上を出力とした教師あり学習です。

●········ **教師あり学習のタスクの例**

　表2.1 に教師あり学習の例を挙げています。画像分類は与えられた画像を入力とし、何が写っているのか(犬、猫など)のラベルを出力するようなタスクです。音声認識では音声波形データを入力とし、その書き起こし文字列を出力とします。スパムメール分類ではメール本文を入力とし、それがスパムか正常なメールかの判定結果を出力とします。化合物評価では、化合物の構造式が入力として与えられたとき、それを使って実験した評価結果であるアッセイ値(*assay value*、融解度、硬度など)を出力とします。

表2.1　**教師あり学習のタスクと入出力**

タスク	入力	出力
画像分類	画像	ラベル
音声認識	音声	書き起こし文字列
スパムメール分類	メール本文	判定結果(スパムまたは正常)
化合物評価	化合物の構造式	アッセイ値

Note

分類問題と回帰問題

　教師あり学習かに限らず、推定対象の出力が離散値またはカテゴリ値の場合は分類問題、連続値の場合は回帰問題と呼びます。

　たとえば、画像を入力とし、その画像に写っているのが犬か猫かを推定する場合は「分類問題」、写っている人の身長を推定する問題は「回帰問題」です。

パラメトリックモデル

学習に使うモデルは、パラメータ θ によって挙動が決まるような関数 $f(x; \theta)$ を利用します。このように、パラメータ θ によって関数の挙動が決まることを、関数が θ によって特徴づけられたといいます。このパラメータのうち、各入力にかかる係数に対応するようなパラメータは**重み**と呼ばれることもあります。また、関数の「;」以降の変数は、この関数の入力ではないことを表しています。

前述のとおり、このようなパラメータで特徴づけられたモデルを**パラメトリックモデル**（*parametric model*）と呼びます。本書では「モデル」といったとき、パラメタリックモデルを指すものとします。

学習と推論の2つのフェーズから成る

教師あり学習では、**学習**（*training*）と**推論**（*inference*）の2つのフェーズに分けられます（p.60の 図2.7 ）。

学習フェーズでは訓練データをうまく推定できるように、つまり $y^{(i)} = f(x^{(i)}; \theta)$ となるようにモデルのパラメータを調整していきます。推論フェーズでは学習によって得られたパラメータ $\hat{\theta}$ を使ったモデル $f(x; \hat{\theta})$ を使い、新しいテストデータ $\tilde{x}$ [注5]の出力を $\tilde{y} = f(\tilde{x}; \hat{\theta})$ として求めます。

［代表的な学習手法❷］教師なし学習

教師なし学習（*unsupervised learning*）は、教師（正解）が付けられていないようなデータ $D = \{x^{(1)}, x^{(2)}, \ldots, x^{(n)}\}$ を利用した学習です。たとえば、世の中には画像や動画、音声データは無数に存在していますが、それらに何が写っているのか、どのような言葉かといった教師情報は付いていません。こうしたデータを利用して学習する手法は「教師なし学習」と呼びます。

教師あり学習の場合は、教師データで与えられた出力をうまく推定できるようにという目標がありましたが、教師なし学習は、データ自身には学習する目標が与えられず、学習を設計する際にその目標を学習問題として設定し

注5 訓練データと区別がつくように、テストデータの入出力を $\tilde{x}$, $\tilde{y}$ と表しています。

ます。この目標は、教師なしデータから計算できる必要があります。

●……… **教師なし学習でできること**

　多くの教師なし学習の目標は、**データの特徴を捉え、データの最適な表現やデータ間の関係を獲得する**ことです 図2.8 。

　たとえば、教師あり学習で画像分類を学習する際には、データに分類の正解が付与され、その正解が正しく分類できるように分類します。それに対し、教師なし学習では分類する目標が与えられないため、画像分類は学習できません。代わりに、画像をどのようにデータとして表現できれば、後続のタスクがうまく処理できるのかを学習します。

図2.8 　教師なし学習でできること

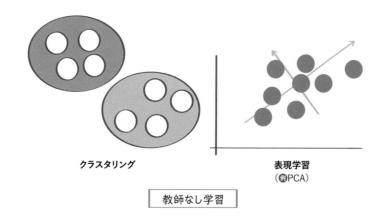

クラスタリング　　　　　　　　表現学習
（例PCA）

教師なし学習

　教師なし学習が単体で使われるということは少なく、学習した結果をさらに教師あり学習や強化学習、人によるルールベースのシステムと組み合わせて使うことが一般的です。

●……… **教師なし学習の代表例**　クラスリング、表現変換と次元削減、生成モデル

　たとえば、**クラスタリング**(*clustering*)は教師なし学習の代表例です。データ間の類似度を元に、データセットを**似ているデータ同士**にまとめ上げます（グループ化）。この場合、似ているデータが同じクラスタに、似ていないデータは別のクラスタに所属するように学習することが目標になります。また、

どのデータからも似ていないデータを探す「**外れ値**(*outlier*)を求める」ことも
教師なし学習です。

　データを別の表現に変換(**表現変換**)し、可視化したり、その後のタスクを
容易に解けるようにすることも教師なし学習の一つです。たとえば、データ
をその分散が大きい軸に沿って変換する**主成分分析**(*principal component
analysis*、PCA)や、独立した成分ごとに表現する**独立成分分析**(ICA)、協調
フィルタリング(*collaborative filtering*、CF)などで用いられる**行列分解**などに
よる低ランク表現は、代表的な教師なし学習による表現変換の例です。これ
らは、データに含まれる情報を保ちながら次元数を小さくする**次元削減**を達
成している例とみなせます。

> **主成分分析と独立成分分析、行列分解による低ランク表現**　　　　Note
>
> 　主成分分析では、入力を元のデータの情報をできる限り落とさないように低次
> 元空間に線形変換(射影)します。これは、データの表現学習の最も簡単な例とい
> えます。
>
> 　独立成分分析は、入力を射影後の各次元がお互い独立になるような制約下で、
> 元のデータの情報をできる限り落とさないように変換します。「データ生成源が独
> 立である」という仮定が成り立つなら有効です。
>
> 　行列分解による低ランク表現は、入力を行列とみなしたとき、この行列をラン
> ク数が小さい2つの行列の積で表します。行列の行と列を同時にクラスタリング
> しているとみなせます。

　さらに、**与えられたデータを生成できるようなモデルを学習する**ことも教
師なし学習といえます。このようなモデルを**生成モデル**(*generative model*)と
呼びます。生成モデルは複雑なデータを生成できるというだけでなく、**表現
学習としても有効**であり、近年注目度が高まっています。

ディープラーニングによる「表現学習」　　自己教師あり学習

　近年、ディープラーニングの発展とともに、「教師なし学習」によって、デ
ータの表現および、データからその表現への変換方法を自動獲得できること
がわかってきました。元のデータの表現をそのまま使うより、獲得された表
現を使うことで学習効率が上がり、汎化性能も改善されることが期待されま
す。こうした学習は、データの表現方法、およびその表現への変換方法を学
習で獲得することから、**表現学習**(*feature learning*)と呼ばれます。

　また、教師なし学習でも、問題設定を工夫することで入力から「自動で訓練データ（教師ありデータ）を作る」ことができ、教師あり学習の枠組みで学習できます。これを**自己教師あり学習**（*self-supervised learning*）と呼びます。

　たとえば、正解が付いていない時系列データであっても、ある時刻までの履歴データからその先の未来のデータを予測するタスクは「教師あり学習」としてみなすことができます。また、画像で左半分だけから右半分を予測する図2.9、一部分から全体を予測する、テキストで一部分を消去し、周囲からそれを予測するといったことも自己教師あり学習です。このような自己教師あり学習では、与えられた問題を解けるようになることが目的ではなく、その問題を解くことで**最適な表現方法を副次的に得る**ことが目的となります。

図2.9　　自己教師あり学習の例

画像の左半分から、右半分がどうなっているのかを予測する

　図2.10に、自己教師あり学習による画像表現獲得の一例を紹介します。与えられた画像に対し、画像の意味を変えないような2種類の変換を適用します（回転/縮小、ノイズを加えるなど）。これら2つの画像から表現ベクトルを計算し、これら2つの表現ベクトルがお互い似ているようにします。同時に、異なる画像から得られた表現ベクトルとは違うようにします。

　この学習を進めていくと、画像の意味を変えないような変換に対しては不変であり、かつ意味の異なる画像は見極められるような表現ベクトル、およびその変換方法を学習することができます。

　このような自己教師あり学習によって、**事前に学習しておくことで**、大量の教師データを使わずに**少量の学習データだけを使っても高性能の分類器が作成できる**ことがわかっています。

図2.10 自己教師あり学習による画像表現獲得

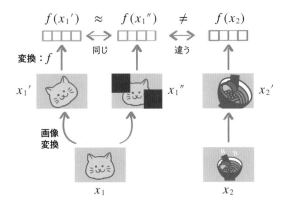

教師なし学習による表現学習の例。
入力画像x_1に2種類の意味を変えない変換を適用する。
その結果から計算した表現が一致し、別の画像由来の表
現は異なるように学習。画像のさまざまなタスクに使える
良い表現とその変換が獲得できる

Note

生成モデルと自己教師あり学習の関係
　生成モデルは、自己教師あり学習による表現学習の一つのアプローチとみなす
ことができます。「全体や残りを生成する」というタスクをこなすことで、副次的
に良い表現方法を獲得できるためです。もちろん、生成モデルは表現学習以外に
も生成タスクなどにも利用されます。

［代表的な学習手法❸］強化学習

　代表的な学習手法として、最後に**強化学習**（*reinforcement learning*）を紹介し
ます。強化学習はもともと人や動物の行動決定や学習を参考に作られた手法
ですが、**予測/プランニング**や**制御**、**探索**といったさまざまな問題と密接に
関係しています。

●⋯⋯⋯［ゲームの例］強化学習はどのような学習なのか

　強化学習がどのような学習なのかは、アクションゲームを例に使って説明
してみましょう。

　ここで考えるアクションゲームでは、プレイヤーはキャラクターを操作し、一定時間内にコインをできるだけたくさん獲得することが目標だとします。ゲームでは邪魔をする敵キャラクターも存在し、それに触れると、これまでとったコインをすべて失ってしまうとします。

　そのような条件のなか、キャラクターは、走ったり、しゃがんだり、止まったりといった行動を次々選択していきます。そして、キャラクターの行動に応じて、環境や敵キャラクターの行動も変わっていきます。

　このような不確実性がある環境下では、あらかじめ最初からすべての行動を計画しておくことはできず、プレイヤーは情報を収集しながら状況に応じて臨機応変に行動を選択していくことが求められます。また、目の前に敵や落とし穴など危ないところがある先に多くのコインがあることがわかっている場合は多少、短期的にはマイナスになるリスクを負っても、この困難を越えていくことが必要になります。したがって、プレイヤーは長期的な視点に立って行動を選択していくことが必要です。

　以上のような問題を一般化したのが「強化学習」となります。

● ……… **エージェントと環境**

　このゲームの例を念頭において、強化学習が考える問題設定を説明します。強化学習では「エージェント」と「環境」から成る問題設定を考えます **図2.11**。

図2.11　　強化学習の問題設定

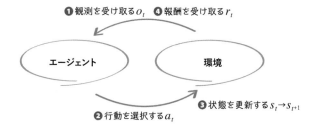

❶観測を受け取る o_t　❹報酬を受け取る r_t

エージェント　　　　　　環境

❷行動を選択する a_t　　❸状態を更新する $s_t \rightarrow s_{t+1}$

強化学習の目標は将来もらえる報酬の合計 $r_t + r_{t+1} + r_{t+2} + ...$
を最大化するような行動 a_t、a_{t+1}、... を選択していくこと

　先ほどのアクションゲームの例では、プレイヤー（もしくはプレイヤーが動

かしているキャラクター)が**エージェント**、ゲームシステム(周囲の環境や敵キャラクター、コインをとったかを判定するシステム)が**環境**となります。各時刻tでエージェントは環境から**観測**o_tを受け取ります 図2.11❶ 。それを元に**行動**a_tを選択 図2.11❷ し、それを環境に渡します。環境は**環境を表す状態(内部状態)**s_tを持っています。たとえば、キャラクターの位置や敵キャラクターの位置、まだ出現していないマップ情報などです。また、エージェントも状態を持つこともできます。以降の状態は、環境の状態を指すものとします。そして、環境は受け取った行動a_tに基づいて状態をs_tから次の状態s_{t+1}へ遷移します 図2.11❸ 。

● ……… 決定的な遷移と確率的な遷移

状態と行動が決まったら次の状態が一つに決まる場合を**決定的な遷移**と呼び、関数$s_{t+1}=E(s_t, a_t)$で表現できます。関数は入力に対し、一つの出力を返すことに注意してください。

これに対し、状態と行動から次の状態が確率的に決まる場合を**確率的な遷移**と呼び、**遷移確率分布**$s_{t+1} \sim P(s_{t+1} \mid s_t, a_t)$で表します。遷移確率分布で表される場合は、その確率分布に従って一つの状態をサンプリングします。たとえば、こちらがジャンプしたのに対して、敵キャラクターが確率0.7で避けて、確率0.3で避けずにこちらに向かってくる場合などは確率的な遷移例です。

環境は、現在の状態と行動に応じて**報酬**r_tをエージェントに返し、図2.11❹ 、また次の時刻の観測o_{t+1}を現在の状態s_{t+1}に応じて返します。

エージェントと環境はこのように、観測、行動、報酬をやりとりしていくことを繰り返していきます。

● ……… 強化学習の「報酬」と「報酬仮説」

強化学習の目標は、将来にわたってエージェントが受け取る**報酬**の合計値が最大となるような行動を獲得することです。ここで重要なのは、強化学習の目標は、各時刻における報酬を最大化するのではなく、**将来にわたっての報酬の合計値が最大となること**です。これにより最適な戦略には、中長期的な戦略が必要になってきています。

強化学習を使って、何か目的を達成するようなエージェントを作りたい場合、報酬をうまく設計することで、エージェントに実現してほしいこと、実現してほしくないことを教えていきます。実現してほしいことには正の報酬、

実現してほしくないことには負の報酬を与えることで実現できます。

　一般に、強化学習は扱う問題の目的を単一のスカラー値である報酬の最大化として扱えると仮定します。これを**報酬仮説**と呼びます。

　実際の世の中の問題やタスクは一つの報酬ですべてを表すことはできませんが、強化学習では**スカラー値一つで扱える**という**大胆な単純化**を導入していることになります。この問題設定でも、驚くほど多くの問題を解くことができます。

Note

スカラー値
　スカラー値は、単一の値もしくは変数。温度や身長など、単一の量を表すことに利用できます。

教師あり学習と強化学習は何か違うのか

　外から与えられた教師情報を元に学習する「教師あり学習」と「強化学習」を紹介しました。どちらも「外から与えられた教師信号を元に目的関数を最適化することで学習する」という点で似ていますが、次の三点で異なります。

● ⋯⋯⋯[**違い❶**]i.i.d.を仮定するか

　一つめは、**教師あり学習**では各データは同じ分布から独立に生成されている、いわゆる**i.i.d.を仮定**します。

　それに対し、**強化学習**では時刻ごとに観測するデータの分布や、得られる報酬の分布は**変化**し、さらに自分がとる行動に依存してそれらの**分布が変わる**ような問題を想定しています。

Note

教師あり学習でもi.i.d.仮定を置かない場合
　教師あり学習でもi.i.d.仮定を置かない場合も存在します。一つは**共変量シフト**（*covariate shift*）と呼ばれ、学習時の入力分布 $p_{train}(x)$ と推論時の入力分布 $p_{test}(x)$ が異なる場合です。また、**ドメイン適応**（*domain adaptation*）と呼ばれる問題設定では、学習時と推論時で環境が違うような場合の問題があります。たとえば、シミュレーター上で学習して、実世界で推論したり、ある病院で撮影した医用画像（*medical imaging*）で訓練データを取得して、それを使って得たモデルを用いて他の病院で撮影した画像で推論を行うような場合です。

●········ ［違い❷］受動的か、能動的か

二つめは、**教師あり学習では訓練データは受動的**に与えられますが、**強化学習では能動的**に自分が行動してはじめて観測が得られます。そのため、強化学習では学習に役立つデータを得るためにさまざまな行動を試行してみることが必要になります。そして、今知っている情報を元に将来報酬を最大化するか、それとも情報を得るために新しい行動を試すかという、**報酬と探索のジレンマ**を解く必要があります。

●········ ［違い❸］フィードバックは直接的か、間接的か

三つめは、**教師あり学習**はどのように行動を修正すれば良いかという**直接的なフィードバック**をもらえますが、**強化学習は報酬という間接的なフィードバック**しかもらえず、今の行動が良かったかどうかや、どう修正すれば良いかは学習手法自身が求める必要があります。

2.5
問題設定の分類学

前節では、教師あり学習と教師なし学習、そして強化学習を紹介しました。また、教師あり学習と強化学習は何が違うのかについて説明しました。

これらのほかにも、違う条件での多くの問題設定が存在します。本節では、それらすべてを紹介するのではなく、それらの問題設定を整理する上で有用な考え方を紹介します。

学習問題設定の三つの軸

図2.12 に、学習問題設定の分類を示しました。問題設定の軸として、以下のような三つの基準があります。

- 訓練データが網羅的か、サンプリングか
- 各問題が独立か、前後関係があるか
- フィードバックが教師的か、評価的か

図2.12 学習問題設定の分類

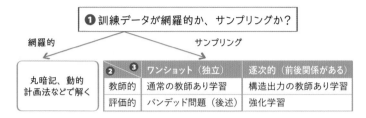

［学習問題設定の基準❶］訓練データが網羅的か、サンプリングか

　一つめの基準が、訓練データが、対象問題の取りうる場合を**すべて網羅**しているか、その**一部をサンプリング**した結果であるかです。

●⋯⋯⋯**訓練データが網羅的に列挙できる場合**　三目並べ

　訓練データが**網羅的**であれば、すべての結果を**丸暗記**しておくことで問題を解くことができます。人には丸暗記は難しいですが、コンピュータでは丸暗記することは簡単であり、効果的な問題の解き方になります。

　たとえば「三目並べ」と呼ばれるゲームで、最適な行動を求める場合を考えてみましょう。三目並べは、3×3 の格子の各四角の中に二人が交互に○と×を書いていき、最初に自分側の記号が直線に3つ並べた方が勝ちとなるようなゲームです。この場合、盤面のありうる場合の数は、各マスごとに「何もない」「○」「×」の3通りあるので $3^{3 * 3} = 19683$ 通り存在します。このすべての場合を人が列挙することは大変ですが、現在のコンピュータであればこの程度の種類は一瞬で列挙でき、すべてを記録しておくことができます。

　また、各盤面において勝つために最適な行動も**動的計画法**（*dynamic programming*、DP）を使って効率的に求めることができます。このように、すべての訓練データを入手できる場合は、わざわざ機械学習を使わずに丸暗記や動的計画法など別のアプローチで解くことができます。

> **動的計画法**　　　　　　　　　　　　　　　　　　　　　Note
> 　動的計画法は、元の問題を小さな問題に分割し、それらの問題に対する解を他の問題を解く際に再利用して使うことで、効率的に問題を解くアプローチです。

●········ **訓練データが網羅的に列挙できない場合** 囲碁

次に、囲碁の場合を考えてみましょう。囲碁の場合も三目並べよりはルールは複雑ですが、盤面としては○と×の代わりに白石と黒石を使っているだけであり、盤面の数が3×3ではなく19×19(19路盤)になっている部分が違います。盤面のありうる場合の数は各位置において「何もない」「白石」「黒石」の3つですので$3^{19*19} = 10^{360}$となります。先ほどの三目並べの場合(2万通り弱しかなかった)と違って、囲碁のありうる場合の数は宇宙の原子数[注6]より遥かに多く、現在の計算機、そして将来の計算機でもすべての盤面を列挙し、またそれらを記録しておくことはできません。この場合、すべての場合を列挙することはできません。できることは、それら膨大な数ある場合の中でほんの一部、たとえば数百万〜数億(10^6〜10^9、全体の$1/10^{350}$個の割合)個の盤面だけをサンプリングすることで、そこから学習する必要があります。

一般に、観測が高次元データである場合、場合の数は指数的に増えます。画像や音声、時系列データは高次元データであり、場合の数は非常に大きくなります。これに加えて各次元のとりうる値の種類数が多い場合や連続値の場合も、場合の数はさらに多くなります。

すべての訓練データを網羅できずサンプリングしか使えない場合、いかに**有限の訓練データから汎化するような学習結果(モデル)を獲得する**のかが重要となります。

本書では、サンプリングが必要な場合のみ扱っていきます。もし、すべての入力を網羅し記録できる場合は丸暗記で十分です。

［学習問題設定の基準❷］ワンショットか、逐次的か

二つめの基準が、扱う問題が**独立**か、お互い**依存**しているかです。それぞれの問題が独立している場合を**ワンショット**(*one-shot*)、前の問題に依存して次の問題が決まる場合を**逐次的**(*sequentially*)といいます。

「ワンショット」の方が各問題の状況が同じであるため解きやすく、また学習する際も複数の事例をまとめて学習(**バッチ処理**と呼ぶ)できるので簡単です。それに対し、「逐次的」な場合は、各問題はそれまでの問題に依存して決まっているので、状況はすべて異なるため解きにくく、また学習の際もバッ

注6 宇宙の原子数は諸説ありますが、10^{80}〜10^{100}個程度と推定されています。

チ処理しづらくなるため難しくなります。

　たとえば、教師あり学習の問題設定で、与えられた画像を次々と分類する場合はワンショットです。それぞれの問題が前後の問題に影響を与えないためです。

　それに対し、強化学習のように、ある時刻にとった行動が次の観測や問題に影響を与えるような問題は逐次的です。

●……… 問題の内部で逐次的な出力を順に求める場合

　それぞれの問題が独立していても、その問題の内部では構造を持った出力を部分ごとに逐次的に求める場合もあります。たとえば推定対象の出力が**系列**（*sequence*）や**木**（*tree*）、**グラフ**（*graph*）などの**構造化データ**（*structured data*）であり、それらの要素を順に推定する場合は、各要素の予測は前の予測に依存するので逐次的な問題といえます。

> **構造化データ**　Note
> 　構造化データは出力が複数の要素から構成されており、それらの要素がお互い関係を持っているようなデータです。たとえば、入力文字列からその構文木を推定する場合は構造化データを予測することになります。

　身近な例として検索連動型広告で、ユーザーに広告を推薦する問題はどうでしょうか。この場合、各問題は独立であるように見えるものの、ユーザーはそれまでに見た広告やその行動結果に応じて次の行動を変えるかもしれません。何回も見ている広告に親近感を持っていたり、逆にすでにクリックするなどの行動をとった広告が再度出てくると不要だと思われるかもしれません。そのため、逐次的な問題であるといえますが、過去の履歴などを現在の入力に全て含めることでワンショットの問題としてみなすこともできます。

［学習問題設定の基準❸］学習フィードバックが教師的か、評価的か

　三つめの基準が、学習フィードバックの種類の違いで**教師的**か、**評価的**かに分かれます。

　たとえば、自分が野球のバッティングの指導をコーチから受けていたとしましょう。コーチから「肘（ひじ）が下がっているから、最適なバッティングのために

はあと5cm上げるように」と具体的な改善の指示を受ける場合もあれば、「今
のバッティングは悪かった、もう少しうまくできたのではないか」「今のは今
までの中で一番良かったが、もっとうまくなるためには、彼のバッティング
を参考にするように」という評価を受ける場合があります。

　学習対象のシステムが予測をしたとき、最適な予測（または正解の予測）を
教えてもらえる場合を**教師的な**フィードバックと呼びます。これに対し、と
った行動が良かったか、悪かったかは教えてもらえるが、どの行動をとれば
最適だったかを教えてもらえない場合を**評価的な**フィードバックと呼びます。

●⋯⋯⋯教師的なフィードバックの方が学習は簡単

　教師的なフィードバックの場合、自分がどのように行動を修正すれば良い
かがわかります。また、教師的なフィードバックは絶対的な評価を与えても
らえます。自分の出力がどのくらい良かったのかを与えられた教師の出力（最
適な出力）と比較することができるためです。

　それに対し、評価的なフィードバックは、システムが実際にとった行動に
対する評価しか与えません。そのため、今の行動がありうる行動の中でどの
くらい良いかがわかりません。とった行動にどの程度の改善の余地があるか
はわからないため、他の行動をとってみてどのような評価を受けるのかを試
してみる必要があります。同じ入力に対し、異なる2つの行動のフィードバ
ックを比較することはできるため、相対的な評価は得ることができますが、
絶対的な評価は得られません。また、さまざまな行動を試してみないと、ど
のように修正すれば良いか、わかりません。

　そのため、教師的なフィードバックの方が、どのように修正すれば良いか
がわかるので評価的なフィードバックよりも修正の仕方が簡単、つまり学習
が簡単であるといえます。

　教師あり学習は教師的なフィードバックを受けられる場合であり、強化学
習は評価的なフィードバックを受けられる場合です。教師あり学習は、どん
な予測をしても「最適な予測はこれ」と絶対的な正解を与えてくれます。それ
に対し、強化学習は報酬という形で評価的なフィードバックのみしか与えら
れません。たとえば「＋10」という報酬をもらったとしても、もしかしたらほ
かに「＋100」もらえる行動があったかもしれないし、実は今の行動が最適な
のかもしれません。また、報酬を上げるために、どのような行動をとれば良
いのかがわかりません。

●········ **評価的なフィードバックの方が設定しやすい**

ここまで見ると、学習としては教師的なフィードバックのほうが簡単ですが、常に教師的なフィードバックが与えられるとは限らず、多くの問題では評価的なフィードバックしか与えることができません。たとえば、最も伝導性が高い材料を機械学習のモデルで探索する場合は、作った材料がどのような伝導性を持っているかを評価することはできますが、最も伝導性が高い材料が何であるかは誰も前もってわかりません。

［三つの基準の活用術］学習手法の分類/整理

ここまで紹介した三つの基準によって、学習手法を整理することができます。

たとえば、**教師あり学習**は「訓練データがサンプリングであり、ワンショットな問題で、教師的なフィードバックが与えられる」ような問題設定であり、**強化学習**は「訓練データがサンプリングであり、逐次的な問題で、評価的なフィードバックが与えられる」場合です。

●········ **バンデッド問題**

このほかの組み合わせも存在し「訓練データがサンプリングで、ワンショットな問題で、評価的なフィードバックが与えられる」ような問題を**バンデッド問題**(*bandit problem*)と呼びます。

問題の例として、無数の材料の組み合わせから最適な組み合わせを探す問題や、お昼ごはんのレストランをどこにするかを探す問題(今選んでいるレストラン以外に無数にまだ行っていないレストランがある。行ったレストランが良かったかどうかはわかる)があります。

●········ **構造出力の教師あり学習**

また、「訓練データがサンプリングで、逐次的な問題で、教師的なフィードバック」の場合は、**構造出力**(*structured output*)**の教師あり学習**などで見られます。構造出力の例としては、文からその構文木や意味解析をする場合や、ロボットの制御で模倣すべき行動列が与えられている場合などがあります。

2.6 機械学習の基本 機械学習のさまざまな概念を知る

ここまでは、機械学習の背景にある考え方や問題設定について説明しました。本節では、「教師あり学習を使った画像分類を作っていく」例を通じて、機械学習のさまざまな概念を順に取り上げていきます。

教師あり学習による画像分類

与えられた画像に写っているのが犬なのか、猫なのかを分類できるようなモデルを**教師あり学習**を使って獲得する例を考えてみましょう 図2.13 。

図2.13 教師あり学習による画像分類の流れ（❶〜❻）

❶ 訓練データを用意する ………… $(x_i, y_i)_{i=1\ldots N}$

❷ 学習対象のモデルを用意する ⋯⋯ $y = f(x; \theta)$

❸ 損失関数を設計する ………… $l(y, y')$

❹ 目的関数を導出する ………… $L(\theta) = \displaystyle\sum_i l(y_i, f(x; \theta)) + R(\theta)$

❺ 最適化問題を解く（学習）⋯⋯ $\theta^* = \arg\min_\theta L(\theta)$

❻ 学習して得られたモデルを評価する

機械学習による「学習」の実現 特徴抽出の重要性

機械学習では、**訓練データ**、**特徴抽出関数**、**モデル**、**損失関数**、**目的関数**、**最適化**をそれぞれ設計して組み合わせることで「学習」を実現します。

はじめに学習をする**関数**が、何を**入力**とし、何を**出力**するのかを考えます。今回は画像を入力とし、犬か猫かを出力するような関数です。人は「画像」を見たり、犬、猫という「言葉」を扱えますが、計算機は**数値に変換**しなければ扱うことができません。今回は画像を**数値ベクトル**に変換し、また犬、猫を「犬＝0」「猫＝1」という**整数**に変換して扱うことにします。

　次に、入力を機械的に変換した値をそのまま与えても、うまく学習できない場合がほとんどです。そのため、タスクに関係する重要な情報を抽出してから、それをモデルに与えます。このステップが**特徴抽出**(*feature extraction*)、また抽出する関数が**特徴抽出関数**です。この特徴抽出関数は一つである必要はなく、たくさん使用します。たとえば、画像認識では局所的なパッチのパターン(3×3や5×5)を、画像を表現するために用います。

　実は、この**特徴抽出が最終的な性能を決める上で重要**です。タスクによっては最も重要なステップとなります。どのような特徴関数を設計すれば良いかについては、多くの研究がなされてきました。これが、第3章で説明する「ディープラーニング」では**データから特徴抽出自体を学習する**ようになり、飛躍的な性能向上を果たしました。この特徴の組み合わせは**表現**とも呼ばれ、ディープラーニングは表現方法を学習するともいえます。本章では特徴抽出については省略し、次章で詳しく説明します。

　今回使うモデルは、画像の画素値を左上から右下に沿って順に並べた**ベクトルを入力**とし、ラベルの種類ごとのスコアを並べた**ベクトルを出力**とします。先に触れた損失関数、最適化については追って取り上げます。

Column

生成モデルと識別モデル

　入力xと出力yが与えられたとき、モデルを使って入力から出力を分類する方法として、同時確率 $p(x,y) = p(y|x)p(x)$ を使ってモデル化し、「訓練データの対数尤度を最大化」するアプローチと、直接、条件付き確率 $p(y|x)$ を使ってモデル化し、「条件付き確率の対数尤度を最大化」するアプローチがあります。

　前者を生成モデル(生成器)ベースの分類、後者を識別モデル(識別器)ベースの分類と呼びます。前者のほうが教師なしデータも考慮して $p(x)$ を学習できますが、実際知りたいy以外のxのモデル化も必要になるため、推定が難しくなる場合があります。二つのアプローチを比較すると、後者の方が $p(y|x)$ と $p(x)$ で違うパラメータを使ってモデル化できるので良いと主張されます。詳しくは、以下の文献を参考にしてみてください。

- T. Minka「Discriminative models, not discriminative training」(Microsoft Research Cambridge、2005)
- A. Ng、M. Jordan「On Discriminative vs. Generative Classifiers: A comparison of logistic regression and naive Bayes」(NeurIPS、2001)

❶訓練データを用意する

はじめに、**訓練データ**（*training data*）として**画像 x** と、それに写っているのが犬なのか猫なのかを表す**ラベル y** のペアから成る n 個のデータ $D = \{(x^{(1)}, y^{(1)}), (x^{(2)}, y^{(2)}), ..., (x^{(n)}, y^{(n)})\}$, $\mathbf{x}^{(i)} \in R^m$, $y^{(i)} \in [N]$ を用意します**図2.14❶** 注7。

また、各画像 $\mathbf{x}^{(i)}$ は m 個の画素値から成るので、その値を一列に並べた m 次元の数値ベクトル（Appendix を参照）とします。

多くの機械学習の問題では、入力はベクトルやテンソル（第3章で後述）など構造化された数値データを扱います。

図2.14 入力とパラメータの内積でスコアを求める

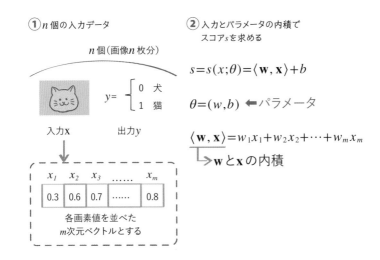

❶n 個の入力データ

❷入力とパラメータの内積でスコアsを求める

n 個（画像n枚分）

入力x 出力y

$y = \begin{cases} 0 & 犬 \\ 1 & 猫 \end{cases}$

x_1	x_2	x_3	……	x_m
0.3	0.6	0.7	……	0.8

各画素値を並べた
m次元ベクトルとする

$s = s(x; \theta) = \langle \mathbf{w}, \mathbf{x} \rangle + b$

$\theta = (w, b)$ ◀パラメータ

$\langle \mathbf{w}, \mathbf{x} \rangle = w_1 x_1 + w_2 x_2 + \cdots + w_m x_m$

└▶ $\mathbf{w}$ と $\mathbf{x}$ の内積

ここで記号について簡単に説明します。$x \in R$ は x が実数値であることを表します。R は実数（*real number*）から成る集合を表します。また、数値ベクトル $\mathbf{x}$ が m 次元の数値ベクトルであることは $\mathbf{x} \in R^m$ とも書きます。これは、m 次元の数値ベクトルから成る集合は R^m と表記し、$\mathbf{x}$ はその集合の要素であ

注7 上付きの「(1)」などはデータの添字、下付きの「i」などはベクトルなどのi番めの次元の値を意味する場合が多いです。たとえば、$x_j^{(i)}$ は i 番めのデータの j 次元めの値という意味です。

るという意味です。また、$y \in [N]$ は y が整数 1, 2, ..., N のいずれかの値であることを意味します。この「$\in$」(in)は左辺に要素、右辺に集合を書き、$x \in R$ は「x は集合 R の要素」であることを意味します。なお、プログラム上ではスカラー値は通常の変数、m 次元の数値ベクトルは長さ m の固定長のfloat配列と考えてもかまいません。

❷学習対象のモデルを用意する　要素、重み、バイアス

　次に学習対象のモデルを用意します。今回使うモデルは最も単純なモデルとして、各要素の値で重み付け多数決をし、その値が0より大きければ猫、小さければ犬というように分類することにします。

　画像の場合は、各画素値が要素に対応します 図2.15 。たとえば、ある画素が猫っぽさを表しているのであれば、それに対応する重み（重みはある入力に対応するパラメータ）は正の値をとり、犬っぽさを表しているのであれば重みは負の値をとります。ここでは、画素値はすべて正の値をとると考えています。

　このように、各画素ごとに犬っぽいか、猫っぽいかを調べ（画素値にそれぞれの重みを掛けることで調べたことになる）、それらを合計した結果を使って犬か猫かを判定します。画素間でどのような関係があるかは、無視した単純なモデルです。

図2.15　　学習対象のモデルを作る

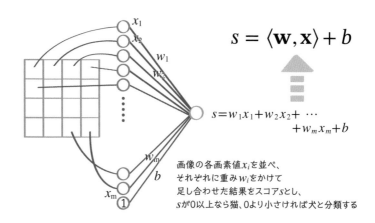

$$s = \langle \mathbf{w}, \mathbf{x} \rangle + b$$

$$s = w_1 x_1 + w_2 x_2 + \cdots + w_m x_m + b$$

画像の各画素値 x_i を並べ、
それぞれに重み w_i をかけて
足し合わせた結果をスコア s とし、
s が0以上なら猫、0より小さければ犬と分類する

　この「重み付け多数決」によるモデルは、i番めの重みを$w_i \in R$とし、また画素値に依存しない項$b \in R$も使って、次のように表されます。

$$s = w_1 x_1 + w_2 x_2 + \ldots w_m x_m + b$$

　この式の「$w_1 x_1$」がx_1という**画素**をw_1という**重み**に掛けたものを表し、それらをm個の画素と重みの掛けたものを足しています。そして、sはその合計した結果であり、sが正であれば猫と判定、負であれば犬と判定します。

　また、この画素値に依存しない項bは**バイアス項**とも呼ばれます。bが大きければ、画素値によらず猫であるという判定が出やすいことを表します。

●········ **内積を使う**

　この式の$w_1 x_1 + w_2 x_2 + \ldots w_m x_m$の部分は$x_1, \ldots, x_m$を並べて得られたベクトル$\mathbf{x}$と$w_1, \ldots, w_m$を並べて得られたベクトル$\mathbf{w}$を使った内積$\langle \mathbf{w}, \mathbf{x} \rangle$を使って簡潔に表すことができます。また、$\mathbf{w}$は**重みベクトル**または**係数**、$b$は**バイアス**または**切片**と呼ばれます。

　内積$\langle \mathbf{w}, \mathbf{x} \rangle$はベクトル$\mathbf{w}$と$\mathbf{x}$の要素ごとに掛け算を計算し、それらを足し合わせた合計です。ここでまた新しい記号として**和記号**$\sum$(sum)が登場しました。$\displaystyle\sum_{i=1}^{n} \ldots$は$i$を$1$から$n$まで変えたときの要素の合計を表します。

$$\langle \mathbf{w}, \mathbf{x} \rangle := \sum_{i=1}^{n} w_i x_i \quad^{注8}$$

　この内積$\langle \mathbf{w}, \mathbf{x} \rangle$を使えば、先ほどのスコア$s$を求める式は、

$$s = \langle \mathbf{w}, \mathbf{x} \rangle + b$$

と簡潔に表すことができます。

●········ **入力と重みをスカラー値からベクトルに一般化**

　本章の冒頭で出てきたアイスクリームの例は、**スカラー値の入力**と**スカラー値の重み**($wx+b$)を使った予測でした。

　一方、今回のモデルは、それらを**ベクトルに一般化したモデル**とみなすこと

注8　「A:=B」は、AをBで定義するという意味。

ができます。スカラーのときはwは傾きを表していましたが、ベクトルの場合の$\mathbf{w}$も傾きで、平面や超平面(3次元以上での平面)の傾きを表しています。

●……… パラメータの表し方

このスコアを求める際に使ったパラメータをまとめて$\theta=(\mathbf{w}, b)$と表すことにします。

この入力$\mathbf{x}$からスコアsを求める関数が、パラメータ$\theta=(\mathbf{w}, b)$で特徴づけられた関数であることを示すために、$s=s(\mathbf{x}; \theta)$と書くことにします(p.78の 図2.14②)。先述のとおり、関数の括弧内で「;」以降は関数の入力ではなく、関数を特徴づけるパラメータであることを示しています。

●……… 線形モデル

今回学習に使ったモデル$s(\mathbf{x}; \theta)$は、入力に対して線形であることから**線形モデル**(*linear model*)と呼ばれます。線形とは入力をα倍すると出力もα倍になる、入力を2つ足したものを入力とした結果は、それぞれの結果を足したものと一致する$f(x+x')=f(x)+f(x')$という性質を持ちます 図2.16 。関数が**線形**であるとき、入力が1次元の場合は**直線**、入力が2次元の場合は**平面**になります。線形についてはAppendixでも取り上げています。

図2.16 線形モデル

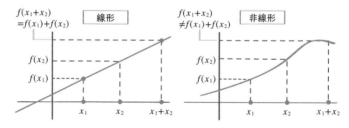

線形モデルは入力x_1, x_2とスカラー値αに対し、
$$f(\alpha x_1)=\alpha f(x_1), \quad f(x_1+x_2)=f(x_1)+f(x_2) \text{ が成り立つ}$$

●……… スコアから分類結果に変換する　閾値関数

次に、最終的な分類結果を得るために**閾値関数**(*threshold function*)Iを使います。スコア関数の出力値は実数ですが、これを分類結果の整数0、1に変

換する必要があるためです。

閾値関数$I(z)$は$z \geq 0$のとき1、$z < 0$のとき0を返すような関数です。この閾値関数を使うと、入力から分類結果を返す関数は$I(s(x; \theta))$と表されます。猫であると予想する場合は1を返し、犬であると予想する場合は0を返すような関数です。

この識別器は**w**を法線とするような識別面によって、入力を識別面の表裏の2つに分けるような関数です。sが正ならば識別面の法線方向、負ならばその逆方向に分類されたとみなせます 図2.17 。

> 法線と識別面 Note
> 法線は、平面に対し垂直な線（ベクトル）です。識別面は、分類がちょうど切り替わるような境界面です。

図2.17 識別面による分類

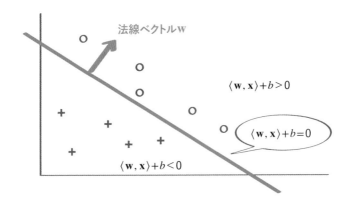

［小まとめ］❶入力〜❷学習モデルまで

ここまでの流れをまとめると、入力xは学習対象のモデルによってスコアsに変換されます。次に、スコアは閾値関数によって分類結果yに変換されます。

しかし、**閾値関数は推論時に利用します**が、学習時にはそのまま利用できず、代わりに学習しやすい**損失関数**を利用します。

なぜなら、学習では**目的関数の微分**を計算し、その情報を利用して**パラメ**

ータを更新する必要があるためです。そして、閾値関数を使った場合、微分がほとんどの場所で0となってしまうためです。これについては、後で詳しく説明していきます。

　続いては、損失関数とは何かについて説明します。

❸損失関数を設計する　モデルを学習させるための準備

　損失関数（*loss function*）[注9]は、訓練データで与えられる正解に対し、**予測がどれだけ間違っているのかを表す関数**です。損失関数は、入力 $\mathbf{x}$、正解の出力 y、そしてモデルパラメータ θ を引数としてとり、0以上の値を返します。

　損失関数は分類が正しければ0、間違えていれば0より大きな正の値をとるようにします。そして、学習は、損失関数を使って表される「現在の予測の間違っている度合い」を小さくするようなパラメータを求める**最適化問題**を解くことで実現されます。

●⋯⋯**マージンと更新**

　分類器が高い確信度で予測したにもかかわらず間違えた場合は、損失関数は大きな正の値をとるようにします。確信度は、予測結果が境界面からどれだけ離れているかによって表されます。これを「マージン」（*margin*）と呼びます。境界面に近いようなマージンが小さい分類結果は、予測器がもしかしたらこれは犬かもしれないし、猫かもしれないと予測した確信度が低い結果であり、境界面より離れているマージンが大きな予測結果は確信を持ってこれは犬（猫）であると予測していることになります。

　もしマージンが大きいにもかかわらず、予測が外れているということは、今の予測や境界面が大きく間違っていて大きな更新が必要であることを意味します。

●⋯⋯**損失関数の設計と損失関数の微分の形はとても重要**

　損失関数は、学習の目的に応じて自由に設定することができます。どのような損失関数を使うかによって、学習がうまくいくか、学習結果のモデルがどのような性質（汎化性能、ノイズに強いか弱いか、平均的な性能が優れてい

注9　コスト関数（*cost function*）、誤差関数（*error function*）などとも呼ばれます。

るか、最悪の場合の性能が優れているかなど）を持つのかが決まるため、**損失関数の設計はとても重要**です。

　たとえば、損失関数が大きく間違っているサンプルを重視するなら（後述する二乗損失/L2損失など）大きな間違いはしないようになりますが、訓練データのノイズ（間違ったラベルがある場合など）に弱くなりますし、この逆（たとえば絶対損失/L1損失など）であれば、この逆の性質を持ちます。

　また、**損失関数の微分の形も重要**であり、ニューラルネットワークが扱うような非凸な目的関数の場合、**どのような解に収束するか**が損失関数の微分の性質によって変わってきます。

Column

ディープラーニングに登場する「関数」

　本書では、さまざまな関数が登場します。目的関数、損失関数（誤差関数）、閾値関数、本章後半でも活性化関数や畳み込み関数などが登場します。また、学習対象のモデルもパラメータによって挙動を変える関数です（次から、「関数」という言葉がさらに頻出するので混乱しないよう落ち着いて読み進んでみてください）。

　関数の結果に関数を後続させた全体も関数です。$h=f(x)$、$y=g(h)$のとき、$y=g(f(x))$ も関数です。機械学習、とくにディープラーニングでは、この関数をつなげていくことで複雑な関数を表現します。

　目的関数は、最適化問題での最適化対象となる関数です。この目的関数は学習対象のモデルである関数（内部は畳み込み関数や活性化関数などで構成されている）に、損失関数である誤差関数を後続させた関数を使います。ディープラーニングフレームワークは、関数をつなげていくことで全体の目的関数を設計します。

　また、関数の中でパラメータを持つ関数があります。接続層と呼ばれる総結合層や畳み込み層がパラメータを持ち、他の関数は基本的に持ちませんが、活性化関数や誤差関数でもパラメータを持つ場合もあります。

　パラメータ最適化を行うために必要な作業は、フレームワークが自動的に実行してくれます。

　通常のプログラムも関数をつなげていくことで構成されますが、ディープラーニングの場合はそれらの微分（やそれに似た計算）が計算可能となっていることが大きな違いです。微分などについては追って詳しく取り上げていきます。

損失関数に用いられる関数の例

表2.2 に損失関数に用いられる関数の例について、まとめました。以下で、それぞれについてもう少し詳しく見ておきましょう。

表2.2　損失関数に用いられる関数の例

関数	概要
0/1損失	閾値関数と同じで実際の分類結果を出力する。微分がほとんどの位置で0になり、勾配法を使った学習では使えない。0-1損失
クロスエントロピー損失	分類問題に使われる損失関数。訓練データの尤度を最大にする「最尤推定」とも呼ばれる。交差エントロピー損失
二乗損失	回帰問題に使われる損失関数。大きな間違いをしないようにするが、訓練データに含まれるノイズに弱い。L2損失、二乗誤差
絶対損失	回帰問題に使われる損失関数。大きな間違いをしてしまう可能性はあるが、ノイズに強い。L1損失

●……… **0/1損失関数**

基本的な損失関数は**0/1損失**(0-1損失)**関数** $l_{0/1}$ です。これはモデルによる分類が間違っていたら1、正しければ0を返すような関数です。

先ほど登場した閾値関数と同じであり、この損失関数を使えば分類精度を評価できますが、微分がほとんどの位置で0となり、勾配法(後述)を使った学習では使えません。

$$l_{0/1}(\mathbf{x}, y; \theta) = \begin{cases} 1 & f(\mathbf{x}; \theta) \neq y \\ 0 & f(\mathbf{x}; \theta) = y \end{cases}$$

●……… **クロスエントロピー損失関数**

クロスエントロピー(*cross entropy*、交差エントロピー)**損失関数** l_{CE} は、分類問題に使われる代表的な損失関数です。これは、確率分布間の距離を表すような尺度である「クロスエントロピー」を使った損失関数です。

> Note
> **確率分布のエントロピーとクロスエントロピー**
> 確率分布 P のエントロピーとは、P からサンプルされた要素を符号化するときに最低限必要なビット数(平均符号長)として定義されます。そして、P, Q のクロスエントロピーとは、P のサンプルを Q の確率分布からのサンプルだと思って符号化した場合に最低限必要なビット数として定義されます。

　分類問題は、入力xから出力yの条件付き確率$q(y|x)$を求める問題だと考えることができます。条件付き確率とはxであるときにyである確率を表します。

　たとえば画像が与えられ、これは犬である確率が0.8、猫である確率が0.2だと予測した場合は$q(犬|x)=0.8$、$q(猫|x)=0.2$だとします。

　このような予測／推定した結果、得られる分布を**予測分布**（*predictive distribution*、推定分布）と呼びます。

　それに対し、正解が犬であった場合、$p(犬|x)=1$、$p(猫|x)=0$とします。このように正解のラベルに対応する確率だけが「1」、それ以外が「0」になっているような確率分布を**経験分布**（*empirical distribution*）と呼びます。

　学習の目標は、予測分布が経験分布と一致するようになることです。クロスエントロピーは、与えられた2つの確率分布が一致するとき、最小のPのエントロピーの値をとり、それ以外のときはPのエントロピーの値より大きな値をとります。そして、経験分布Pのエントロピーは0なので、経験分布を目標にしたクロスエントロピーは一致したときに0の値をとり、一致しない場合は0より大きな値をとります。

　クロスエントロピー損失関数は、モデルによって定義される条件付き確率$q(y|\mathbf{x}; \theta)$を使って次のように定義されます。

$$l_{CE}(\mathbf{x}, y; \theta) = -\frac{1}{N}\sum_{i=1}^{N}\log q(y^{(i)}|\mathbf{x}^{(i)}; \theta)$$

　この条件付き確率$q(y|\mathbf{x}; \theta)$はスコア$s(\mathbf{x}; \theta)$を使って、次のように定義されます。

$$q(y=1|\mathbf{x}; \theta) = a_{sigmoid}(s(\mathbf{x}; \theta)) = \frac{1}{1+\exp(-s(\mathbf{x}; \theta))}$$
$$q(y=0|\mathbf{x}; \theta) = 1 - q(y=1|\mathbf{x}; \theta)$$

●⋯⋯⋯**クロスエントロピー損失関数とシグモイド関数**

　この式で使われている$a_{sigmoid}(z) = \frac{1}{1+\exp(-z)}$という関数は**シグモイド関数**と呼ばれます。実数値の入力を受け取り、0から1の間の値を返すような単調増加関数です。英字のsを斜めにしたような形をしています 図2.18 。

図2.18　　シグモイド関数

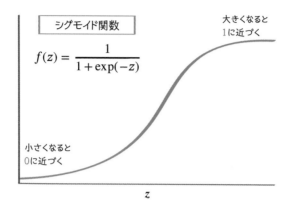

正解の出力を予測する確率が小さいほど、クロスエントロピー損失関数は大きな値をとります。

たとえば、$y=0$ が正解である場合に $q(0|x)=0.5$, $q(1|x)=0.5$ と $q(0|x)=0.9$, $q(1|x)=0.1$ の場合のクロスエントロピー損失関数の値は、それぞれ 0.69 と 0.11 となります。

> **分類問題で、なぜクロスエントロピー損失を使う？** *Note*
>
> 　分類問題にはクロスエントロピー損失を使うと説明しました。ここで、分類問題においても二乗損失を使うこともできそうですが、なぜクロスエントロピー損失を使うのでしょうか。
>
> 　それは、クロスエントロピー損失が確率モデルに基づいて導出された手法であるからという理由のほかに、学習時の利点があります。二乗損失（二乗誤差）では、予測が真の値に近づくにつれて勾配（後述）の大きさが急激に 0 に近づいてしまいます。そのため、モデルの予測分布が学習目標の経験分布に近づいていくことができません。
>
> 　それに対し、クロスエントロピー損失では、スコアの勾配が小さくなることはありません。なぜクロスエントロピー損失関数と呼ばれるかについては、次ページのコラムで取り上げますので、参考にしてみてください。

クロスエントロピーの導出

　クロスエントロピー損失関数がどのように導出されるかについて説明しましょう。本文でもあったように、訓練データが定義する経験分布とは、$p(y = y^{(i)}|\mathrm{x}^{(i)}) = 1$、$p(y \neq y^{(i)}|\mathbf{x}^{(i)}) = 0$ と定義されます。学習ではモデルによって決まるモデル分布 $q(y|\mathbf{x};\theta)$ と訓練データが定義する経験分布がどのくらい離れているのを測り、それを誤差とします。

　機械学習は誤差を小さくすることによって学習します。モデルによって決まる予測分布を経験分布に近づけたときに小さくなるような尺度を誤差として使うことで学習できます 図C2.A 。

　確率分布間がどのくらい離れているのかを表す一つの尺度としてKLダイバージェンス（*Kullback-Leibler divergence*、カルバックライブラーダイバージェンス）があります注a。2つの確率分布 $p(x)$，$q(x)$ が与えられたとき、その分布間のKLダイバージェンスは $KL(p||q) = \sum p(x) \log \frac{p(x)}{q(x)}$ と定義されます。このKLダイバージェンスは2つの確率分布 p, q が一致しているとき 0 の値をとります。逆に、KLダイバージェンスが 0 のときは、必ず p と q は一致しています。p と q が違っている場合は、KLダイバージェンスは必ず 0 より大きな値をとります。入力に対して非対称であり、一般に $KL(p||q) \neq KL(q||p)$ であることに注意してください（成り立つ場合もある）。

　経験分布を p、モデル分布を q としたとき、この2つの分布間のKLダイバージェンスを計算し、モデル分布に関係する部分だけ抜き出すと、先ほどのクロスエントロピー損失関数が導出できます。

$$KL(p||q) = \sum p(x) \log \frac{p(x)}{q(x)} = \sum p(x) \log p(x) - \sum p(x) \log q(x)$$

　ここで最初の項 $\sum_x p(x) \log p(x)$ は「p の負のエントロピー」と呼ばれます。エントロピーとは「p からサンプリングされたサンプルを符号化するのに最低限必要な平均符号長」と説明しました。このエントロピーは学習対象の $q(x)$ に依存しないので、学習の際には無視できます。

　クロスエントロピー損失関数で登場する $\log q(y^{(i)}|\mathbf{x}^{(i)};\theta)$ は観測データの対数尤度と呼ばれます。尤度（*likelihood*）はそのサンプルを与えられたモデルで観測する確率、対数尤度（*log likelihood*）は尤度の対数をとった値です。どちらも大きければ、そのモデルが定義する確率分布上でそのサンプルを観測しやすいということを意味します。

　学習の際は、複数の学習データ $D = \{(x_i, y_i)\}$ を使います。データが i.i.d. に従ってサンプリングされている場合の学習データ D の尤度は、各データの条件確率の積として次のように書けます。

$$P(D) = p(y_1|x_1)p(y_2|x_2)...p(y_n|x_n)$$

　パラメータを推定する際に、その尤度を最大化することでパラメータを推定する手法を最尤推定（*maximum likelihood estimation*）と呼びますが、クロスエントロピー損失関数を使ったパラメータ推定と最尤推定が一致します。

. . . .

　ここまでをまとめると、経験分布とモデル分布間の KL ダイバージェンスを最小化する関数を考えると、クロスエントロピー損失関数が登場し、これは観測データの負の対数尤度と一致します。そして、クロスエントロピー損失を最小化することは観測データの対数尤度を最大化するということであり、クロスエントロピー損失を使った学習と最尤推定によるパラメータ推定は一致します。

　最尤推定としては直接、観測データの尤度の確率の積を最大化することも可能ですが、代わりに対数をとってその最大化問題を解きます（対数をとったとしても最大値をとるときの値は同じ）。

　尤度を対数にしてから扱うことには、二つメリットがあります。

　一つは確率の積は非常に小さい値（0.00, ..., 1など）であり、そのままでは計算機上で扱いにくいのですが、対数にすることで計算機で扱いやすくなります。もう一つは積の対数をとると和の形になりますが、積の最大化より、和の最大化の方が最適化として扱いやすいという点です。

図C2.A **モデル分布と経験分布**

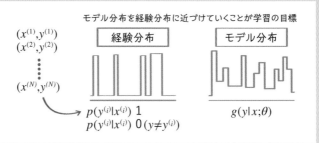

●‥‥‥‥**二乗損失、絶対損失**

　本章では、例として分類問題（犬と猫の画像分類）を扱っていますが、連続値を予測する回帰問題の場合は、「二乗損失」l_{SE}や「絶対損失」l_{AE}を損失関数として使うことが一般的です。

　二乗損失の**二乗誤差**は正解データと予測値の差の二乗をとった値であり、絶対損失の**絶対誤差**は差の絶対値をとった値です。二乗や絶対値をとることで、差が負になったとしても損失として正にできます。

　これら2つの損失は、「間違えた場合に重視する部分」が異なります。

　2次関数は、入力が大きくなるにつれ結果が急激に大きくなる関数なので、二乗誤差は大きく間違っている場合の誤差が大きくなるため、誤差が大きい場合を重視して学習します。これに対し、絶対値を返す関数は入力が大きくなっても結果は一定の割合で大きくなるため、絶対損失は相対的に誤差が小さい場合を重視して学習します。

$$l_{SE}(\mathbf{x}, y; \theta) = \frac{1}{2}||f(\mathbf{x}; \theta) - y||^2 \quad \text{注10} \leftarrow \text{二乗損失}$$
$$l_{AE}(\mathbf{x}, y; \theta) = ||f(\mathbf{x}; \theta) - y|| \quad \leftarrow \text{絶対損失}$$

> **Note**
> **二乗誤差を訓練誤差として学習した場合**
> 　二乗誤差を訓練誤差として使って学習した場合は、平均二乗誤差（*Mean squared error*、MSE）を最小化するようなパラメータを求めるといえ、その求める過程は最小二乗法（*least squares*）と呼ばれることもあります。なお、絶対誤差を使った場合の手法についてはとくに名前はありません。

❹目的関数を導出する　訓練誤差

　訓練事例に対する損失関数を定義したら、次に訓練データ全体にわたっての損失関数の値の平均を計算します。これを**訓練誤差**（*training error*、経験誤差）と呼びます。

$$L(\theta) := \frac{1}{N} \sum_{i=1}^{N} l(\mathbf{x}^{(i)}, y^{(i)}; \theta)$$

注10　最初に1/2が付いているのは、勾配（後述）を計算したときに係数がキャンセルされて消えるようにするためです。

　このパラメータを入力とし、**訓練誤差を返す関数**を**最適化問題の目的関数**（*objective function*）とします。この目的関数を小さくするようなパラメータ θ を求めることで、多くの訓練データの損失関数の値を小さくできる、つまり訓練データをうまく分類できるようなパラメータが求められます。ここで、**目的関数の最適化対象変数**は、訓練事例の入出力 $\mathbf{x}, y$ ではなく、**モデルのパラメータ θ** であることに注意してください。上記の式でも L は θ が変数となっています。

　損失関数を定義し、その損失関数によって定義される**目的関数の最小化問題**を解くことで、**最適なパラメータ**を求めます。

　たとえば、0/1 損失関数を使った場合の訓練誤差は、損失関数の定義から訓練データに対してモデルが間違えた割合と一致します 図2.19 。

$$L_{0/1}(\theta) = \frac{1}{N} \sum_{i=1}^{N} l_{0/1}(\mathbf{x}^{(i)}, y^{(i)}; \theta)$$

　たとえば、$L_{0/1}(\theta)=0.4$ であれば、今のモデルは訓練データの約4割で間違えているという意味になります。この $L_{0/1}(\theta)$ を小さくするようにパラメータ θ を調整すれば、そのモデル $f(\mathbf{x}; \theta)$ は訓練データの多くを分類できることを意味します。

図2.19　訓練誤差

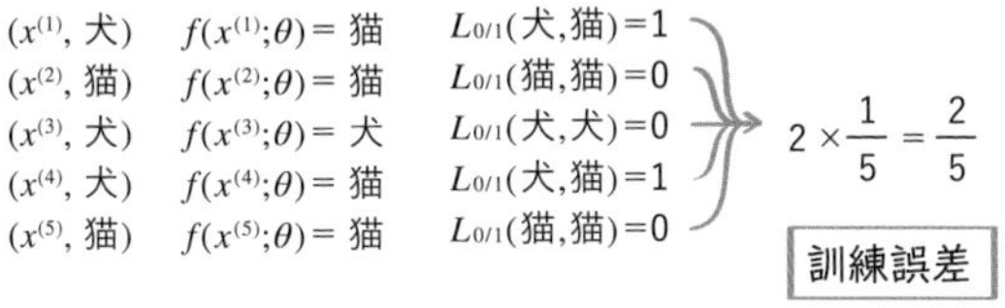

$$L(\theta) = \frac{1}{N} \sum_{i=1}^{N} L_{0/1}(y^{(i)}, f(x^{(i)}; \theta))$$

訓練誤差は各訓練事例の損失関数（上記の例は0/1損失関数）の平均として計算される

実際の最適化問題と損失関数　Note
　実際の最適化問題では最適化が難しいため、0/1 損失関数を直接使うことはなく、クロスエントロピー損失や二乗損失（二乗誤差）などを使います。

❺最適化問題を解く 勾配降下法、勾配

続いて、「最適化問題をどのように解くか」について説明します。

目的関数の値を小さくできるようなパラメータを求めるには、**解析的に解けるか**をまず調べます。解析的に解けるとは、たとえば2次方程式の解の公式のように解を得られる式が明示的に与えられる場合です。線形モデル $y = wx + b$ を使い、損失関数が二乗誤差のような場合は、最適解（*optimum solution*）を解析的に求めることができます。

しかし、本章で紹介したその他の損失関数を使った場合や、これから紹介するニューラルネットワークをはじめとした**非線形モデル**（*nonlinear model*）では、最小になる解を解析的に求めることはできません。そのため、パラメータを適当に初期化し、次にこの**パラメータ**を、目的関数が小さくなるように**逐次的に更新していく方法**が使われます。また、解析的に解ける場合であっても、計算量が大きすぎる場合も逐次的に解くことが行われます。

●⋯⋯⋯勾配降下法と勾配の基本

このような逐次的にパラメータを更新していくアプローチの中で、「勾配情報」を使ってパラメータを逐次的に更新する方法を**勾配降下法**（*gradient descent*、GD）と呼びます。現在では、多くの最適化問題で勾配降下法を使うようになっています。

図2.20 にパラメータが2次元だったとし、そのときの各地点の目的関数の値で等高線を描いた図を示します。ここで目標は「＋」で示された、最も目的関数が小さくなるような位置を求めることです。最適化問題は、あたかもゴルフコースのような高さを持った平面上で最も低くなっている位置を探すような問題です。

もしこの等高線図がわかっているのであれば、最も低くなっている場所を探す問題は簡単ですが、本書で扱うような目的関数の場合、形状がどのようになっているのかをあらかじめ求めることはできません。あたかも目隠しをした状態で足元の傾きだけで、「最も下る方向を探す」ようなものです。できることは各地点での高さ、および傾きを求めるだけです。この**傾き**は、入力が多次元の場合は**勾配**（*gradient*）と呼びます。

図2.20　目的関数による等高線

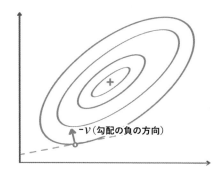

$-v$（勾配の負の方向）

　今回の**目的関数の変数**は、**モデルのパラメータ**のθでした。$L(\theta)$のθについて の勾配$v = \dfrac{\partial L(\theta)}{\partial \theta}$とは、$\theta$に関して関数の値が最も急激に増加する方向 を表します。記号∂は**偏微分**（*partial derivative*）操作と呼びます。

> **偏微分操作と勾配**　　　　　　　　　　　　　　　　Note
> 　偏微分操作は、変数の各次元について、他の次元が定数だとみなして微分を計 算する操作です。偏微分操作の結果を並べて得られるベクトルが勾配です。

　この勾配はθと同じ次元数を持つベクトルであり、そして、その逆の「$-v$」 が関数の値を最も急激に下げる方向に対応します。

勾配降下法　勾配の負の方向に向かってパラメータを逐次的に更新する

　前出の 図2.20 では、〇の地点における勾配の負の方向「$-v$」を示しています。 そして、勾配降下法は現在のパラメータにおける勾配vを求め、その勾配に従っ て、パラメータを$\theta = \theta - \alpha v$と更新します。ここで$\alpha > 0$は「学習率」と呼ばれ るハイパーパラメータです。勾配法で直接最適化できず、学習時に前もって決 める必要があるパラメータを**ハイパーパラメータ**（*hyperparameter*）と呼びます。

　そして、新しく得られたパラメータ上で再度勾配を計算し、更新していきま す。これをあらかじめ決めた回数繰り返すか、ほかに決めた条件（たとえば、目 的関数の改善幅が閾値を下回るなど）を満たすまで繰り返します 図2.21 。

図2.21 勾配降下法

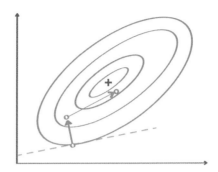

　図でもわかるように、必ずしも勾配方向は最適解の方向に向いているとは限りません。これは等高線が円ではなく、楕円のように歪んでいる場合に起きます[注11]。

　この勾配降下法は、パラメータを1つずつ変えるのでなく、すべてのパラメータをまとめて更新できるため効率が良いですが、それでも訓練事例数が大きい場合、勾配を求める計算コストは大きくなってしまいます。なぜなら、勾配を求めるには毎回すべての訓練データについて操作する必要があるためです。

　これを見るため、実際に勾配を求める計算式を見てみましょう。関数$L(\theta)$のθについての勾配は、

$$v = \frac{\partial L(\theta)}{\partial \theta} = \frac{1}{N}\sum_{i=1}^{N}\frac{\partial l(\mathbf{x}^{(i)}, y^{(i)}; \theta)}{\partial \theta}$$

となります。ここで和の勾配 $\dfrac{\partial L(\theta)}{\partial \theta}$ は、勾配の和 $\dfrac{1}{N}\displaystyle\sum_{i=1}^{N}\dfrac{\partial l(\mathbf{x}^{(i)}, y^{(i)}; \theta)}{\partial \theta}$ で計算できることを利用しました。つまり、現在のパラメータについての勾配は、各訓練データについての勾配の和であり、勾配を計算するためには毎回訓練データ全体を走査する必要があります。訓練データの数が多い場合、この計算量は非常に大きくなります。

注11　勾配では無視している二次情報を取り込んだり、目的関数を真円に近づけるような変換を加えることで高速化する手法が提案されています。

なぜ勾配が、値を最も急速に下げる方向になるのか

なぜ勾配が、値を最も急速に下げる方向になるのでしょうか。

勾配 g の各次元の値は、その次元の値を微小量変えたときに関数の値がどの程度変わるのかを表しています。たとえば、現在の位置から i 次元めが微小量 v_i だけ動いたとき、目的関数の値は偏微分の定理より $g_i v_i$ だけ動きます。また、微小量しか動かさなければ、ある次元の値を動かしたときに他の次元への影響はほとんど無視できます（微小量であれば2次項以上の影響を無視することができる）。

現在（current）のパラメータを θ_{cur} とし、各次元を微小量 v_i だけ動かした $\mathbf{v}$ の結果と比べると、全体の変化量は次のように求められます。

$$f(\theta_{cur} + \mathbf{v}) - f(\theta_{cur}) \simeq \sum_i g_i v_i = \langle \mathbf{g}, \mathbf{v} \rangle$$

ここで、「$\simeq$」（simeq）は近似的に等しいという意味です。つまり、関数値の変化量は、現在の勾配と現在の位置からの変化量のベクトルとの内積によって表されます[注a]。内積はその定義より、各入力ベクトルの大きさであるL2ノルム[注b]とベクトル間の角度 θ の余弦 $\cos\theta$ の積で表されます。

$$\langle \mathbf{g}, \mathbf{v} \rangle = ||\mathbf{g}||\ ||\mathbf{v}|| \cos\theta$$

ベクトルのノルム $||\mathbf{g}||$, $||\mathbf{v}||$ が固定である場合、内積が最大となるのは $\cos\theta$ が最大の1となるとき、つまり $\mathbf{v}$ が $\mathbf{g}$ と同じ方向を向いているときとなります。同様に最小となるのは $\mathbf{v}$ が $\mathbf{g}$ と反対方向、「$-\mathbf{g}$」方向を向いているときになります。よって、現在の位置から最も値を急激に下げる方向というのは負の勾配方向「$-\mathbf{v}$」となります。

注意点として、現在の位置より少しでも離れると、最も急激に値が下がる方向は勾配とは限らなくなり、実際には異なります。2次項以降の影響が大きくなるためです。そのため、現在のパラメータで勾配を求め、その負の方向に少しだけ進み、また進んだ先で勾配を求め……ということを繰り返していく必要があります。

注a　もしテイラー展開（後述）を知っていれば、上記の式は目的関数の現在の値 θ_{cur} 周辺のテイラー展開で1次近似した結果であり、2次項 $\mathcal{O}(||\mathbf{v}||^2)$ は微小量のため無視しているといえます。

注b　L2ノルム $||\mathbf{v}|| = \sqrt{\mathbf{v}^T \mathbf{v}}$ と定義されます。

確率的勾配降下法

そこで、訓練データの一部だけから勾配の近似値$\hat{v}$を推定し、それを勾配の代わりに使ってパラメータを更新することを考えます。たとえば、訓練データ全体からB個の訓練データ$\{(x^{(j)}, y^{(j)})\}_{j=1}^{B}$をサンプリングし、これらから勾配の推定値を求めます。このサンプリングされた訓練データを**ミニバッチ**(*mini-batch*)と呼びます。そして、このミニバッチから勾配を求め、その勾配を使って最適化することを考えます。

$$\hat{v} = \frac{1}{B}\sum_{i=1}^{B}\frac{\partial l(\mathbf{x}^{(i)}, y^{(i)}; \theta)}{\partial \theta}$$
$$\theta = \theta - \alpha\hat{v}$$

これを**確率的勾配降下法**(*stochastic gradient descent*、SGD)と呼びます。

なぜ確率的かというと、訓練データからミニバッチをサンプリングし、そのミニバッチから勾配を求めている操作全体は、あたかも訓練データとバッチサイズから決まるベクトル上の確率分布$P(v; D, B)$から勾配をサンプリングしている操作とみなすことができるためです。$\tilde{v} \sim P(v; D, B)$としたとき、この$\tilde{v}$の期待値は真の勾配と一致します。

> Note
> **勾配の期待値**
> 勾配vの確率分布$P(v)$における期待値は$\mathbf{E}_{P(v)}[v] = \sum_v v\, P(v)$と定義されます。

● ········**確率的勾配降下法の効果** 高速化、正則化

確率的勾配降下法は不正確な勾配を使って更新するため、勾配降下法に比べ最適解に到達するまでの回数(収束回数)は多く必要になりますが、1回あたりの勾配計算時間が短くなるため、全体の計算量を減らすことができます。大きな訓練データセットの場合は数百〜数万倍の劇的な高速化を達成できます。

また、確率的勾配降下法は更新時に適当なノイズが入ることで、悪い局所解から脱出できるだけでなく、当初は想定していなかった汎化性能を上げる「正則化効果」(後述)があることがわかっています。たとえば、フラットな解(p.59、178を参照)はそうではない解に比べて汎化性能が高いことがわかっていますが、確率的勾配降下法はこのようなフラットな解に到達しやすくしていると考えられています。

Column

なぜ0/1損失関数は「学習」に使われないのか
サロゲート損失関数

　勾配降下法を使うにあたって、損失関数は間違えた割合をそのまま表している0/1損失関数を使わずに、別の損失関数（クロスエントロピー損失関数や二乗誤差関数など）をなぜ使うのかについて、ここで改めて確認しておきましょう。

　一つめの問題は、0/1損失関数は、ほとんどの位置において平らで、分類が変わる位置だけ垂直に切り立っているような関数であることです（まるで、ベネズエラの「ギアナ高地」のような関数）。この場合、勾配はほとんどの位置で0となります。パラメータを少しだけ動かしても、間違っている状態は変わらないからです。そのため、勾配降下法を使ったとしても勾配はほとんど0で、勾配降下法は最適解に到達できず、今の地点で止まってしまいます。

　もう一つの問題として、0/1損失関数は凸関数ではないという問題があります。最適化対象の目的関数はモデルが表す関数と損失関数をつなげた関数ですが、モデルが表す関数が線形であるならば、損失関数が凸だと全体も凸関数となります。損失関数が凸である場合、収束が速い、得られた解が最適かどうかがわかるといったさまざまなメリットがあります。

　そこで、学習時に使う損失関数は、0/1損失関数と同じような性質を持ちつつ、勾配が多くの点で0とならず、さらに凸であることが求められます。多くの場合は0/1損失関数を上から滑らかな関数で抑えたような関数を使います。このような関数を**サロゲート損失**(*surrogate loss*)関数と呼びます。

　前出のクロスエントロピー損失関数は、サロゲート損失関数であり、勾配降下法を使って学習させることができます。

正則化　汎化性能を改善する

　ここまで、確率的勾配降下法を使って、訓練誤差を小さくできるようなパラメータを求められることを説明しました。しかし、機械学習の目標は訓練データをうまく分類することではなく、未知データをうまく分類できるような**汎化能力を獲得**することです。

　この汎化能力を与える方法として**正則化**(*regularization*)を考えます。正則化は、学習時に訓練誤差の最小化に加えて汎化性能を上げるために行う操作を指します。一般に、正則化はモデルの表現力を抑え[注12]、学習したいモデル

注12　仮説数を抑えることで過学習しにくくなることを思い出してください。

の特徴や制約を学習時に与えることによって達成されます。正則化の一つの
方法として、最適化対象の目的関数を次のような**正則化項** $R(\theta)$ を加えたも
のに変更します。

$$L(D, \theta) + CR(\theta)$$

ここで $C > 0$ は、訓練誤差に対し、正則化項をどれだけ重視するのかを決
めるパラメータです。C が大きければ正則化項を重視し、小さい場合は訓練
誤差を重視します[注13]。

正則化項 $R(\theta)$ としては、たとえばパラメータのノルム（*norm*）を使ったL2
ノルム正則化（L2正則化）[注14]、L1ノルム正則化（L1正則化）が利用されます。

$$R_{L2}(\theta) = ||\theta||_2^2 := \sum_j ||\theta_j||^2 \quad \leftarrow \text{L2ノルムを利用}$$

$$R_{L1}(\theta) = ||\theta||_1 := \sum_j |\theta_j| \quad \leftarrow \text{L1ノルムを利用}$$

> **Note**
> **L2ノルム、Lpノルム**
>
> L2ノルムは $\sqrt{\sum_j ||\theta_j||^2}$ と定義されますが、この二乗をとったバージョンが
> 計算コストの観点からよく使われています。
> 　一般にLpノルム（L^{p}ノルム）は $||x||_p$ と記述し、$||x||_p = (\sum_{i=1}^m x_i^p)^{1/p}$ と定
> 義されます。

正則化は、訓練誤差を下げなくても汎化性能を改善できる方法であれば、
何でも使うことができます。たとえば、訓練データに対して、結果が変わら
ないような変換（画像認識であれば、左右反転したり拡大、縮小したり）を施
してデータを水増しする**データオーグメンテーション**（2.3節）は代表的な正則
化手法です。この場合、訓練誤差を下げるわけではありませんが、汎化性能
を改善できます。

注13　先ほど触れましたが、このような、勾配法で最適化できず、学習時に前もって決める必要があ
　　　るパラメータを「ハイパーパラメータ」と呼びます。
注14　ニューラルネットワークにおける「Weight Decay」と呼ばれる正則化は、L2ノルムを使った正
　　　則化に対応します。

⑥学習して得られたモデルを評価する　汎化誤差

　最後に、学習して得られたモデルを評価します。訓練誤差や正則化項付きの訓練誤差は、直接計算して求めることができます。一方で、訓練データとは別の未知のデータで、どのくらいの性能が達成できるのかを評価する必要があります。**未知のデータ上での誤差の期待値を汎化誤差**(*generalization error*、期待損失)と呼びます。

$$L_{test}(\theta) = \mathbb{E}_{(\mathbf{x},y)\sim P(\mathbf{x},y)}[l(\mathbf{x},y;\theta)]$$

> **Note**
>
> $\mathbb{E}_{x\sim P(x)}[f(x)]$ という表記
>
> 　$P(x)$ という確率分布上で $f(x)$ という値の期待値をとるという操作の意味で、$\mathbb{E}_{x\sim P(x)}[f(x)] = \sum_x P(x)\,f(x)\,(P(x)$ が確率密度なら積分) と計算されます。

　この汎化誤差を小さくすることが最終目標ですが、データ分布上での誤差の期待値を求めることは困難です。

　そこで、訓練データとは別に**評価データ**を用意し、学習中には使わなかった評価データに対する性能を測り、これを**汎化誤差の近似**として使うことができます。これにより、**訓練誤差と汎化誤差の近似を推定**できます。一般にモデルは、訓練誤差を小さくするように最適化しているため、訓練誤差は汎化誤差と同じか、小さくなります。そのため、評価時にあるパターンは次の3つです 図2.22 。

❶訓練誤差も汎化誤差も大きい(未学習)

❷訓練誤差は小さくなっているが汎化誤差は大きい(過学習)

❸訓練誤差も汎化誤差も小さい　←これが理想(学習成功!)

> **Note**
>
> 評価データと、開発データ、テストデータ
>
> 　評価データ(次項で後述)はさらに、ハイパーパラメータを調節するための開発データと、最終的に性能を評価するためのテストデータから構成して使う場合が多いです。テストデータでは、それに対する過学習を防ぐように一定回数以下しか評価しないように工夫する必要もあります。以降で区別がない場合は、これらをあわせて「評価データ」と呼ぶことにします。

図2.22 訓練誤差と汎化誤差の関係

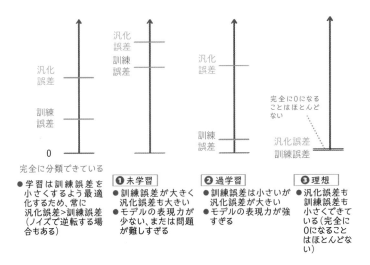

●の訓練誤差も汎化誤差も大きい場合は**未学習**（*underfit*）の状態です。モデルが訓練データすら、うまく予測できていない場合です。この場合はモデルの表現力が足りないか、対象の問題が難しすぎる、データのノイズが大きすぎる、入出力の間に関係がないような場合だと考えられます。この場合は、データや問題を再確認したり、モデルの表現力を増やして訓練誤差を小さくできるか調べる必要があります。

❷の訓練誤差は小さくできているが、汎化誤差が大きい場合は**過学習**（*overfit*）している状態です。モデルが訓練データはモデル化できているが、それが訓練データだけにしか通用しないモデルを獲得しており、未知のデータはうまく扱えない場合です。この場合は、正則化を適用することで訓練誤差と汎化誤差のギャップを小さくする必要あります。また、入出力間に本当に関係がない場合でも、過学習は起きます。これはモデルが「訓練データを丸暗記する現象」が起きている場合です。この場合も、未知のデータをうまく予測できません。

❸の訓練誤差、汎化誤差を両方小さくできている場合は、**学習に成功しています**。ただし、この場合でも、**評価データを使った汎化誤差の評価は近似である**ことに注意してください。評価データが十分大きくデータ分布全体からランダムにサンプリングできていれば、高い確率で他のデータでもうまくいくことが期待できますが、そうでない場合は注意が必要です。

モデルの評価とデータ準備における注意点

この「評価」では、注意することがいくつかあります。まず、先述のとおり学習時に評価データを使ってはいけませんし、評価データの結果を参考にしてモデルやパラメータをチューニングしないようにする必要があります。

さらに、ハイパーパラメータを調整するときも注意が必要です。ハイパーパラメータの中には学習の挙動を変えたり、正則化の強さを決めるようなハイパーパラメータがあります。どのハイパーパラメータを使えば良いかは、訓練誤差ではなく、汎化誤差を小さくするように選ぶ必要があります。しかし、評価データを使ってパラメータを設定してしまうと、もともと測りたかった未知のデータでもどれだけうまくいくのかを評価できなくなってしまうためです。期末テストを事前に不正入手して、それに対策を行っていた場合の結果を見て実力を測っているのと同じことです。

このような評価データが学習時に使われてしまっている状態を**リーク**（*leak*、漏れている）と呼びます。正確な評価をするためには、このリークを防ぐ必要があります。そのため、ハイパーパラメータを調整するために、テストデータとは別に開発データを用意し、その上で評価しハイパーパラメータを選択する必要があります。

ここまでをまとめると、データとして最終的に「3種類のデータ」が必要となります。集めてきた正解付きデータを**訓練データ**と、**評価データ**に分け、さらに評価データを**開発データ**と**テストデータ**に分割します。割合としては訓練データを多めに、開発データやテストデータは最低限、値が安定して求められるように分割しておきます[注15]。

また、評価データを使って何回も評価してしまうと、評価データだけにうまくいくような方法がたまたま見つかってしまい、結果として汎化誤差を評価できなくなります。すでに、AI研究コミュニティでは同じデータセットを使って何度も評価しているため、評価データがかなりリークしていると考えられています。

これを防ぐには、評価データ上での検証回数を制限することが考えられますが、改善速度が遅くなってしまいます。そのため、評価データ上で評価する際にノイズを加えたデータに対し評価することで、評価データがリークしないようにするといった工夫が必要になります[注16]。

....

注15　データが十分多ければ、8：1：1としている例が多いようですが、少ない場合は訓練データの割合を少なくする場合も多いです。

注16　ホールドアウト（*holdout*）法などがあります。

2.7
確率モデルとしての機械学習

　機械学習はデータを扱い、学習によってそれらのデータの背後にどのような普遍性、法則があるのかを調べます。

　こうした普遍性や法則の多くは「確率」という道具を使ってうまく扱うことができます。また、確率を使うことで非決定性や不確実性といった現象も柔軟に扱うことができます。

　第2章の最後に、確率モデルを使って機械学習の基本的な考え方がどのように捉えられるのかについて見ておきましょう。確率の基礎（同時確率、条件付き確率、事後確率など）はAppendixで取り上げていますので、必要に応じて参考にしてみてください。

● 最尤推定、MAP推定、ベイズ推定

　観測データ $X=\{x^{(1)}, x^{(2)}, ..., x^{(N)}\}$ が与えられたとき、その観測データを生成している確率分布 $p(x)$ を推定する問題を考えます。

　この推定にパラメータ θ で特徴づけられた学習対象のモデル $q(x;\theta)$ を用意し、そのパラメータを推定することで確率分布を推定するとします。

　確率 $p(x)$ 上で事象 u が観測される確率 $p(x=u)$ を事象 u の**尤度**（2.6節）と呼びます。この $p(x=u)$ は以降では省略して $p(u)$ と書きます。

　尤度の尤は「尤もらしい」という意味で、その事象がどのくらい起きやすいかを表します。たとえば、靴を投げて表が出る確率が1/3、裏が出る確率が2/3であったとわかっていたとします。そして、実際に靴を裏が出た場合は、その裏が出たという観測の尤度は2/3となります。

　このとき、観測の尤度 $p(u;\theta)$ が最大となるようなパラメータを推定結果として利用します。これを**最尤推定**と呼びます。言い換えると、最尤推定は観測データを最も高い確率で生成するようなパラメータを推定結果として利用します。前述のように、観測データが定義する経験分布に対してモデルが定義する確率分布のクロスエントロピーを損失として使った場合の学習は、

最尤推定と一致します[注17]。

この最尤推定について詳しく見ていきましょう。観測データのそれぞれが同じ分布から独立にサンプリングされていると仮定すると（i.i.d.仮定）、データ X の尤度は各データを生成する尤度の積として以下のように表現できます。「$\prod$」（prod）は積を表す記号です。

$$p(X;\theta) = \prod_{i=1}^{N} p(x^{(i)};\theta)$$

この $p(X)$ を直接最大化することもできますが、問題があります。

一つは、たくさんの 1 以下の数を掛け合わせることになるので $p(X)$ は非常に小さい値となり、コンピュータでは扱えなくなってしまう点です。また、積に対してその最大を求める問題も、一般に難しい問題です。

そこで尤度の代わりに、その対数をとった**対数尤度**を考え、その対数尤度を最大化することを考えます。小さい数は負の値として表され、積は和となり、計算上で扱いやすく最適化しやすくなります。

$$\log p(X) = \sum_{i=1}^{N} \log p(x^{(i)};\theta)$$

対数は入力に対し単調増加関数であり、$a < b \leftrightarrow \log a < \log b$ が成り立ちます。そのため、対数尤度を最大化するような確率分布は尤度を最大化するような確率分布となります。

$$\theta_{MLE} := \arg\max_{\theta} \sum_{i=1}^{N} \log p(x^{(i)};\theta)$$

ここで $\arg\max_{\theta} f(\theta)$ という記号は、この $f(\theta)$ を最大化するような θ を返す記号です。最適化した結果を返すような関数と見てもかまいません。最小化の場合は $\arg\min$ を使います。

$\log p(x)$ の最大化は $-\log p(X) = \sum_{i=1}^{N} -\log p(x^{(i)})$ の最小化と同じなので、負の対数尤度 $-\log p(x^{(i)})$ を損失関数として使った学習とみなすことも

注17　クロスエントロピー損失は扱う分布が異なれば、最尤推定にはなりません。たとえば、経験分布ではなく他のモデルの確率分布に対するクロスエントロピー損失も考えることができます。

できます。

　最尤推定で求められる確率分布は、i.i.d. が成り立つ問題であれば、観測が増えれば増えるほど真のパラメータに近づくことが知られています。これを**一致性**(*consistent*)と呼びます。しかし、観測数が少ない場合、最尤推定は真の分布からずれている可能性が高くなります。

　たとえば、箱の中に赤、青、黄の3色ボールが少なくとも1個ずつ入っており、3回取り出した結果、赤を2回、青を1回取り出したとします。この場合、導出は省略しますが、最尤推定では、赤を2/3、青を1/3、黄を0/3であると推定します。しかし、黄は少なくとも1個は入っているので黄を取り出す確率が0というのは誤りだといえます。

　このように、観測だけからパラメータを決定せず、**確率分布について知っている知識を入れることで、より良いパラメータ推定をできる可能性があります。**

　観測データが得られる前から確率分布について知っていること、また信念を表す分布を**事前分布**(*prior distribution*、事前確率分布)と呼び、$p(\theta)$ のように表します。

　ここで**ベイズの公式**(Appendix を参照)を使います。

$$P(Y|X) = \frac{P(X|Y)P(Y)}{P(X)}$$

　ここで X を観測データ、Y をパラメータ θ とすると、

$$P(\theta|X) = \frac{P(X|\theta)P(\theta)}{P(X)}$$

となります。この $P(\theta|X)$ は観測データを見た後の確率分布なので**事後分布**(*posterior distribution*、事後確率分布)と呼びます。この事後確率が最大となるような θ を推定することを**事後確率最大化**または **MAP**(*Maximum a poseterior*)**推定**と呼びます。

$$\theta_{MAP} = \arg\max_{\theta} P(\theta|X)$$

　ここで、$P(\theta|X)$ が最大となるような θ を求める際には、$P(X)$ は θ に依存しないので無視してもかまいません。よって、MAP推定は、

$$\theta_{MAP} = \arg\max_\theta P(X|\theta)P(\theta)$$

を最大化するようなθを求めることになります。最尤推定が、

$$\theta_{ML} = \arg\max_\theta P(X|\theta)$$

であったことを比べると、MAP推定は尤度に事前確率を考慮した推定になっているといえます。

たとえば、θの事前確率として平均0、分散がσ^2であるような正規分布を考えると、

$$p(\theta) = \frac{1}{\sqrt{2\pi}\sigma}\exp(-\frac{\theta^2}{2\sigma^2})$$

$$\log p(\theta) = \frac{\theta^2}{2\sigma^2} + (\theta\text{に依存しない項})$$

となり、パラメータのL2ノルムを正則化として加えた場合の学習と一致します。同様に、事前確率にラプラス分布[注18]を考えた場合のMAP推定は、L1ノルムによる正則化と一致します。

このように、**MAP推定は負の対数尤度を損失関数、パラメータの事前確率から導出される正則化項を使った目的関数の最適化問題と一致します。**

学習問題を確率の枠組みでとらえるメリット
ベイジアンニューラルネットワーク

学習問題を確率の枠組みでとらえる最大のメリットとして、**モデル自体の分布を扱える**ことがあります。最尤推定やMAP推定では、一つのパラメータを推定していました。これを**点推定**(*point estimation*)と呼びます。それに対し、最終的に得たいのがパラメータではなく、予測値$p(x)$や$p(y|x)$だとします。この場合、パラメータを**周辺化消去**[注19]した結果を最終結果とすることができます。

$$p(x|D) = \int_\theta p(x;\theta)p(\theta|D)d\theta$$

予測値は、事後分布$p(\theta|D)$で重み付けした各モデルの予測の期待値とし

注18 ラプラス分布は正規分布に比べると平均付近で尖っているような確率分布です。

注19 和をとって添字を消すような操作を、一般に「周辺化」や「周辺化消去」と呼びます（Appendixを参照）。

て得られます。

　各モデルがニューラルネットワークのとき、このような推定を**ベイジアンニューラルネットワーク**（*Bayesian Neural Network*、ベイジアンNN）による推定と呼びます。このベイジアンニューラルネットワークによる推定は、点推定に比べて**安定した推定**ができるだけでなく、**予測の不確実性を扱える**などメリットありますが、パラメータについての積分が必要なため、そのまま計算すると計算量が多くなってしまいます。このベイジアンニューラルネットワークを効率良く求められるようにした手法がいくつか提案されています。

　たとえば、**Deep Ensembles**[注20]は、異なる初期値から学習した複数のニューラルネットワークによるアンサンブルによる予測値を使ってベイジアンニューラルネットワークによる推定を近似します。また、計算量が大きいですが、多くの計算リソースを使って事後分布を直接求めた研究[注21]もあり、その結果Deep Ensemblesが良い近似になっていると報告されています。

2.8 本章のまとめ

　本章では、機械学習の全体の流れを紹介し、その中で重要な概念を多く紹介しました。

　本文やコラムで紹介した用語を列挙すると、内積、線形モデル、重みベクトル（係数）、バイアス（切片）、損失関数、0/1損失関数、クロスエントロピー損失関数、二乗損失（二乗誤差）、サロゲート損失関数、最尤推定、訓練誤差、汎化誤差、最適化、目的関数、勾配、勾配降下法、確率的勾配降下法、正則化、L1/L2ノルム正則化、ハイパーパラメータ、評価データ、過学習、未学習、MAP推定、ベイズ推定、ベイジアンニューラルネットワークです。

　たくさん登場しましたが、これらはいずれも機械学習全体で重要な概念なので、まずは少しずつ用語からでも覚えておくと役立つでしょう。

注20 ・参考：S. Fort and et al.「Deep Ensembles: A Loss Landscape Perspective」（arXiv:1912.02757、2019）
注21 ・参考：P. Izmailov and et al.「What Are Bayesian Neural Network Posteriors Really Like?」（ICML、2021）

Column

ニューラルアーキテクチャ探索
NAS

機械学習では特徴関数またはデータの表現方法は人が与えていたのに対し、ディープラーニングでは表現方法はデータから学習します。その代わり、ニューラルネットワークがどのような種類の層をどのように組み合わせて使うのかというアーキテクチャ設計を人が行っています。具体的には、

- どの層を使うのか（畳み込み層、プーリング層、深さごと畳み込み層、グループ畳み込み層、総結合層など。第3章で後述）
- それらをスキップ接続（第4章で後述）を含め、どのようにつなげるのか
- それぞれの層のユニット数やカーネルサイズなど付随するパラメータをどう決めるのか

といった具合です。学習/最適化しやすいといった考察や実験結果、タスクの事前知識などを元に新しいアーキテクチャが提案され続けています。

機械学習からディープラーニングへの変遷で特徴設計を自動化したのと同様に、ニューラルネットワークのアーキテクチャを自動探索する試みであるニューラルアーキテクチャ探索（neural network architecture search、NAS、ニューラルネットワークアーキテクチャ探索）も数多く模索されています。アーキテクチャを最初からすべて決めていくというのは難しいので、多くの場合、ブロック単位は組み合わせ方は決めておくが、ブロック内でどの層を利用するのかを自動的に決定するというものです。そして、どの組み合わせが良かったかどうかは、訓練用のデータとは別に用意した検証用のデータの性能で評価します。

どの層を選択するかという行動は離散的であり、また検証用のデータで評価しているため、勾配降下法を使った学習はできません。そこで、勾配が計算できなくても学習できる強化学習や遺伝的アルゴリズム、進化戦略を使ったりします。また、離散的な選択問題を、層の選択を確率的に選択するようにして勾配を使った学習ができるようにしたり、「Gumbel softmax trick」と呼ばれる離散的な確率変数に対して勾配を計算できる工夫を利用して、勾配降下法で求める方法も登場しています。

このようなニューラルアーキテクチャ探索を使うことで、アーキテクチャ探索の手間を省けるだけでなく、これまで発見されているアーキテクチャより、精度、性能的に優れたアーキテクチャを見つけられるようになってきています。とくに、ニューラルアーキテクチャの最適化が十分行われていないようなニッチなタスク、特定のハードウェアや計算条件にあったネットワーク探索ではニューラルアーキテクチャ探索が有効に働いています。ネットワーク探索がうまく動くようになれば、データ設計や学習問題の設計が重要になると考えられます。

第3章

ディープラーニングの
技術基礎

データ変換の「層」を組み合わせて
表現学習を実現する

図3.A　　本章の全体像

ディープラーニング

⇒ ニューラルネットワークを使い
表現学習を実現する

データの表現

"私はきつねうどんが好きだ" ⇒ ？
文書

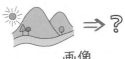 ⇒ ？

画像

どのように
表現すれば
情報を落とさず
後のタスクが簡単に
解けるようになるか

従来　専門家(人)が表現を設計

ディープ
ラーニング　ニューラルネットワーク(機械)
がデータから表現方法を学習

前章では、機械学習の基本的な考え方を紹介しました。

本章では本書のテーマで、機械学習の一つの分野であるディープラーニングについて説明していきます。なぜディープラーニングが成功しているのか、どのようなしくみで動いているのかについて順を追って見ていきましょう。

はじめに、ディープラーニングを理解する上で重要な概念である表現学習（*representation learning*）について触れて、続いてディープラーニングのモデルであるニューラルネットワーク、学習方法について説明します。それに続いて、誤差逆伝播法のしくみをしっかりと押さえてから、ニューラルネットワークの代表的な構成要素と題して、「テンソル」「（各種）接続層」「活性化関数」について解説を行います 図3.A 。

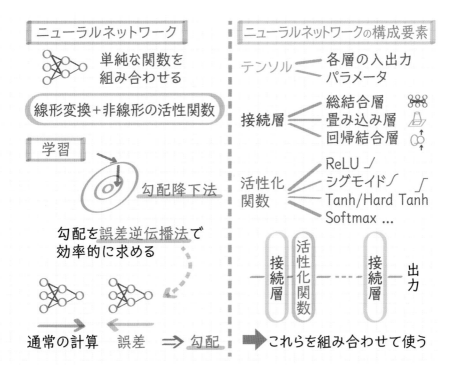

3.1
表現学習　「表現」の重要性と難題

ディープラーニングを理解する上で、まず重要になる「情報の表現」「表現学習」について、押さえておきましょう。

● 情報をいかに表現するか　機械学習における重要な問題

機械学習において重要な問題は、**対象の情報をいかに表現するか**です 図3.1 。情報をうまく表現することさえできれば、その後に分類や回帰を実現することは難しい問題ではありません。逆に、うまく表現できていない場合は、その後の手法やモデルをいくら工夫しても学習することができず、汎化もできません。

図3.1　　　　**表現の重要性とディープラーニング**

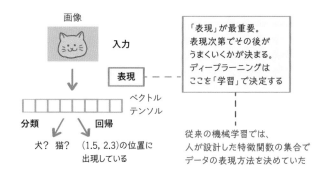

たとえば、一枚の画像が与えられたとき、この**画像の表現方法**を考えてみましょう。この画像を「野球のバットを持った少年」と**文で表現**したとします。その後、画像中の人がバットをどちらの手で持っているかを予測したい場合を考えます。当然ですが、この文にはどちらの手で持っているかという情報は失われているため、この「野球のバットを持った少年」からはどのように処理したとしてもどちらの手に持っているかを予測することはできません。同様に、少年の身長、立っている位置、何人写っているか、バットの色といった情報も予測することができません。この表現では元の情報が持っていた情報が落ちてしまっていて、その後のタスクに使える情報が抜けているのです。このように、表

現はその後のタスクに使える情報を保持している必要があります。

　それでは、与えられた情報をすべてそのまま持っていれば良いかというと、そうではありません。たとえば、先ほどの「野球のバットを持った少年」の画像の例では、もともとの画像はコンピュータにとっては2次元上に色を表す値が**数値列として並んでいる**情報です。この数値列をそのまま分類器に渡して、どちらの手にバットを持っているのかを判定させることは非常に困難です。人も1次元の「数値列」を見て、そこから何が写っているのかを予測するのは極めて難しいでしょう。

　そのため、情報はその後のタスクで扱いやすいように概念や因子が特定され、かつ分解されている必要があります。これを「**もつれが解けている (*disentangled*) ような表現**」と呼びます。

　このように、対象の情報を、その情報を落とさないまま、後のタスクが扱いやすいように表現する必要があります。「表現するとは何か」を理解するために、もう少し例を見てみましょう。

文書の表現問題

　例として、文書を分類するタスクを考えてみましょう。文書は、可変長の文字列から成り、それらは小さい単位から単語、句、段落などの塊を持ち、一定のルールに従って、これらの小さな塊が配置されます。さらに、それらの構造や、単語や句自身が備える意味が組み合わさって、文章全体の意味を構成します。このようなことを踏まえると、文書はどのように表現するのが最適でしょうか。

●⋯⋯⋯ **BoW**　「局所的な情報」である「単語の出現情報」で文書を表す

　文書を表す代表的手法である **BoW** (*Bag of words*) は、文書中に各単語が出現しているかいないかという情報を使って文書を表現します。このBoW表現では、単語が文書中のどの位置にあったか、どのように並んでいるかといった情報は無視し、思い切って単純化した表現を採用しています。また、単語自体に意味がある内容語の出現だけを扱い、指示語や助詞など単体では意味を持たない単語は無視して使うのが一般的です。

　BoW表現では単語種類数が m のとき、文書は m 次元ベクトルとして表現されます。異なる単語それぞれに $1 \sim m$ の整数IDを割り当て、文書中に単語 w (以降、単語 w は整数IDとして扱う) が出現している場合 $x_w = 1$、出現し

ていない場合は$x_w=0$となっているようなベクトル$\mathbf{x}$で表現します。また、値として、例で挙げたような出現したかで0, 1を利用したり、単語が文書中に何回出現しているかを示す**単語頻度**(*term frequency*、**tf**)、全文書中に何文書に単語が出現しているかを示す**文書頻度**(*document frequency*、**df**)を使う場合も多いです。**図3.2**に文Sの BoW表現の例を示します。

図3.2　　　　文SのBoW表現の例

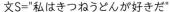

文S="私はきつねうどんが好きだ"

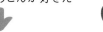

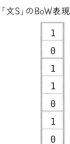

単語	値
私	1
あなた	0
うどん	1
きつね	1
たぬき	0
好き	1
嫌い	0

「文S」のBoW表現

1
0
1
1
0
1
0

　このBoW表現は、単純なのに驚くほど強力です。単語種類が多い場合、どの単語が出現しているかがわかるだけで、文書についての多くの情報を得ることができるためです。

●⋯⋯⋯ **BoW表現の問題**

　一方で、BoW表現にはさまざまな問題があります。一つめはBoW表現では文書中の単語の出現順序や位置の情報は失ってしまう点です。たとえば、「私はきつねうどんが好きだ」と「私はうどんが好きなきつねだ」という2つの文は、意味は明らかに違いますが、BoW表現ではどちらも「私」「うどん」「きつね」「好き」に対応する次元が1であり、それ以外が0であるような同じベクトルになります **図3.3**。BoW表現を使う限り、その後の手法からは元の文書がどちらかであったかを知ることはできません。

図3.3 BoW表現と、単語の出現順序や位置の情報

S1="私はきつねうどんが好きだ"
S2="私はうどんが好きなきつねだ"

単語	S1	S2
私	1	1
あなた	0	0
うどん	1	1
きつね	1	1
たぬき	0	0
好き	1	1
嫌い	0	0

S1 S2

BoW表現では順序を無視してしまうため、
上の意味が異なる2つのS1、S2の文を区別できない

　二つめは、BoW表現では単語自体が持つ意味をうまく扱うことができません。たとえば、「そば」と「うどん」は食べ物かつ麺類でこの2つは似ていますが、BoW表現では「そば」と「うどん」は違う次元に割り当てられ、とくにこの2つが近いといった情報は与えられません。そのため、「そば」が含まれる文書で学習した結果は「うどん」が含まれる文書に応用することができません。

Column

tf-idfによる特徴抽出

　文書をベクトルに変える場合、tf-idf(*tf-inverse document frequency*)を使った特徴抽出が広く使われています。tfは文書中に単語が何回出現しているか、dfは全文書中、何文書に単語が出現しているかを表します。

　多くの文書に出現するような単語は、文書を特徴づけるのに重要でない単語である可能性が高いので、dfは小さい方が重要となります。全文書数をDFとしたとき$tf * \log(DF/df)$を特徴量として使うことが一般的です(dfが0のとき、値が大きくならないように適当に補正する)。

　もともとtf-idfはヒューリスティックス(*heuristics*、発見的)で決められたものですが、この式は情報理論の枠組みでとらえ、「単語 - 文書ペア」に付随する情報量としてみなせることがわかっています[注a]。

注a ・参考:S. Robertson「Understanding inverse document frequency: on theoretical arguments for IDF」(Journal of Documentation、2004)

画像の表現問題　BoVW

　もう一つの例として、画像分類タスクを考えてみます。画像データもBoW表現と同様に、画像に含まれる**局所特徴量**[注1]の集合としてベクトルを表現していました。こうした特徴は、**画像の局所的な情報を用いて特徴量を決定します**。これらの局所特徴量は、それらの間の相対的な位置的な関係を無視し、単に出現しているかどうかでモデル化しています。このような画像表現方法はBoVW（*Bag of visual word*）表現などと呼ばれていました。

　しかし、BoVW表現の場合もBoW表現と同様に、位置やその関係は無視しているため、重要な情報が抜け落ちてしまいます。たとえば、馬の上に人が乗っている画像と、人の上に馬が乗っている画像を区別できません。

従来の専門家による特徴設計/表現方法の設計

　以上のようなデータ表現方法は従来「**専門家による特徴設計/表現方法の設計**」によって実現されていました。たとえば、画像におけるSIFT（*Scale-invariant feature transform*）や言語処理におけるtf-idfは、その代表例です。これらは画像は拡大/縮小や回転しても意味は変わらない、言語は頻出単語は重要でなく、珍しい単語の方が重要だという知識を利用して特徴設計されています。

　しかし、「我々は語れる以上のことを知っている」というポランニーのパラドックスのとおり、専門家が高精度に分類できたとしても、その分類を実現した際、どんな特徴を見たか、どんなデータ表現を使ったかを明示化、数値化し、それらを計算機上で実現可能な形に変換することは容易ではありません。

ディープラーニングは表現学習を実現しているから高性能である

　こうした**データの表現方法自体を、データから学習する手法**は、過去より多く検討されてきました。

　そのなかで、ディープラーニングが多くの問題の**表現学習**（*representation learning*）で有効なことがわかってきました。「**ディープラーニングは表現学習を実現しているから高性能である**」といっても過言ではありません。

注1　SIFT（後述）、HOG（*Histograms of oriented gradients*）など。SIFTはスケール/回転不変な特徴量であり、特徴点周辺の勾配ヒストグラムを記述したものです。HOGは一定領域に対する特徴量の記述を行います。

3.2 ディープラーニングの基礎知識

　前節の解説を踏まえて、本節では、ディープラーニングとは何か、なぜディープラーニングが優れた表現を獲得できるのかについて説明していきます。

ディープラーニングとは何か

　ディープラーニング（深層学習）図3.4 は、層の数が多く、幅が広い、ニューラルネットワークを利用した機械学習手法、またそれらに関連する研究領域です。

図3.4　ディープラーニングと層数、幅の大きさ

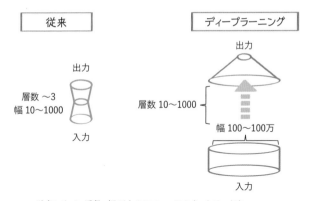

従来と比べ、層数、幅が大きいニューラルネットワークを
使うようになったのが「ディープラーニング」

　第1章で取り上げたとおり、ニューラルネットワーク自体は人工知能の黎明期から存在し、新しい手法ではありませんが、計算機の性能向上、学習に利用可能なデータの増加、さまざまな新しい学習手法によって大きな進化を遂げ、目覚ましい成果を上げるようになってきました。

ニューラルネットワークは「脳のしくみ」からスタートした

ニューラルネットワークは、もともとは脳のしくみを模して作られました。脳は**ニューロン**(*neuron*)と呼ばれる神経細胞と、**シナプス**(*synapse*)と呼ばれるニューロン同士をつなげる接合部位から構成され、シナプスの**強度**(シナプスにおける情報伝達率)を変えることでさまざまな情報処理を行うことができます。

●⋯⋯⋯ 強度に共通する重み(パラメータ)

これと同様に、ニューラルネットワークもニューロンとそれらをつなぐシナプスから成る**重み(パラメータ)**から構成されます 図3.5 。そのため、ディープラーニングと脳科学では多くの共通する用語を使っており、ディープラーニングの研究では脳科学で得られた多くの知見が利用されています。

一方で、現在のディープラーニングに使われるニューラルネットワークは、脳科学で発見された知見とは独立にさまざまな工夫がなされ、異なる発展を遂げている点にも注目しておきたいところです。

図3.5 脳内の神経回路網とニューラルネットワーク

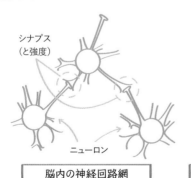

脳内の神経回路網

神経細胞であるニューロンと
その間のシナプスで構成される

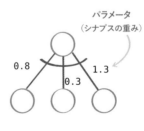

ニューラルネットワーク

ニューロンとシナプスの
重み(パラメータ)で構成される

脳科学と人工知能の接点
脳を含む情報処理装置を理解するために

本文でも紹介したように、現在のディープラーニングや人工知能は、脳科学や、そのしくみを情報処理システムとして理解しようとする計算論的神経科学から強い影響を受けています。こうした脳科学から学べるところは多くあるはずです。

イギリスの神経科学者であるDavid Marr（デビッド・マー）は、脳を含む情報処理装置を理解するために異なる三つのレベルで理解することが必要だと説明しました。

- 計算レベル
  システムが何の問題を解こうとしているのか、なぜその問題を解こうとしているのかの理解
- アルゴリズムレベル
  どのようにその問題を解こうとしているのか、問題をどのように表現し、どのような方法で解いているのか
- 実装、物理レベル
  システムが物理的に（脳ではニューロンやシナプスなど）どのように構成されるているか

そして、脳のこの三つのレベルは、人工知能を作る際に参考にすることができます。

現在のディープラーニングは、それぞれのレベルにおける理解を反映した手法を取り入れています。たとえば、計算レベルでの理解は、教師あり学習や強化学習の発見につながり、アルゴリズムレベルの理解では「ゲート機構」や「注意機構」の発見につながっています。

そして、興味深いことに現在のディープラーニングが脳科学の研究にも大きく貢献しています。その理由として、脳科学の実験が再現性をとったり、介入試験をすることが難しいですが、ニューラルネットワークを使って脳のしくみを模倣した実験では再現性を担保したり、介入したりすることは容易であり、さらに内部状態を調べることができます。また、後述するCNN（畳み込みニューラルネットワーク）や注意機構がどのような判断や内部状態を持っているのかを、人の脳の活動をMRIなどでとった結果を比較すると、これらの間に高い相関があることがわかってきています。

ニューラルネットワークは挙動を望むように変えられる

ニューラルネットワークは、**単純な関数を大量に組み合わせる**ことで**複雑な関数を表現**します。各関数はパラメータで特徴づけられており、パラメータを変えることで挙動を変えることができます。

ニューラルネットワークの大きな特徴は、与えられた入力に対して、望む出力を得るように、パラメータをどのように変えれば良いかを非常に効率的に求めることができるという点です。関数をどのようにつないでも、たくさんの数をつないでも、望む出力が得られるようにするには、どのようにパラメータを変えれば良いかを効率的にかつ自動的に求めることができます。

ニューラルネットワークで複雑な問題を扱う
大量の関数の組み合わせと学習データが必要

一方で、ニューラルネットワークは、複雑な問題を扱うためには**大量の関数を組み合わせる**必要があり、また、それらのパラメータを調整するためには**大量の学習データ**を使って長い時間学習させる必要があります。

現在のような**計算機能力**と**大量の学習データ**が得られてはじめて、その真価が発揮できるようになったといえるでしょう。

Column

線形モデルと非線形モデルと万能近似定理

線形モデル（p.81 を参照）は、入力が1次元であれば「直線」、2次元であれば「平面」の関係を持つような関数しか表現できません。たとえば、入力 x と出力 y が $y=x^2$ のような関係を持つ場合は、線形モデルではどのようなパラメータを使っても表現できません。

非線形モデルは、入力と出力間の非線形な関係を表すことができるモデルです。たとえば、三角関数の $y=\sin ax$ は入力 x と出力 y の非線形な関係を扱えますが、波状の形をもった関数以外はうまく表現できません。

ニューラルネットワークは非線形モデルであり、幅（組み合わせる関数の数）が十分大きい場合、任意の関数を任意の精度で近似できることがわかっています。これをニューラルネットワークの**万能近似定理**（*universal approximation theorem*、普遍性定理）と呼びます。万能近似定理について、以下の論文に歴史やさまざまな発展がまとまっています（p.122 も合わせて参照）。

- 西島隆人「ニューラルネットワークの万能近似定理」（arXiv:2102.100993）

3.3
ニューラルネットワークはどのようなモデルなのか

ニューラルネットワークが「どのようなモデルなのか」を見ていきましょう。

単純な線形識別器の例

単純な**線形識別器**から始めましょう。これは第2章の機械学習の例で挙げたものと同じです。入力 $\mathbf{x}$、パラメータ $\theta = (\mathbf{w}, b)$ が与えられたとき、線形識別器は次のような関数で表されます。

$$h = f(\mathbf{x}; \theta) = \langle \mathbf{w}, \mathbf{x} \rangle + b$$

この関数は線形変換の結果であり、h はこの線形識別器の出力結果です。この後に出力結果を使うケースを扱うために、前章の s とは違う h という変数名を利用します。

線形識別器は、入力と出力間の単純な線形の関係しか扱えません。

線形識別器の拡張　複数の線形の関係を扱う

続いて、この線形識別器を複数の出力が扱えるよう拡張します。まず、線形識別器を m 個用意します。このとき、それぞれのモデルは異なるパラメータ $(\mathbf{w}_1, b_1), (\mathbf{w}_2, b_2), \dots$ を持つとします。

$$h_1 = \langle \mathbf{w}_1, \mathbf{x} \rangle + b_1$$
$$h_2 = \langle \mathbf{w}_2, \mathbf{x} \rangle + b_2$$
$$\dots$$
$$h_m = \langle \mathbf{w}_m, \mathbf{x} \rangle + b_m$$

この m 個の式は、次のような一つの行列演算式で表すことができます。

$$\mathbf{h} = \mathbf{W}^T \mathbf{x} + \mathbf{b}$$

ここで $\mathbf{h}$ は h_i を i 番めの要素として持つようなベクトルであり、$\mathbf{W}$ は $\mathbf{w}_i$ を i 列めとして持つような行列、$\mathbf{b}$ は b_i を i 番めの要素として持つようなベクト

ルです。また、$\mathbf{W}^T$ は $\mathbf{W}$ の転置行列(縦と横を反対にした行列)を意味しています。転置の結果 $\mathbf{W}$ の各列が、$\mathbf{x}$ と掛け合わされていることを意味します。

この関数は、入力 $\mathbf{x}$ に線形変換を適用し、出力 $\mathbf{h}$ を得るような操作です。

線形識別器を重ねて多層のニューラルネットワークを作る

次に、この出力結果 $\mathbf{h}$ を入力として、さらに $\mathbf{v}$、c をパラメータとする別の線形識別器を作ります。

$$y = \mathbf{v}^T \mathbf{h} + c$$

モデルの表現力　そのモデルがどのくらい多くの関数を表現できるか

この入力 $\mathbf{x}$ から中間ベクトル $\mathbf{h}$ を経て、出力 y を得る計算は、1つの線形識別器を使った場合よりも複雑な関数を表せそうに見えます。しかし、実際は1つの線形識別器の場合と同じ表現力しか持っていません。**モデルの表現力とはそのモデルがどのくらい多くの関数を表現できるか**という意味です。

今回の例では線形識別器を2つ重ねても、それは常に1つの線形識別器で置き換えることができ、その表現力は同じとなります。実際、今回の線形識別器を2つ重ねた関数は式変形すると、

$$y = \mathbf{v}^T \mathbf{h} + c$$
$$= \mathbf{v}^T (\mathbf{W}^T \mathbf{x} + \mathbf{b}) + c$$
$$= \mathbf{v}^T \mathbf{W}^T \mathbf{x} + \mathbf{v}^T \mathbf{b} + c$$

であり、重み $\mathbf{u}=\mathbf{W}\mathbf{v}$、バイアス $d=\mathbf{v}^T\mathbf{b}+c$ をパラメータとして持つ $y=\mathbf{u}^T\mathbf{x}+c$ という線形識別器で常に表すことができます。

このように、**線形識別器を何個重ねていってもモデルの表現力は変わりません**。

> **学習のダイナミクスは変わる** _Note_
>
> ただし、表現力が同じモデルであっても異なるモデルの場合、勾配降下法による学習によってパラメータがどのような解に到達するか、つまり学習のダイナミクス(_dynamics_、動力学/挙動。ここでは最適化経路の意味)は変わってきます。
>
> たとえば、この例のような線形の重みを2つ重ねたネットワークを勾配降下法で学習した場合、主成分分析と同じように、データの主成分を検出できるようなフィルタが得られることが知られています。

非線形の活性化関数を挟むことでモデルの表現力を上げる

そこで、モデルの表現力を上げるため、1回めの線形識別器の出力の直後に、次元ごとに非線形関数f_a（p.118のコラムを参照）を適用した場合を考えてみます。**図3.6** に、これまで作ってきた関数を図示化しました。

$$\mathbf{h} = f_a(\mathbf{W}^T\mathbf{x} + \mathbf{b})$$
$$y = \mathbf{v}^T\mathbf{h} + c$$

図3.6　非線形の活性化関数を使うことで関数全体が非線形になる[※]

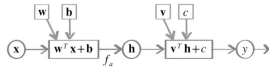

非線形の活性化関数

入力$\mathbf{x}$から中間変数$\mathbf{h}$を計算し、再度$\mathbf{h}$を入力してyを計算する。
途中で、非線形の活性化関数を導入することで全体が非線形関数になる

※ この例は後述のMLP（多層パーセプトロン）にあたる。

この関数は関数全体も非線形となり、複雑な入出力関係を扱うことができ、モデルの表現力を上げることができます。

この非線形関数は**活性化関数**（*activation function*）f_{act}と呼ばれます。一般に活性化関数は、ベクトルの要素ごとに非線形関数を適用した結果を並べます。

$$\mathbf{h} = f_{act}(\mathbf{z}) \leftrightarrow h_i = f_{act}(z_i) \text{（すべてのiについて適用）}$$

「$\leftrightarrow$」(leftrightarrow)は左式が成り立つとき、右式が成り立ち、また右式が成り立つとき、左式が成り立つことを示します。

●⋯⋯⋯活性化関数と万能近似定理

活性化関数としては、たとえばReLU関数 $f_{ReLU}(x) = \max(x,0)$ 、シグモイド関数 $f_{sigmoid}(x) = \dfrac{1}{1 + \exp(-x)}$ などがあります（いずれも後述）。

この活性化関数を使うことで、ニューラルネットワークの表現力を大きく向上することができます。

　実際、非線形の活性化関数を使った3層のニューラルネットワークは、中間層が十分な数の次元数を持つ場合、任意の関数を任意の精度で近似できることがわかっています。これをニューラルネットワークの**万能近似定理**と呼びます（p.118のコラムを参照）。

層とパラメータ

　このように、入力に対し線形変換を適用した後に非線形の活性化関数を適用した結果を一つの単位として**層**(*layer*)と呼びます。このような層をN個を重ねて、入力から出力を得る場合を考えてみましょう 図**3.7**。

図3.7 ■■■■ ニューラルネットワークにおける層

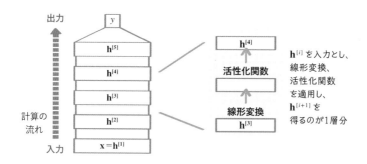

　i層めの入力を$\mathbf{h}^{[i]}$と表します。また、簡略化のため、$\mathbf{h}^{[1]}$は入力$\mathbf{x}$を表すとし、$\mathbf{h}^{[N+1]}$は出力yを表すとします。

$$\mathbf{h}^{[1]} = \mathbf{x}$$
$$\mathbf{h}^{[i+1]} = f_a(\mathbf{W}^{[i]T}\mathbf{h}^{[i]} + \mathbf{b}^{[i]}) \ (i = 1, 2, ..., N)$$
$$y = \mathbf{h}^{[N+1]}$$

　このような、入力$\mathbf{x}$から出力yまでの関数全体を「N層から成るニューラルネットワーク」と呼びます。図の書き方として、**入力**に近い方の層を下に書き、**出力**に近い層を上の方に書くことが多いです[注2]。そのため、入力に近い

注2　書籍や文献によっては、左➡右や右➡左にも書くこともあります。

層を「下の層」、出力に近い層を「上の層」と呼ぶことにあります。

各層のパラメータ($\mathbf{W}^{[i]}$, $\mathbf{b}^{[i]}$)をすべてまとめた$\theta = \{\mathbf{W}^{[1]}, \mathbf{b}^{[1]}, \mathbf{W}^{[2]},$ $\mathbf{b}^{[2]}, ..., \mathbf{W}^{[N]}, \mathbf{b}^{[N]}\}$をニューラルネットワークのパラメータと呼びます[注3]。これにより、ニューラルネットワークは$y = f(\mathbf{x}; \theta)$という関数で簡潔に表すことができます。またこの後、θ中のi番めのパラメータをθ_iというように表現します。これは、上記のようにまとめられたパラメータ集合を仮想的に適当な順番に並べてi番めのパラメータ(スカラー値)を選んだ結果と考えてください。

ニューラルネットワークの別の見方

ここまでは、ニューラルネットワークを「ベクトル」や「関数」を使って説明しました。同じモデルを「神経回路網」や「計算グラフ」の観点からも見ておきましょう。

●⋯⋯⋯**神経回路網として見たニューラルネットワーク**　基本構成、活性化、活性値

先ほどベクトルや線形関数を使って説明したのと同じニューラルネットワークを、脳などを構成する神経回路網として見た場合について説明します。

先述のとおり、**神経回路網**は神経細胞の**ニューロン**と、神経細胞間をつなぐ**シナプス**から構成されます。

そして、ある層の入力$\mathbf{x}$や出力$\mathbf{h}$は、ニューロンを並べたものとみなすことができます。入力のi番めのニューロン$x[i]$は出力$\mathbf{h}$のj番めのニューロンとつながっており、そのシナプスの重みは、重み行列$\mathbf{W}$のj行i列めの要素$w[j, i]$で表すことができます **図3.8**。

図3.8 　　　　**神経回路網として見るニューラルネットワーク**

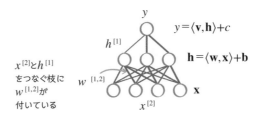

$$y = \langle \mathbf{v}, \mathbf{h} \rangle + c$$
$$\mathbf{h} = \langle \mathbf{w}, \mathbf{x} \rangle + \mathbf{b}$$

$x^{[2]}$と$h^{[1]}$をつなぐ枝に$w^{[1,2]}$が付いている

注3　$\mathbf{W}^{[i]}$、$\mathbf{b}^{[i]}$のサイズはそれぞれ違い、それらを合わせたものを一つのベクトルで表せませんのでベクトル表記でなく書いています。スカラーでないことに注意してください。

　実際のニューロンは、細胞内の細胞外に対する相対電圧を変えることで、情報のON/OFFを表します。電圧が高くなっている状態を「**活性化している**」と呼び、この状態のときにシナプスに化学物質が放出され、隣接する次のニューロンを活性化させていきます。これにならって、ニューラルネットワークのニューロンの値を**活性値**と呼び、出力ニューロン $h[j]$ の活性値は、それがつながっている入力ニューロン $h[i]$ の活性値をシナプス上に仮想的に定義された**重み** $w[i, j]$ を掛け合わせた上で合計し、その値に対して**活性化関数**を適用した値と考えることができます。

$$h[j] = f_a(\sum_i w[j,i]x[i])$$

　ある層の入力ベクトルの次元数が n、出力ベクトルの次元数が m のとき、これは入力に n 個のニューロン、出力側に m 個のニューロンがあると考え、$n×m$ 個のシナプスがこれらをつないでいるというふうにみなすことができます。また、i 次元めの要素は i 番めのニューロンということもできます。

＊＊＊＊＊＊＊＊＊＊＊＊＊＊＊＊＊＊＊＊＊＊＊＊＊

　本書では、基本的にニューラルネットワークは**ベクトルや関数**で表していきますが、ニューロンやシナプスという物理的な概念を使ったほうが説明しやすい場合はそれらを使って説明するようにしていきます。

Column

特異モデル

　ニューラルネットワークは、異なるパラメータの組み合わせで、まったく同じ関数を表現できるモデルです。たとえば、中間層の2つのニューロンとそれにつながっているシナプスを交換した場合でも、その交換前後の関数はまったく同じ関数を表します。そのため、学習データを説明可能なモデルが無数に存在します。

　このようなパラメータ表現と関数表現が一対一で対応しないようなモデルを**特異モデル**（*singular model*）と呼びます。特異モデルの例として、非線形回帰モデル（*nonlinear regression model*）や隠れマルコフモデル（*hidden Markov model*、HMM）があります。

●········ **計算グラフとして見たニューラルネットワーク**　分岐/合流/繰り返し、パラメータ共有

　ニューラルネットワークは**計算グラフ**(*computational graph*)とみなすことも
できます。ここまでの説明では、ニューラルネットワークの計算は入力から
出力まで一直線に進むものを考えてきましたが、これ以外にも通常の手続き
型プログラミング言語と同じように、計算を途中で分岐したり、分岐した結
果を合流したり、また同じ計算を繰り返すこともできます。

　たとえば、i層めの入力$\mathbf{h}^{[i]}$から二つの計算$\mathbf{u}=f(\mathbf{h}^{[i]})$, $\mathbf{v}=g(\mathbf{h}^{[i]})$を行
い、それらを合流させた$\mathbf{h}^{[i+1]}=\mathbf{u}+\mathbf{v}$を次の層の入力とすることもできます。

　また、異なる関数間でパラメータ(重み)を共有することもできます。

　この**パラメータ共有**(*parameter sharing*)は、ニューラルネットワークの重要
な考え方であり、パラメータを少なくすることで**学習/推論の効率化**ができ
るだけでなく、**学習を簡単**にしたり、この位置とこの位置の計算は同じであ
るべきだという**不変性**(*invariance*)や**同変性**(*equivariance*)といった**事前知識**
(*prior knowledge*)を導入することができます。

Column

帰納バイアス

　第2章で触れたとおり、機械学習は、事実や事例(データ)から、ルール
やモデルを導出する帰納的なアプローチです。この場合、導出に用いるデー
タが実際の現象を多くカバーし、量も増えるほど正確なルールやモデル
が得られると考えられます。

　一方で、多くの問題ではデータは偏っていたり、少なかったりします。
このモデルを導出する際に、対象の問題についてもともと持っている知識
や法則、制約など(事前知識)を導入することで、より良いモデルを得られ
ると考えられます。

　こうした事前知識を用いて推論する場合は、その事前知識に偏って推論
しているといえます。そのため、このモデルを帰納的に導出する際に用い
る知識や制約を帰納バイアス(*inductive bias*)と呼びます。

　事前知識に基づく「正則化」や「制約」、「モデル構造」「最適化手法」などは、
すべて帰納バイアスということができます。帰納バイアスはディープラー
ニングに限った話でなく、機械学習一般に見られ、さらには人や動物の学
習でも、脳の構造や学習シグナル(学習に役立つような情報)の伝わり方は
生まれつき与えられており、学習を助けていると考えられます。

3.4
ニューラルネットワークの学習

続いて、ニューラルネットワークが「どのように学習するか」について見て
いきます。

学習とは何か　「パラメータ調整」による挙動の修正

ニューラルネットワークは、単純な関数を組み合わせて構成し、複雑な関
数を実現します。また、これらの関数はどの入力を使い、その出力をどの関
数に渡すかを自由に設計することができます。

この、ニューラルネットワークが入力に対して、何らかの処理を行い、時
には分岐やループなどを経て中間変数を順に計算していき、最終的に返り値
(出力)を計算するということだけを見れば、ニューラルネットワークは通常
の手続き型プログラミング言語と同じように見えます。

しかし、手続型プログラミング言語とニューラルネットワークの大きな違い
は、**ニューラルネットワークは出力を望ましい値にするように、途中の関数**
の挙動をパラメータを調整することで修正することができる点です。この修
正を学習と読んでいます。そして、ニューラルネットワークは、この**パラメー**
タ調整を非常に効率的に実現できます。このしくみについて見ていきます。

ニューラルネットワークの「学習」の実現　最適化問題と目的関数

ニューラルネットワークの学習は、多くの機械学習と同じように最適化問
題を解くことで実現されます。**最適化問題**とは、変数(**パラメータ**)と**目的関**
数が与えられたとき、目的関数の値を最小化(最大化)するような変数を求め
る問題です。

ニューラルネットワークの学習における最適化問題では、ニューラルネッ
トワークのパラメータ θ を目的関数の入力とし、タスクに応じた目的関数
$L(\theta)$ を使います。目的関数にはたとえば、**教師あり学習の場合は訓練誤差**、
生成モデルの場合は対数尤度、**強化学習の場合は報酬**や**収益**、**予測誤差**など
を使います。

学習を実現する最適化問題を解く どのように最適化するか

目的関数が設定できれば、次に目的関数の値を最小化するようなパラメータを求めます。なお、最大化問題を考える場合も目的関数の符号を反対にした上で最小化問題を解くことで、同じ最小化問題に帰着できることに注意してください。

ニューラルネットワークは非常に複雑な関数をしているため、$L(\theta)$ を最小化するようなパラメータ θ の解析解を求めることは一般に困難です。

解析解とは、先に「解析的」で触れたとおり2次方程式の解の公式のように方程式の入力から直接求められるような解です。たとえば $a^2x+bx+c=0$ $(a \neq 0)$ の x は $x = \dfrac{-b \pm \sqrt{b^2 - 4ac}}{2a}$ と求められます。

一方、解析解が使えない場合は**数値解**を求めます。これは適当な初期値から始め、それを**逐次的に改善**していくことで**解を探索**します。今回の最適化問題も、数値解として求めます。以下では、三つの戦略を紹介していきます 図3.9 。

図3.9 **三つの最適化戦略**

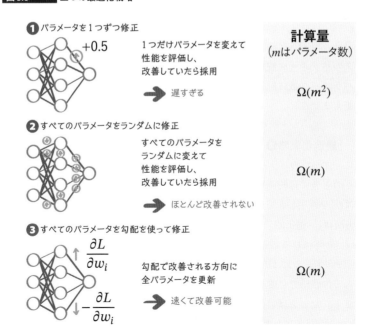

❶ パラメータを1つずつ修正

+0.5

1つだけパラメータを変えて性能を評価し、改善していたら採用

➡ 遅すぎる

❷ すべてのパラメータをランダムに修正

すべてのパラメータをランダムに変えて性能を評価し、改善していたら採用

➡ ほとんど改善されない

❸ すべてのパラメータを勾配を使って修正

$\dfrac{\partial L}{\partial w_i}$

$-\dfrac{\partial L}{\partial w_i}$

勾配で改善される方向に全パラメータを更新

➡ 速くて改善可能

計算量
(mはパラメータ数)

$\Omega(m^2)$

$\Omega(m)$

$\Omega(m)$

●········ [最適化戦略❶]パラメータを1つずつ修正していく

はじめに、次のような単純な最適化戦略を考えてみましょう。

まず、パラメータθを適当に初期化します。次に、現在のパラメータθから1つのパラメータθ_iをランダムに選び、そのパラメータをランダムに少しだけ変更（$\theta_i' := \theta_i + \varepsilon$、$\varepsilon$は小さな数）し、他のパラメータはそのまま同じものを使った新しいパラメータθ'を用意します。そして、新しいパラメータを使ったときの目的関数の値$L(\theta')$を調べます。もし、$L(\theta')$が$L(\theta)$より小さくなっているなら、θ'を採用し、そうでないなら前のθをそのまま採用します。この操作を繰り返していくことで、目的関数を徐々に下げていくことができます。

この1つずつ修正していく戦略の問題点は**計算量**（*complexity*）です。

パラメータ数をmとします。目的関数の値を1回評価するとき、すべてのパラメータは少なくとも1回はアクセスされるので、少なくとも$\Omega(m)$時間必要となります。$\Omega(m)$という記法は少なくともmに比例する程度という意味を表します。すべてのパラメータについて順番に先ほどの操作で調べる場合、パラメータを1つ調べるために$\Omega(m)$時間が必要で、それをすべてのパラメータ分、m回繰り返すので、全体では$\Omega(m^2)$時間が必要となります。

この戦略はパラメータ数が少ない場合は使えますが、パラメータ数mが大きい場合、現実的な時間で終わらせることができません。ニューラルネットワークのパラメータ数は数万〜数億と多いので、最適化手法としては少なくともパラメータ数に対して比例する程度の計算量で処理できなければ、現実的に使えません。

●········ [最適化戦略❷]パラメータをランダムにまとめて修正していく

次に、すべてのパラメータをまとめて適当にランダムに変更（$\theta' := \theta + \varepsilon$）し、そのときに目的関数の値が改善されているかどうかを調べ、改善されていればθ'を採用し、そうでなければそのままという方法を考えてみましょう。この方法は、「遺伝的アルゴリズム」（*genetic algorithm*）や「進化戦略」（*evolution strategy*）と呼ばれる最適化戦略と同様です。

1回評価するのに$\Omega(m)$時間かかり、全体の更新回数を定数回に抑えておけば、この戦略で必要な全体の計算量は$\Omega(m)$であり、計算量の問題は解決できます。たとえば、更新回数を数千回に抑えておくと、学習全体の計算量は$\Omega(m)$時間となり1万回などで済みます。

この戦略の致命的な問題は、次元数が大きい場合には、すべてのパラメータをランダムに変更しても良い解に改善される可能性が非常に小さくなり、**ほとんどの試行が無駄になってしまう**ことです。次元数が多くなるに従って、探索しなければならない方向が急激に増加していきます。そして、多くのランダムな方向の中で目的関数を改善できる方向がわずかしかない場合、ランダムに選んだ方向が、改善できる方向をたまたま選択できる可能性は極めて低くなります。喩えると、絡まり合っているたくさんの紐を解く場合、すべての紐をランダムに引っ張ったとしても解ける可能性は限りなくゼロに近いです。それぞれの紐を正しいタイミングで、正しい方向に引っ張ったときだけ紐を解くことができるのと同じです。

● ……… [**最適化戦略❸**] **パラメータを勾配を使ってまとめて修正していく戦略**

このような**高次元の最適化問題**においては、**勾配を使った最適化**が有効であることがわかっています。

最適化は、目的関数の値を高さだとしたら、ゴルフコースのようなところに目隠しをして立ち、一番低いような場所を探すようなものです。「目隠しをした状態」というのがポイントで、一般に関数を評価する場合は、自分の立っている位置しかわからず、見渡してどちらの方が低いかを知ることはできません。

勾配を使った最適化とは、今の自分がいる地点で最も急激に低くなる方向を求め、その方向に従って低くなる方向に少しだけ移動し、そして、また次の地点に移動したらその地点の傾きに従い、低くなる方向に移動していくような方法です。**勾配**は目的関数が最も急激に増大する方向であり、その反対方向が最も急激に減少する方向です。

現実世界のゴルフコースは2次元（緯度、経度）上に定義され、勾配も2次元でどちらの方向が一番下っているかを指し示します。**多変数入力関数の入力に対する勾配は、入力と同じ次元数を持ったベクトルであり**、目的関数を最も急激に増加させる方向を示します。その勾配 **v** の反対方向、つまり -**v** の方向が最も目的関数を急激に小さくする方向です。この勾配を使うことで、ランダムに移動するよりも、ずっと効率的に最適化することができます。

3.5 誤差逆伝播法 勾配を効率的に計算する

　ここまでで、ニューラルネットワークの学習における高次元の最適化問題では勾配を用いた手法が有効であることがわかりました。

　以下では、勾配の求め方の基本を説明してから、勾配の計算を効率的に実現する「誤差逆伝播法」について解説します。この誤差逆伝播法を使えることが、ニューラルネットワークの大きな特徴です。誤差逆伝播法により、ニューラルネットワークは大量の学習データ、大きなモデルを扱えます。

勾配の求め方 偏微分

　勾配 **v** の各成分は、目的関数を入力の各変数について**偏微分**を計算することで求められます。

$$v_i = \frac{\partial L(\theta)}{\partial \theta_i}$$

　先述のとおり、関数の「ある変数に対する偏微分」とは、他の変数を固定した(定数だとした)上で微分した結果です。

　しかし、偏微分を一つ計算するには、パラメータ数が m のとき、 $\Omega(m)$ 時間必要です。そのため、すべてのパラメータについての偏微分を計算するには、 $\Omega(m^2)$ 時間必要となってしまいます。このままでは、1変数ずつランダムに変更して更新する戦略と計算量は変わりません。

誤差逆伝播法による勾配の効率的な計算

　この問題に対し、ニューラルネットワークは**誤差逆伝播法**(*back propagation*)と呼ばれる手法で、勾配を $\Omega(m)$ 時間で求めることができます。そのため、パラメータ数が多くても、ニューラルネットワークは勾配を効率的に求めることができます。

　また、計算量のオーダーだけでなく、その**係数**も小さいです。ニューラルネットワークの入力から出力を求める計算を前向き計算(順計算)と呼びます。

　誤差逆伝播法は、前向き計算の約3倍の計算コストで、**勾配を求めること**ができます。つまり、**ニューラルネットワークを評価するときの3倍の計算を使えば、学習に必要な情報が計算できる**というわけです。

　たとえば、パラメータ数が1000万の場合で、ニューラルネットワークの計算を1秒で実行できる場合、その勾配の計算には3秒かかります。

　これに対し、先ほどのランダムに1つずつパラメータを変える戦略では、すべてのパラメータを一度更新するのに1秒×1000万＝1000万秒かかります。誤差逆伝播法を使った場合、ランダムにパラメータを変える場合の300万倍も高速に、正確な改善方向を求めることができます。

　この**誤差逆伝播法が使える**ことが**ニューラルネットワークの特徴**であり、**大量の学習データ、大きなモデル**を使うことを可能としている要です。

誤差逆伝播法の導入　大きなシステムにおける離れた変数間の相互作用

　それでは、誤差逆伝播法はどのように実現されるでしょうか。

　誤差逆伝播法の説明の導入として、歯車の例を紹介します。A、B、Cの3つの歯車に一連につながっている機械を考えてみましょう **図3.10**。A、B、Cの歯の数はそれぞれ12、8、24とします。このとき、Aを1回転させたときにCは何回転するのかを求めるという問題を考えてみます。ここでは、隣合う歯車間では歯の数の比に応じて、片方が回転したときに、もう片方は何回転するのかがわかることを利用します。

図3.10　歯車による回転の例

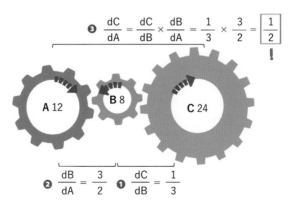

$$❸\quad \frac{dC}{dA} = \frac{dC}{dB} \times \frac{dB}{dA} = \frac{1}{3} \times \frac{3}{2} = \boxed{\frac{1}{2}}$$

A 12　B 8　C 24

$$❷\quad \frac{dB}{dA} = \frac{3}{2} \qquad ❶\quad \frac{dC}{dB} = \frac{1}{3}$$

　はじめに、BとCの関係を見てみましょう。Bを1回転させたときにCは何回転するかというと、BとCの歯の数が8と24であることから8/24=1/3回転するとわかります。これを「dC/dB=1/3」 図3.10❶ と書くことにします。「d」は**変化量**（*difference*）を表し、dC/dBはBの変化量に対するCの変化量の割合を表します。

　同様に、AとBの関係を見てみましょう。Aを1回転させたときのBの回転数は、dB/dA=12/8=3/2 図3.10❷ と求められます。それでは、Aを1回転させたときにCは何回転するのでしょうか。AとCの間にBが挟まっていますが、BとC、AとBの関係を使ってdC/dA= (dC/dB) × (dB/dA) =(1/3) × (3/2)=1/2（ 図3.10❸ ）と求めることができます。

　このような**大きなシステムにおける遠く離れた変数間の相互作用**は、局所的な相互作用（歯車の場合は歯の比）を掛け合わせていくことで求めることができます。

合成関数の微分　　構成する各関数の微分の積で全体の微分を計算する

　この関係は、**合成関数の微分**[注4]として一般化することができます。ある関数の結果に、さらに他の関数を適用したものを**合成関数**（*composite function*）と呼び、$(g \circ f)(x) := g(f(x))$ のように表します。$h=f(x), y=g(h)$ とおいたとき、合成関数の微分は、

$$\frac{\partial y}{\partial x} = \frac{\partial y}{\partial h}\frac{\partial h}{\partial x}$$

のように求められることができます。これは f という歯車の後に g という歯車があるようなシステムであり、**各関数の微分を掛け合わせていくことで全体の微分を計算する**ことができます。

> **Note**
>
> **合成関数のオバケ（!?）**
> 　ニューラルネットワークは「合成関数のオバケ」のようなものです。各層の変換を合成していくことで、**全体の変換**を実現します。一つの出力ユニットにつき、一つの線形関数と非線形関数が対応していると考えられるので、ユニット数が合成している関数の数とみなすことができます。しかし、どれだけ複雑に大量に合成していったとしても、ある層の入力やパラメータについての勾配は、各層の微分を掛け合わせていくことで求めることができます。

注4　Appendixでも取り上げていますので、必要に応じて参照してください。

動的計画法による高速化　逆向きに微分を掛け合わせていくと効率が良い

　ここまで、合成関数の微分はそれを構成する関数の微分の積で表されることを説明しました。誤差逆伝搬法を考える上で、もう一つ重要な考え方があります。それは**動的計画法を使って微分を求める**ことです。

　何かを計算する際、**途中の計算結果を再利用することで全体の計算量を減らす戦略を動的計画法**（*dynamic programming*、DP）と呼びます。合成関数の微分も動的計画法で高速化できます。誤差逆伝播法は、計算の後ろから前の方に向かって**逆向きに微分を掛け合わせていくことで動的計画法を実現**します。

微分の共通部分

　これを見るために、次のような関数を考えてみましょう。この関数は入力 x_1、x_2、x_3 からそれぞれ別の関数を適用した結果を足し合わせて得られた中間変数を h とし、その h を入力とする関数 g の結果を y とします。

$$h = f_1(x_1) + f_2(x_2) + f_3(x_3)$$
$$y = g(h)$$

出力 y に対して、各入力についての（偏）微分 $\dfrac{\partial y}{\partial x_1}$、$\dfrac{\partial y}{\partial x_2}$、$\dfrac{\partial y}{\partial x_3}$ を求めたいとします。合成微分の公式に従えば、それらの微分は、

$$\frac{\partial y}{\partial x_1} = \frac{\partial y}{\partial h}\frac{\partial h}{\partial x_1}$$
$$\frac{\partial y}{\partial x_2} = \frac{\partial y}{\partial h}\frac{\partial h}{\partial x_2}$$
$$\frac{\partial y}{\partial x_3} = \frac{\partial y}{\partial h}\frac{\partial h}{\partial x_3}$$

と求められます。たとえば、最初の x_1 についての微分は、はじめに y の h に対する偏微分を求め、次に h の x_1 についての偏微分を求め、それらを掛け合わせています。ここですべての式において、$\dfrac{\partial y}{\partial h}$ が共通して登場していることに注意してください。このように、計算経路が合流する場合は**微分の共通部分**が出現します **図3.11**。

図3.11 動的計画法による合成関数の微分の高速化

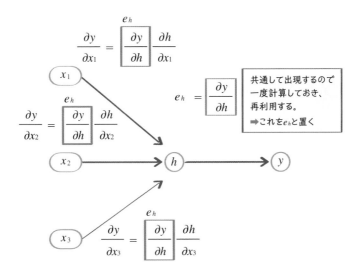

そこで、まず共通部分 $\dfrac{\partial y}{\partial h}$ を e_h とし、これを先に計算し、次にこの e_h を
それぞれの微分で繰り返し使うことで、計算を効率化することができます。

$$e_h = \frac{\partial y}{\partial h}$$

$$\frac{\partial y}{\partial x_1} = e_h \frac{\partial h}{\partial x_1}$$

$$\frac{\partial y}{\partial x_2} = e_h \frac{\partial h}{\partial x_2}$$

$$\frac{\partial y}{\partial x_3} = e_h \frac{\partial h}{\partial x_3}$$

このように、入力数が多く、出力数が少ないような関数で出力の各入力に
対する偏微分を求めたい場合は、**出力に近い方の微分が共通して登場**します。
このような場合は、出力に近い方から（上の場合は $\dfrac{\partial y}{\partial h}$ ）順に微分を計算し、
それを共通する計算で再利用していくことで効率的に計算できます。

ニューラルネットワークに誤差逆伝播法を適用する

　合成関数の微分は、それを構成する**各関数の微分の積**で求めることができ、さらに、上記の例のように**多変数入力、単一出力**の関数における微分は、出力から入力に向かって後ろ向きに微分を計算し、各変数についての**偏微分の共通している部分を再利用**することで、効率良く微分を計算することを見てきました。

　ニューラルネットワークの計算のように、入力に関数を適用し**中間変数**を求め、さらに関数を適用し、最終的に出力を計算する場合を考えてみます。記述の便宜上、入力を h_1、それ以降の中間変数を $h_2, ..., h_m$ と表すとします。また、変数 h_j を入力として使った関数の結果の変数の集合を $succ(h_j)$ として表します。このとき、出力から入力に向かって順計算のときと逆に、各変数 h_i についての偏微分を、

$$\frac{\partial y}{\partial h_i} = \sum_{k \in succ(h_j)} \frac{\partial y}{\partial h_k} \frac{\partial h_k}{\partial h_i}$$

のように計算します。このとき $\dfrac{\partial y}{\partial h_k}$ はすでに計算済みなので、$\dfrac{\partial h_k}{\partial h_i}$ を計算して、それを掛けるだけで済みます　**図3.12**。

図3.12　後続の変数の誤差を利用する

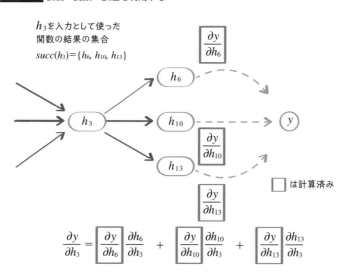

［小まとめ❶］学習と誤差逆伝播法 　各変数についての偏微分を効率良く求める

　学習を行う場合は、ニューラルネットワークの出力に損失関数を適用し、その全体を最適化対象の関数とします。この関数は「ニューラルネットワークを使って予測して、それを損失関数を使って正解と比較したときの誤差」を出力します。

　この誤差を求めた後に、各変数について出力から入力に向かって逆順に偏微分 $\dfrac{\partial y}{\partial h_i}$ を求めていきます。

　この逆順に偏微分を計算していく様子は、誤差情報が出力から入力に向かって逆に伝播しているようにみなせることから「誤差逆伝播法」と呼びます。誤差逆伝播法を使うことで、**各変数についての偏微分を効率良く求められる**ことがわかりました。

［小まとめ❷］たくさんの入力とパラメータが一つの出力につながる
　共有化、高速化と計算コストの目安

　ニューラルネットワークの計算は、たくさんの入力とたくさんのパラメータを使って計算していき、一つの出力（大抵は損失関数の結果）を求めるような計算です。あたかも小さな小川がたくさん合わさっていき、最終的に大きな一つの川になり、海に流れ込むような計算とみなすことができます。

　この場合、海から逆向きにたどっていき、各分岐点の途中結果までの出力の微分を共通して持つことで**微分計算に必要な計算の多くを共有化することができる**のです。

　ニューラルネットワークの前向き計算のコストを「1」とすると、出力から入力に向かって各途中状態についての微分を計算していくコストは誤差に重みの転置を掛けていく操作（詳しくは後述）であり同程度の「1」、前向き計算の途中状態と、各途中状態に対する勾配から各パラメータについての微分を計算するコストも「1」程度です。そのため、先述のとおり、**出力に対する各パラメータについての微分を求めるコストは、前向き計算のコストの約3倍**で求められます。

1層の隠れ層を持つニューラルネットワークに対する誤差逆伝播法

　誤差逆伝播法を理解するには、具体例を見ながら説明するのが最適です。1層の隠れ層を持つニューラルネットワークに対して、誤差逆伝播法でどのように勾配を推定するのかを見ていきましょう 図3.13 。

図3.13　1層の隠れ層を持つニューラルネットワークの誤差逆伝播法[※]

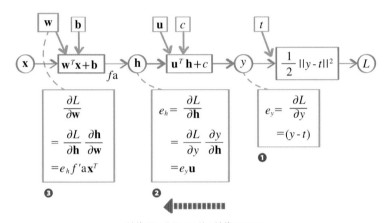

計算順と逆順に誤差を計算していく

※ MLP（多層パーセプトロン、後述）で二乗誤差を損失に使った場合に、誤差逆伝播法を適用した例。

　教師あり学習用の訓練データとして、入力と正解出力のペア $(\mathbf{x}, t)$ が与えられたとします。ニューラルネットワークは、スカラー値の予測 y を出力します。そして、それが正解 t とどれだけずれているかを二乗誤差を使った損失関数 L で表すとします。

$$\mathbf{h} = f_a(\mathbf{W}^T\mathbf{x} + \mathbf{b})$$
$$y = \mathbf{u}^T\mathbf{h} + c$$
$$L(y,t) = \frac{1}{2}\|y - t\|^2$$

　このニューラルネットワークのパラメータは $\mathbf{W}, \mathbf{u}, \mathbf{b}, c$ です。学習に、勾配降下法を利用することにします。この場合、出力 L に対する各パラメータについての勾配 $\dfrac{\partial L}{\partial \mathbf{W}}, \dfrac{\partial L}{\partial \mathbf{u}}, \dfrac{\partial L}{\partial \mathbf{b}}, \dfrac{\partial L}{\partial c}$ を求めることが目標です。

　誤差逆伝播法では、出力から各入力に向かって途中の変数についての勾配を逆向き計算していきます。はじめに、L に対する y についての勾配 $\dfrac{\partial L}{\partial y}$ を求めます。

$$\frac{\partial L}{\partial y} = \frac{\partial \frac{1}{2}\|y-t\|^2}{\partial y} = y - t$$

　次に、中間変数 $\mathbf{h}$ についての勾配 $\mathbf{e_h} = \dfrac{\partial L}{\partial \mathbf{h}}$ を求めます。

$$\begin{aligned}
\mathbf{e_h} &= \frac{\partial L}{\partial \mathbf{h}} \\
&= \frac{\partial L}{\partial y}\frac{\partial y}{\partial \mathbf{h}} \\
&= e_y \mathbf{u}
\end{aligned}$$

　先述したとおり、前向き計算時には $\mathbf{h}$ に重み行列 $\mathbf{u}^T$ を左から掛けて y を得ますが、誤差逆伝播時には上記のように e_y に $\mathbf{u}$ を右から掛けて $\mathbf{e_h}$ を得ます。

　この $\dfrac{\partial L}{\partial y}$ を**誤差**と呼び、e_y と表すことにします。この出力層では現在の値 y と目標とする値 t の間にどれだけの誤差があるのかを表しています。e_y はスカラー値、$\mathbf{e_h}$ はベクトルであり、L に対する変数 $\mathbf{h}$ についての勾配の次元数は $\mathbf{h}$ と同じであることに注意してください。

　これで、途中の変数についての**勾配（誤差）**が計算できました。続いて、各パラメータについての勾配を求めます。

$$\begin{aligned}
\mathbf{e_u} &= \frac{\partial L}{\partial \mathbf{u}} = \frac{\partial L}{\partial y}\frac{\partial y}{\partial \mathbf{u}} = e_y \mathbf{h} \\
\frac{\partial L}{\partial c} &= \frac{\partial L}{\partial y}\frac{\partial y}{\partial c} = e_y \cdot 1 = e_y \\
\frac{\partial L}{\partial \mathbf{W}} &= \frac{\partial L}{\partial \mathbf{h}}\frac{\partial \mathbf{h}}{\partial \mathbf{W}} = \mathbf{e_h} \cdot f'_{act}(\mathbf{W}^T \mathbf{x} + \mathbf{b}) \cdot \mathbf{x}^T \\
\frac{\partial L}{\partial \mathbf{b}} &= \frac{\partial L}{\partial \mathbf{h}}\frac{\partial \mathbf{h}}{\partial \mathbf{b}} = \mathbf{e_h} \cdot f'_{act}(\mathbf{W}^T \mathbf{x} + \mathbf{b})
\end{aligned}$$

　ここで記号「・」（cdot）は、ベクトルの要素ごとに積をとる操作です。

パラメータについての勾配（上の例では $\frac{\partial L}{\partial \mathbf{W}}$ ）は入力（上の例では $\mathbf{x}$ ）と、出力の誤差（上の例では $e_\mathbf{h}$）、そして活性化関数の微分の要素ごとの積として求めることができます。

このように誤差逆伝播時では、誤差が出力から入力に向かって逆方向に伝播していきます。その際、重み行列を通過する際は、**前向き計算時の行列の転置**が掛けられます。そして、**途中状態についての誤差**が計算されれば、**各パラメータについての誤差**は、重み行列であれば**誤差と入力の直積**（*outer product*）、バイアスであれば**誤差そのもの**となります。

ディープラーニングフレームワークは順計算さえ定義すれば、誤差逆伝播法は自動的に実現される

現在のディープラーニングフレームワークでは、順計算さえ定義すれば誤差逆伝播の計算グラフは自動的に生成され、パラメータや入力についての勾配は API（*Application programming interface*）関数を一つ呼び出すだけで得られます。ユーザーが誤差逆伝播法を直接扱うことはほとんどありません。

このように、微分可能な計算要素を自由に組み合わせて入力から出力をどのように計算するか定義さえすれば、誤差逆伝播法を使って任意の入力についての勾配を効率的に計算することができます。

また、近年では、そのままでは微分可能ではない計算要素を組みわせても、勾配を効率良く求められる手法が登場しています。たとえば、確率分布の期待値が含まれていたり、ほとんどの位置で微分が 0 となる離散化計算などについてです。

●········ディープラーニングにおけるアーキテクチャ設計

第1章で触れたとおり、開発者は「ネットワークでどのような構成要素をどのようにつなげるのかについて設計する」ことが重要となります。

これを**アーキテクチャ設計**と呼びます。従来の機械学習では特徴抽出にドメイン知識を入れていましたが、**ディープラーニングではアーキテクチャ設計時にドメイン知識を入れていきます**。

Column

ディープラーニングフレームワークの基礎知識

　ディープラーニングフレームワーク（*deep learning framework*）は、ディープラーニングの学習や推論を行うために必要な機能がライブラリとしてまとめられ、学習や推論の全体の流れが実装されているものです。開発者は、モデルや学習方法の一部を実装するだけでディープラーニングのモデルを作ることができます。

　もともとディープラーニングは、誤差逆伝播法や畳み込みなど正しく効率的に実装するのが難しく、試すのに非常にハードルが高いものでした。ディープラーニングフレームワークは、こうしたハードルを下げ、多くの開発者、研究者がさまざまなモデルや手法を試せるようになり、現在のディープラーニングの普及に大きな貢献を果たしています。

　2002年、最初に登場したTorchはLua（トーチ）（ルア）と呼ばれるスクリプト言語を元にしており、2007年にはPythonを使ったTheano（テアノ）が登場しました。

　2012年、AlexNetが登場し多く注目が集まるなかでGPUをサポートしたCaffe（カフェ）が登場しました。2015年になると、計算グラフを構築する「Define by run」を提唱したChainer（チェイナー）（筆者が所属するPFNで開発）、Tensorflow（テンサーフロー/テンソルフロー）、MXNet（エムエックスネット）、2016年にはPyTorch（パイトーチ）が登場します。本書原稿執筆時点で20を超えるフレームワークが存在しています。

　このような状況のもと、ONNX（オニキス）フォーマット（*Open neural network exchange format*）をはじめとして、さまざまなフレームワークで書かれたプログラム（モデル）を相互に使えるようにするしくみも整えられています。

　最近では、ディープラーニングに限らず、微分可能な計算要素を組み合わせて微分を計算できるようにすることがシミュレーションを中心に重要となってきています。たとえば、JAX（ジャックス）はGPUやTPU対応のNumPyライクな数値演算ライブラリで、広い範囲の計算を微分可能とした上で、JITコンパイル（*Just-in-time compilation*）などと組み合わせて高性能な処理を実現しています。

3.6
ニューラルネットワークの代表的な構成要素

前節までは、基本的なニューラルネットワークを見ていきました。本節からは、ディープラーニングで使われているニューラルネットワークを構成する要素「テンソル」「接続層」「活性化関数」について説明していきます。

● ニューラルネットワークの構成要素　テンソル、接続層、活性化関数

ニューラルネットワークは、**入力（テンソル）** を**接続層**で線形変換した後、**活性化関数**で変換します。これらの要素について、分解＆まとめながら説明していきます。

本節で登場する主要な構成要素「テンソル」「接続層」「活性化関数」について 図3.14 にまとめました。

図3.14 ニューラルネットワークの主要な構成要素

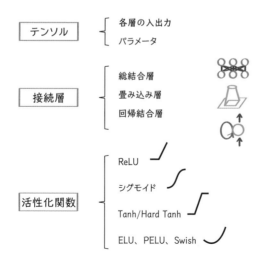

［主要な構成要素❶］テンソル　構造化されたデータ

　ここまで、各層の入出力はベクトルの場合を考えていました。ベクトルの場合は各要素が1つの添字（x_iの「i」）で指定されるように要素がまとまっています。

　一般的には、0個以上の添字で指定できるような値の集合を**テンソル**（*tensor*）と呼びます。**スカラー**（値）➡0階のテンソル、**ベクトル**➡1階のテンソル、**行列**➡2階のテンソルにそれぞれ対応します。たとえば、行列$\mathbf{X}$は行番号と列番号に対応する2つの添字i, jを使って$x_{i,j}$のように各要素を指定できます。画像を処理する場合に使われるのが3階や4階のテンソルであり、3階の場合は3つの添字（C, H, W）、4階の場合は4つの添字（N, C, H, W）で指定します[注5]。なお、テンソルを扱うライブラリでは、このテンソルの各次元ごとのサイズ（要素数）を並べたもの[注6]を shape（シェイプ）と呼んでいます。

　入出力がテンソルになった場合でも、これまでの考え方自体は変わりません。**各層の変換は、テンソルに対する線形変換**と要素ごとの変換で表されます。以降では、入出力はベクトルとして扱いますが、必要に応じてテンソルとして扱うことにします。

［主要な構成要素❷］接続層　ニューラルネットワークの挙動を特徴づける

　各層の入出力のニューロン間は、シナプスと呼ばれる**重み**を持った枝によってつながっており、重みによるパラメータで特徴づけられた**線形関数**を表現しています。このような層を**接続層**（*connected layer*）と呼ぶことにしましょう。接続層は**ニューラルネットワークの挙動**を特徴づける最も重要な要素です。

　このとき、ニューロン間をどのようにつなぐか、異なるシナプス間でパラメータを共有するかで、さまざまな接続層の変種があります。ここでは、代表的な接続層として「総結合層」「畳み込み層」「回帰結合層」を紹介していきます。

注5　それぞれNはデータ番号、Cはチャンネル（*channel*、チャネル）と呼ばれる色やパターン、Hは高さ方向、Wは幅方向の添字を表します。

注6　先ほどの例を元にすると、((C, H, W), (N, C, H, W)) です。

総結合層　Fully Connected Layer

総結合層は、これまでの例でも挙げてきた基本の接続層です 図3.15 。入力を $\mathbf{x}$、出力を $\mathbf{h}$ としたとき、パラメータ $\mathbf{W}, \mathbf{b}$ で特徴づけられた次のような線形関数を考えます。

$$\mathbf{h} = \mathbf{W}^T\mathbf{x} + \mathbf{b}$$

図3.15 　総結合層と線形関数

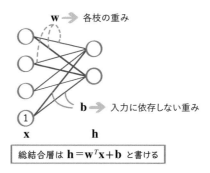

総結合層は $\mathbf{h} = \mathbf{w}^T\mathbf{x} + \mathbf{b}$ と書ける

これは、すべての入力ユニットと出力ユニット間がつながっているため、**総結合層**（*fully connected layer*、FC層）と呼ばれます。また、関数としては線形関数を表すため「Linear」や「線形層」（*linear layer*）とも呼ばれます。

この層のパラメータ数は、入力ベクトルの次元数を C、出力ベクトルの次元数を C' としたとき、$C\,C' + C'$ となります（C' はバイアス $\mathbf{b}$ の分）。たとえば、入出力とも次元数が C のときはパラメータ数は約 C^2 となり、次元数の二乗でパラメータ数が急激に増えていきます。そのため、総結合層は入出力の次元数が小さい場合（数千以下）のみ利用できます。

●⋯⋯**MLP**　多層パーセプトロン

この総結合層と活性化関数を重ねて作られたニューラルネットワークを、とくに MLP（*Multi-layer perceptron*、**多層パーセプトロン**）と呼びます 図3.16 。

図3.16 ■ MLP

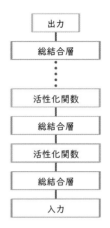

総結合層と活性化関数だけから成るニューラルネットワークを
多層パーセプトロン（MLP）と呼ぶ

総結合層は最も基本的な接続層であり、**ほとんどの関数を表現できる高い表現力**を持ちます。一方で、パラメータ数が多いため、実際に使われる場面は限定的で、たとえば分類モデルで各クラスのスコアを出力する最終層などで使われます。

畳み込み層　Convolutional Layer

次に紹介するのは、画像認識や音声認識などで広く使われる**畳み込み層**（*convolutional layer*）です。畳み込み層を説明する準備として、画像中にある特定パターンが出現しているのかを調べる問題を考えてみましょう。

●⋯⋯⋯**画像とパターンが一致しているかは「内積の大きさ」で評価できる**

画像をサイズが$(5, 5)$から成る白黒画像とし、各画素を一列に並べて長さ25のベクトル$\mathbf{x}$で表すとします。このとき、斜めの線から成るパターンが出現しているかどうかを考えてみましょう **図3.17** 。

図3.17 画像とパターンの一致度を調べる

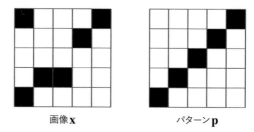

画像 $\mathbf{x}$ パターン $\mathbf{p}$

$\mathbf{x}$ と $\mathbf{p}$ がどれくらい一致するかは
$||\mathbf{x}-\mathbf{p}||^2 = ||\mathbf{x}||^2 - 2\langle\mathbf{x}, \mathbf{p}\rangle + ||\mathbf{p}||^2$ なので、
$||\mathbf{x}||, ||\mathbf{p}||$ が一定の場合は内積 $\langle\mathbf{x}, \mathbf{p}\rangle$ の大きさで測れる

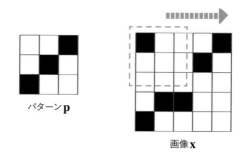

パターン $\mathbf{p}$

画像 $\mathbf{x}$

パターンが小さい場合は画像の各位置で
パターンがあるかをスライドして調べる

　また、パターンも画像と同じサイズ $(5, 5)$ である場合を考えます。この場合、パターンも各画素を一列に並べた長さ25のベクトル $\mathbf{p}$ で表現することができます。

　そして、与えられた画像とパターンがどのくらい違うのかを測る指標として画素ごとにそれぞれの差を二乗して足し合わせた距離「フロベニウスノルム」(*Frobenius norm*)[注7]を使うとします。

$$||\mathbf{x} - \mathbf{p}||^2 = ||\mathbf{x}||^2 - 2\langle\mathbf{x}, \mathbf{p}\rangle + ||\mathbf{p}||^2$$

注7　画像とパターンが完全に一致するとき0になり、違うほど大きな正の値になるような距離です。

また、画像とパターンのノルム $||\mathbf{x}||$, $||\mathbf{p}||$ は定数だとします。

このとき、画像とパターンが似ている、$||\mathbf{x}-\mathbf{p}||^2$ が小さいということは内積 $\langle \mathbf{x}, \mathbf{p} \rangle$ が大きいということになります。

このように画像中に、あるパターンが出現しているかどうかは「画像とパターン間の内積」が大きいかどうかで調べることができます。

●········**画像中にパターンがどの位置で出現しているかを調べる** 特徴マップ

それでは、パターンが小さい場合(画像サイズがパターンサイズより大きい場合)を考えてみます。このとき、パターンが出現しているかだけでなく、パターンがもし出現しているとしたら、画像中のどの位置に出現しているのかを調べてみましょう。

画像に対しパターンをスライドしていき、それぞれの部分領域、

$$\mathbf{x}[i:i+3, j:j+3](i=0, ... , H-2, \ j=0, ... W-2)$$

※$[a, b)$は$a, a+1, a+2, ... , b-1$(bは含まない)のような部分配列を表す。

でパターンと内積を調べ、その結果を $\mathbf{h}[i,j]$ に格納したとします。

$$\mathbf{h}[i,j] = \langle \mathbf{x}[i:i+2, j:j+2], \mathbf{p} \rangle$$

この $\mathbf{h}$ は、サイズが$(H\text{-}2, W\text{-}2)$であるような新しい画像とみなすことができます。-2 となるのは、パターンがはみ出してしまうためです。この $\mathbf{h}$ は、(i, j) の位置にパターンが出現していれば大きな値、出現していなければ0に近い値をとるようなベクトルです。0に近い値が格納されるのは、平均**0**のランダムなベクトル同士の内積はほとんど0近くになるためです。

●········**特徴マップ**

このように得られた $\mathbf{h}$ を、パターン $\mathbf{p}$ による**特徴マップ**(*feature map*)と呼びます。この特徴マップは、パターンがどこに出現しているのかを表しているような新しい画像です 図3.18 。

図3.18 特徴マップ

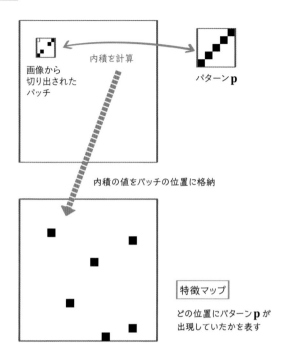

●⋯⋯⋯フルカラー画像中にパターンがどの位置で出現しているかを考える

　次に、入力画像が白黒の2値ではなく、フルカラーの場合を考えてみましょう。各位置で複数の値を持つ場合、それを「チャンネル」と呼び、チャンネルごとに別の値を持つことができます。たとえば、フルカラーの画像の場合は、各チャンネルが赤、青、緑の成分値に対応するようなチャンネル数=3の画像となります。

　複数チャンネルを持つ画像の場合、入力は行列ではなく「テンソル」となり、チャンネル数がC、幅がH、高さがWであるような画像は(C, H, W)というテンソルで表されます。たとえば、5×5の画像でフルカラーの画像は$(3, 5, 5)$というサイズを持ったテンソルで表されます。

　パターンも同様に$(C, 5, 5)$といったサイズを持ったテンソルで表されます。そして、各位置ごとにパターンが出現しているかは、各位置ごとにチャンネルの軸も含めた内積を計算することで求められます。次のように計算さ

れます。

$$\mathbf{h}[i,j] = \langle \mathbf{x}[:,i:i+5,j:j+5], \mathbf{p} \rangle$$

ここで、$\mathbf{x}[:,i:i+5,j:j+5]$ は $(C, 5, 5)$ という部分領域を表します。

●········ **複数のパターンがそれぞれどこに出現しているのかを調べる**

ここまでは一つのパターンを使って、それがどこに出現したのかを求めて
いました。次に、複数のパターン $\mathbf{p}_1, \mathbf{p}_2, ..., \mathbf{p}_{c'}$ を用意し、それらのパタ
ーンが出力画像のどの位置に出現しているかを調べ、その結果を出力画像の
それぞれのチャンネルに格納する特徴マップを考えてみましょう 図3.19 。た
とえば、$\mathbf{h}[c, i, j]$ の値は、パターン $\mathbf{p}_c$ が (i, j) から始まる部分領域に出現
しているかどうかを表しています。

$$\mathbf{h}[c,i,j] = \langle \mathbf{x}[:,i:i+5,j:j+5], \mathbf{p}_c \rangle$$

図3.19　**複数パターンの場合の特徴マップ**

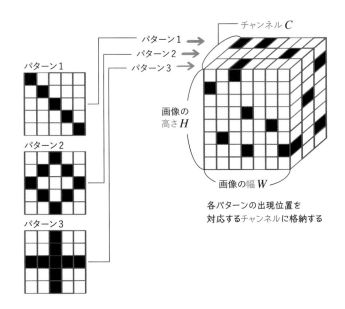

●………**パターン検出は「畳み込み操作」で実現される**　カーネル、フィルタ、ストライド

　この入力画像**x**から、各パターンが出現しているのかを表す特徴マップを返す操作を**畳み込み操作**と呼び、以下のように表します。

$$\mathbf{h} = \mathbf{x} * \mathbf{p}$$

　ちなみに、ニューラルネットワーク分野における畳み込み操作の定義は、数学の畳み込み操作の定義と違い、パターンを**上下左右反転させる**と一致します。ニューラルネットワーク分野で使われている畳み込み操作の定義は、数学的には**相互相関**(*cross correlation*)**関数**と呼ばれます。以降では慣習に従い、ニューラルネットワークのこの操作を**畳み込み操作**と呼ぶことにします。

　また、畳み込み操作の用語に従い、「パターン」のことを**カーネル**(*kernel*、あるいはフィルタ/*filter*)と呼び、「パターンサイズ」を**カーネルサイズ**と呼ぶことにします。パターンをずらす量を**ストライド**(*stride*)と呼びます。ストライドが1というのはパターンを1つずつずらしていく場合です。ストライドが2以上になると、検出結果の空間方向のサイズは小さくなります。ストライド数がsのとき、入力サイズが(h, w)の画像は出力サイズが$(h/s, w/s)$となります。補足しておくと、ストライドは縦、横方向で異なる数を使う場合もあります。

●………**パターン検出後の特徴マップからパターンを再度検出する**

　この畳み込み操作は、フルカラー画像だけに適用できるものではありません。たとえば、得られた特徴マップ**h**に対して再度、別の畳み込み操作**r**を適用することができます。

$$\mathbf{u} = \mathbf{h} * \mathbf{r}$$

　この場合、入力の各チャンネルは色ではなく、各パターンが出現したかを表します。そして、その情報を使って再度パターン検出するということは、パターンの組み合わせを検出することに対応します。最初の畳み込み操作が縦棒、横棒、丸が出現しているかのパターンを検出していたら、その次の畳み込み操作では、それらの組み合わせ、十字やT字などが出現しているのかを捉えるパターンに対応します。これを重ねていくと、顔や動物など複雑な検出ができるようになることが期待されます。このようなパターン検出の獲得が、画像の表現方法を学習しているとみなすことができます。

畳み込み層とCNN

畳み込み操作は**線形関数**です。出力は入力と重み(カーネルの要素)と掛けた結果の和で表されます。そのため、畳み込み操作をそのまま重ねても表現できるパターンは1層の畳み込み操作で使えるパターンと変わりません。複数の畳み込み操作を重ねる場合は、間に非線形の**活性化関数**を挟むことでより複雑なパターンを抽出できるようになります。

この畳み込み操作を使った層を**畳み込み層**と呼びます。また、畳み込み層を使ったニューラルネットワークを**CNN** (*convolutional neural network*、**畳み込みニューラルネットワーク**)と呼びます。

[畳み込み層と総結合層の違い❶]疎な結合

畳み込み層は、総結合層と何が違うでしょうか。

一つめは、畳み込み層は、近い位置にあるニューロン間しか結合しないため、**全体の結合数がとても少ない**という特徴があります 図**3.20** ❶ 。総結合層は各出力ニューロンはすべての入力ニューロンとつながっているのに対し、**畳み込み層**では各出力ニューロンは位置的に近い、またはカーネルサイズの領域内にあるニューロンとしか結合していません。**非常に疎な結合**といえます。一方で、**領域内であればすべての入力**とはつながっています。そのため、畳み込み層は**チャンネル方向には総結合**しているといえます。

[畳み込み層と総結合層の違い❷]重み共有

二つめは、畳み込み層は**位置が異なるシナプス間で同じ重みを共有している**ということです 図**3.20** ❷ 。畳み込み層では、同じカーネル(パターン)を空間中でずらしていくことで計算しています。画像は写っているものが移動しても、空間的な意味が変わるだけで内容は変わらないという**移動不変性**(*translation invariance*)を持ちます。畳み込み層は、異なる位置間で重みを共有することで移動不変性を自然に実現します。

図3.20 畳み込み層の特徴

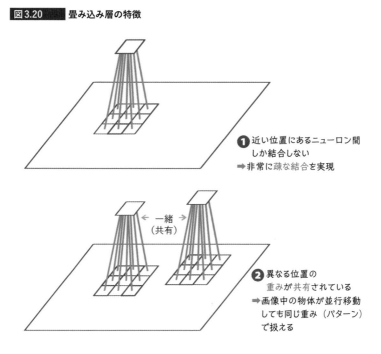

❶ 近い位置にあるニューロン間
しか結合しない
➡非常に疎な結合を実現

← 一緒
（共有）

❷ 異なる位置の
重みが共有されている
➡画像中の物体が並行移動
しても同じ重み（パターン）
で扱える

パラメータ数の劇的削減

　この二つの特徴によって、畳み込み層は総結合層に比べて、**パラメータ数を劇的に減らす**ことができます。

　たとえば、入力サイズが$(3, 600, 400)$、出力サイズが$(32, 600, 400)$の場合を考えてみましょう。総結合層では$3 \times 600 \times 400 \times 32 \times 600 \times 400 =$ 約5.5兆個のパラメータから成りますが、カーネルサイズが5×5の畳み込み層では$5 \times 5 \times 3 \times 32 = 2400$個のパラメータだけから成ります。これは総結合層のパラメータ数の20億分の1です。

可変サイズの画像や音声を扱える　FCN

　また、総結合層は入力サイズが同じサイズのものしか扱えませんが、畳み込み層は入力チャンネル数さえ一緒であれば、どのようなサイズのものも扱えるという利点があります。これにより、**可変サイズ**の画像や音声を扱うこ

とができます。

　この畳み込み層と入力サイズに依存しない操作（たとえば、プーリング操作）のみ使って構成されたニューラルネットワークをFCN（*Fully convolutional network*）と呼び、どのようなサイズの入力も扱うことができます。

　畳み込み層は、画像認識、時系列解析などで利用されています。

プーリング操作とプーリング層

　プーリング操作は部分領域内の平均値を出力結果としたり、最大値を出力結果とするような操作です。このプーリング操作をすべての位置で適用するのが**プーリング層**（*pooling layer*）です。

　代表的なプーリング層として平均値を出力する**Averaged Pooling**、最大値を出力する**Max Pooling**が使われています。プーリング層は畳み込み層のパラメータが学習しないような固定値を使ったような操作であり、その結果が平均や最大値を出力するような操作だとみなすことができます。最大値を出力する場合、微分を計算する場合が特殊で、最大値をとった入力のみが出力に貢献するので、それぞれの入力における勾配は最大値をとった入力のみが1、それ以外は0となり、後述する**注意機構**と同様に、特定の入力のみを使うような働きをします。

　プーリング層は、おもに特徴マップの解像度を小さくしたり、高周波成分からノイズを除去し低周波成分だけを抽出したい場合に使われます。

回帰結合層　Recurrent Layer

　もう一つの代表的な接続層が**回帰結合層**（*recurrent layer*）です。

　回帰結合層は**ループ**（*loop*）を含むような層であり、ある層の出力を次の時刻の同じ層の入力として使います。一般的なニューラルネットワークは入力から出力に向かってデータが一方向に伝播していくようなネットワークであり、これは**FFN**（*feedforwarding neural network*、FNN）[注8]と呼びます。これに対し、ループを含むようなニューラルネットワークは**RNN**（*Recurrent neural network*、リカレントニューラルネットワーク）と呼ばれます **図3.21❶**。

注8　フィードフォワード（順伝播型）ネットワーク。入力から出力までループを含まず、一直線に情報が流れていくようなネットワーク。

図3.21 RNN

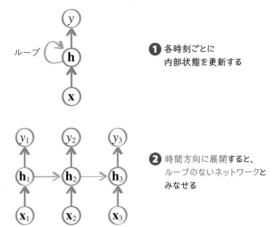

❶ 各時刻ごとに
内部状態を更新する

❷ 時間方向に展開すると、
ループのないネットワークと
みなせる

　RNNは**内部状態を持っており**、同じ入力を処理する場合でも内部状態が違うことで挙動が変わるようなネットワークとみなすことができます。

●⋯⋯⋯**回帰結合層は系列データ向けに作られている**

　たとえば、$\mathbf{x}_1$, $\mathbf{x}_2$, ..., $\mathbf{x}_n$ のような**系列データ**を考えます。$\mathbf{x}_i$ は、文の場合は i 番めの位置にある単語、時系列データの場合は時刻 i における観測データとなります。

　回帰結合層は、内部状態 $\mathbf{h}$ を持ち、各時刻ごとに更新してきます。この内部状態の初期値 $\mathbf{h}_1$ はゼロ値とするか学習で決定するパラメータとします。次に、各時刻 i ごとに現在の入力 $\mathbf{x}_i$、内部状態 $\mathbf{h}_i$ に基づいて内部状態を $\mathbf{h}_{i+1}$ へ更新します。たとえば、更新方法としては次のような方法が考えられます。

$$\mathbf{h}_i = f_{act}(\mathbf{W}^T\mathbf{x}_i + \mathbf{A}^T\mathbf{h}_{i-1} + \mathbf{b})$$

　この内部状態 $\mathbf{h}_i$ は、それより前の情報 $\mathbf{x}_1$, $\mathbf{x}_2$, ..., $\mathbf{x}_{i-1}$ を圧縮して格納しているとみなすことができます。

　これを $i=1$, ..., n まで繰り返し、最終内部状態 $\mathbf{h}_{n+1}$ を得ます。タスクに応じて、$\mathbf{h}_{n+1}$ から文のクラスを推定したり、途中の内部状態 $\mathbf{h}_1$, $\mathbf{h}_2$, ..., $\mathbf{h}_n$ からそれぞれのラベル y_1, y_2, ..., y_n を推定したりします。

RNNは任意長の入力を扱える状態機械

　RNNは、入力を受け取りながら、状態を遷移させていくような**状態機械**（*automaton*、オートマトン）とみなすことができます。同じ入力を受け取ったとしても、内部状態の違いによってどのように状態を更新するのかも変わってきます。状態機械が高い情報処理能力を持つのと同様に、RNNも高い情報処理能力を持つことができます。

　RNNは、各時刻で共有したパラメータ（上記では $\mathbf{W}$, $\mathbf{A}$, $\mathbf{b}$）で特徴づけられた関数を使うため、パラメータ数を固定のまま任意長の入力を扱うことができ、長さが変わる文字列データや時系列データを扱う場合によく使われます。

　なお、先ほど説明したFCNも、入力を画像のような2次元ではなく**系列のような1次元**だと考え、1次元上の畳み込み操作、プーリング操作などを考えると、系列長が変わる場合を扱えます。

●………**ループがある場合、誤差逆伝播法はどのように計算するか**

　RNNを計算グラフとして見た場合、ループを含むため一見すると誤差逆伝播法をそのまま使うことができないように見えます（前ページの **図3.21❶**）。

　しかし、この計算グラフを**時間方向に展開**すると、RNNは時間ステップ数だけの層から成るループのないネットワークとみなすことができます（前ページの **図3.21❷**）。プログラムの最適化でループを展開する「Unfolding」（foldは畳み込み）と同じですが、RNNの場合はデータ長にあわせて繰り返し回数を変えます。

　このように、ループを含む計算であっても**ループを含まないFFNとして変換**した上で、誤差逆伝播法を使ってパラメータについての勾配を効率良く求めることができます。この場合、誤差が時間方向を逆向きに進むように見えるため BPTT（*Back propagation through time*）と呼ばれます。

●………**RNNは工夫しなければ、学習が難しい**

　一方、BPTTを使って効率良く勾配が計算できるとはいえ、RNNは学習が難しいことが知られています。これは、**層間でパラメータを共有している**ためです。なぜ難しいのかを見るために、先ほどの回帰結合層を最低限に簡略化して内部状態をスカラー値とし、さらに入力、活性化関数、バイアスをなくした次のような回帰結合層を考えてみましょう。

$$h_{i+1} = ah_i$$

そして、最終時刻の内部状態 h_N から損失を関数 $L(h_N)$ を使って求めるとします。この最終時刻 N の隠れ状態 h_N は各ステップの a を N 回掛けたように表されるため、

$$h_N = a^N h_0$$

と書くことができます。また、同様に誤差逆伝播法を使って損失の隠れ状態についての勾配を計算すると、

$$\frac{\partial L(h_N)}{\partial h_i} = \frac{\partial L(h_N)}{\partial h_N} \frac{\partial h_N}{\partial h_{N-1}} \frac{\partial h_{N-1}}{\partial h_{N-2}} \cdots \frac{\partial h_{i+1}}{\partial h_i}$$

$$= \frac{\partial L(h_N)}{\partial h_N} a^{N-i-1} \quad (\frac{\partial h_{j+1}}{\partial h_i} = a \ (j = i \ldots, N-1) \text{であるため})$$

このように、勾配には各状態の係数の a^{N-i-1} という項が出てきます。

● ┄┄┄┄ **RNNは状態を有限の値に収めることが難しい**

この指数関数のような項は、厄介な性質を持ちます。a^N 乗は N を大きくしていったとき、$a>1$ のときは正の無限大に発散、$|a|<1$ のときは 0 に収束、$a=1$ のときは 1 に収束、$a=-1$ のときは $+1$ と -1 を交互に振動、$a<-1$ のときは正の無限大と負の無限大の間を振動するような値をとります。

つまり、この場合、各隠れ状態についての勾配、およびそこから計算される各パラメータについての勾配はほとんどの場合、無限大に大きくなるか、0 になってしまい、意味のある有限の値になる確率が低くなります。このような場合は、勾配法で学習することは難しくなります。

ここでは、スカラー値のべき乗を考えていました。一般のRNNで使われる内部状態 h から次の内部状態へと変換する**遷移行列** A でも、似たような現象が起きます。

スカラー値にスカラー値を掛けた場合とは違って、ベクトルに行列を掛けた場合はベクトルの**スケール**が変わるのと、ベクトルの**方向が変わる**(回転する)という二つの作用が加わります。ここでスケールがどのくらい変わるのかは、**行列の最大特異値**を調べることでわかります。

　そして、スカラー値の場合と同じように、行列の特異値λ_iが$|\lambda_i|>1$のとき、ベクトルのスケールは発散し、$|\lambda_i|<1$のときは0に消失し、$\lambda_i=1$のときだけ1に収束します。

　このように、RNNでは勾配が発散したり0に潰れてしまったりしがちです。

● ········ **勾配爆発/消失問題**

　このような勾配が消失したり、発散する問題を**勾配消失/勾配爆発**（勾配発散）問題と呼びます。RNNや層数が多いネットワークでは多くの行列の乗算が入るため、このような勾配消失/爆発が起きやすくなります。

　勾配消失が起きているときは、途中の状態や、パラメータを少し変えても最終結果にはほとんど影響がない、つまりパラメータが「効いていない」場合に対応します。それに対して、**勾配爆発**が起きているときは途中の状態やパラメータをほんの少しだけ動かすと最終結果がとんでもなく大きく変わってしまう場合、つまりパラメータが「効きすぎている」場合に対応します。

　これら勾配消失/爆発を防ぐための工夫が、多く提案されています（4.3節も合わせて参照）。その実現方法の一つとして、ゲート機構を紹介します。

ゲート機構

　ゲート機構と呼ばれるしくみは入力を**そのまま流す**か、それとも**遮断する**かを決めます。ゲート機構を実現する関数を**ゲート関数**と呼びます。**ゲート**（*gate*）は0から1の値をとるように調整されたゲートgと流したい情報$\mathbf{c}$があるとき、

$$\mathbf{o} = g \cdot \mathbf{c}$$

というような計算式で実現されます。gの値が1に近づくほど$\mathbf{c}$の値がそのまま流れ、0に近づくほど$\mathbf{c}$の値が遮断されることになります。

　ゲート機構をRNN内で使うことで、勾配消失/爆発問題を防ぎつつ複雑な計算を実現します。これは半導体において、ゲート機構を使って論理回路を実現しているのと同様の考え方です。

　RNNでは、現在の内部状態は**記憶**（4.4節で後述）とみなすことができます。入力から情報をどれだけ現在の内部状態に混ぜるか、内部状態を忘れるかをゲートで調整することで、今までの記憶を優先するのか、新しい情報に置き換えるのかを調整することができます。

　また、後述する**注意機構**（4.4節で後述）は、ゲート機構を使って入力や内部状態の一部をフィルタリングして読み取るしくみとみなすこともできます。

●……… 代表的なゲート

　代表的なゲートとしてはLSTM[注9]、GRU[注10]があります 図3.22 。また、ゲート機構を畳み込みに使った**ゲート付き畳み込み**（*gated convolutional network*）[注11]操作も使われています。

図3.22 代表的なゲート機構LSTMとGRU

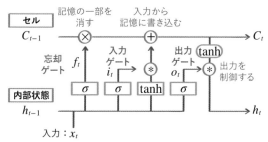

❶LSTM 内部状態 h_t と長期的に記憶するセル C_t を組み合わせて記憶

❷GRU 内部状態とセルを統合
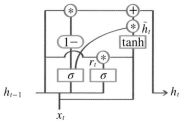

注9 ・参考：S. Hochreiter and et al.「Long short-term memory」（Neural Computation、1997）

注10 ・参考：K. Cho and et al.「Leanring Phrase Representations using RNN Encoder-Decoder for Statistical Machine Translation」（arXiv:1406.1078、2014）

注11 ・参考：Y. Dauphin and et al「Language Modeling with Gated Convolutional Networks」（ICML、2017）

LSTM 広く使われているゲート機構

LSTM(*Long short-term memory*)はゲート機構として広く使われている手法です。LSTMは1990年代に提案されており、新しい技術が登場するディープラーニングの分野において最も長く使われている手法としても知られています。

LSTMは、入力列$\mathbf{x}_1, \ldots, \mathbf{x}_n$から状態列を計算する際に**セル状態**と呼ばれる状態を別途持ちます。このセル状態は、遠く離れたところまで情報を伝達する役割を果たします。はじめに、入力x_tと前の**内部状態**h_{t-1}から**入力ゲート**i_t(input)、**忘却ゲート**f_t(forget)、**出力ゲート**o_t(output)を計算します。

$$i_t = \sigma(W_i[h_{t-1}, x_t] + b_i) \quad \leftarrow 入力ゲート（input）$$
$$f_t = \sigma(W_f[h_{t-1}, x_t] + b_f) \quad \leftarrow 忘却ゲート（forget）$$
$$o_t = \sigma(W_o[h_{t-1}, x_t] + b_o) \quad \leftarrow 出力ゲート（output）$$

ここでσはシグモイド関数(3.6節で後述)であり、出力が0より大きく1より小さい値に正規化するような関数です。

次に、セル状態の更新量$\tilde{C}_t$を求めます。更新量も入力と内部状態から計算します。

$$\tilde{C}_t = \tanh(W_c[h_{t-1}, x_t] + b_C)$$

この更新量は、後で詳しく説明するTanh関数を使い、-1と1の間に収まるように正規化されています。

そして、前のセル状態C_{t-1}と更新量$\tilde{C}_t$を元にセル状態を決定します。

$$C_t = f_t * C_{t-1} + i_t * \tilde{C}_t$$

これは前のセル状態C_{t-1}からどのくらい忘れるのかを忘却ゲートf_tで制御し、次に更新量$\tilde{C}_t$をどのくらい取り込むのかを入力ゲートi_tで制御しているとみなせます。

最後に、セル状態を再度Tanh関数で正規化した上で出力ゲートに掛けた上で内部状態h_tを決定します。

$$h_t = o_t * \tanh(C_t)$$

セル状態の更新式を見ると、もし忘却ゲートが開いていれば($f_t \simeq 1$)、遠く離れた入力の情報も壊れず使える、つまり**記憶**しておくことができ、また、セル状態には遷移行列が何回も掛けられることはなく、0以上1未満のゲートが掛けられるだけのため、勾配消失/爆発の問題を解決することができます。

このような遠く離れたところまで層を通らず情報がそのまま残るしくみは、4.3節で述べる**スキップ接続**と似ています。実際、このLSTMによってスキップ接続の重要性が認識され、それをRNN以外の通常のネットワークに適用した**Highway Networks**[注12]が提案され、それをさらに単純化した(ゲートを取り除いた)**ResNet**(4.3節、5.1節で後述)が登場したという歴史があります。

GRU

GRU(*Gated recurrent unit*)は、LSTMを単純化させたゲート機構です。忘却ゲートと入力ゲートを一つにし、更新ゲートz_tとします。

$$z_t = \sigma(W_z[h_{t-1}, x_t] + b_z)$$

セル状態C_tと内部状態h_tをまとめて内部状態だけを扱うようにします。また、内部状態の更新量を決める際に、直前の内部状態を参照するゲートを導入します。

$$r_t = \sigma(W_r[h_{t-1}, x_t] + r_f)$$
$$\tilde{h}_t = \tanh(W_h[r_t h_{t-1}, x_t] + b_h)$$

そして、更新ゲートを使って内部状態を次のように更新します。

$$h_t = (1 - z_t)h_{t-1} + z_t \tilde{h}_t$$

更新ゲートが1に近ければ前の内部状態を忘れて、現在の更新を採用し、逆に0に近ければ前の内部状態を保持し、現在の更新は採用しないようになっています。GRUはLSTMと比べてパラメータ数が少なく高速なため、計算量が大きい問題で使われています。とくに、画像に対する処理で畳み込み操作と組み合わせて使われる場合(ConvGRU)が多いです。このほかにも、さまざまなゲート(の変種)が提案されています。

注12 ・参考：R. K. Srivastava and et al.「Training Very Deep Networks」(NeurIPS、2015)

［主要な構成要素❸］活性化関数　活性化関数に必要な3つの性質

次に、**活性化関数**（*activation function*）を見ていきましょう。ニューラルネットワークは、線形の表現力を持つ接続層に、**非線形の表現力**を持つ活性化関数を挟むことで複雑な関数を表現できます。活性化関数には、どのような性質が求められるかについてを考えてみましょう。

一つめに、**非線形関数**である必要があります。線形変換を重ねても線形変換だったところに非線形関数である活性化関数を挟むことで、全体を非線形にすることができます。

二つめは**値のスケールを保つ**必要があります。活性化関数は、値のスケールを大きくしすぎたり、小さくしすぎたりしない必要があります。活性化関数はニューラルネットワークの中で何回も使われ、入力から出力までの計算経路上で何回も適用されます。活性化関数が入力値のスケールを大きくする場合は、値が発散してしまい、また、逆に値のスケールを小さくする場合は値が0に潰れてしまいます。

たとえば、$f(x) = x^2$ や $f(x) = \sqrt{x}$ を活性化関数として使うことを考えてみましょう。これらは非線形関数ではありますが、入力のスケールは大きく変わってしまいます。この非線形関数を10回適用した場合、前者は非常に大きな値に発散し、後者は0に収束します。入力のスケールを大きく変えない、もしくは変えたとしても発散しないように上限、下限があることが望ましいです。

三つめに、**微分可能**であり**微分値**も大きくなりすぎたり、小さくなりすぎたりしない必要があります。前向き計算と同様に、後ろ向き計算時も活性化関数の微分値が繰り返し掛けられます。この際、誤差が発散したり消失しないように、**値が一定の範囲内で収まっている**ことが求められます。一方で、一部の入力に対して微分値が0であることは誤差伝播をそこで止め、学習更新時に無視できるよう**フィルタリング**するという重要な役割を果たします[注13]。

これらの性質をあわせ持つ活性化関数が多く提案されています。以下で、代表的な活性値関数を見ていきましょう。

....

注13　初期のニューラルネットワークである「パーセプトロン」は、活性化関数にはほとんどの位置で微分が0となるような「ステップ関数」（*step function*）を利用し、誤差逆伝播時には微分可能な恒等関数（*Identity function*）を使っているとみなして学習していました。これは現在では「Straight-through estimator」（STE）と呼ばれ、離散値をとる活性化関数を使った学習で広く使われています。

ReLU　スイッチのような活性化関数

ReLU（*Rectified linear unit*）は、現在のディープラーニングで最もよく使われている活性化関数です 図3.23 [注14]。次のように定義されます。

$$f_{ReLU}(x) = \max(0, x)$$

入力値が正であれば入力をそのまま返し、負であれば0を返すような関数です。ReLUは、あたかも**情報のスイッチ**のように働きます。値が正であれば情報をそのまま流し、負であれば情報が流れるのを止めます。

図3.23　ReLU

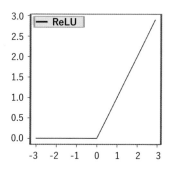

そのため、入力値が正である状態をその**ユニットが生きている**（*active*）といいます。

●……ReLUの優れた性質

ReLUが優れているのは、先ほどの**望ましい性質をすべて満たしている**ためです。

一つめの**非線形性**ですが、ReLUは単純な関数ですが、立派な非線形関数であり、このReLUを使ったニューラルネットワークは**任意の関数を任意の精度で近似できる**ことが知られています。入力値が正の領域と負の領域それぞれを

注14　ReLUが大きなニューラルネットワークに最初に適用され、有効性が述べられたとされるのは、以下の論文です。
　　　・参考：X. Glorot and et al.「Deep Sparse Rectifier Neural Networks」（AISTATS、2011）

切り出して見れば線形関数であるため、**区分線形関数**（*piecewise linear function*）とも呼ばれます。また、ReLUを使ったニューラルネットワーク全体も各ニューロンが正と負の領域内部では線形である区分線形関数となります。

二つめの**値のスケールを保つ**性質ですが、入力値が正のときは入力をそのまま返すような関数なので、出力値のスケールは大きく変わりません。実際は半分の値が0になるのでスケールが小さくなるのですが、それに対応して結合層の重みをスケールがちょうど変わらないように初期化しておく方法が一般的です。

三つめの**微分値の条件**を満たしているかを調べるため、ReLUの微分を調べてみましょう。

$$f'_{ReLU}(x) = \begin{cases} 1 & (x \geq 0) \\ 0 & (x < 0) \end{cases}$$

微分値は、値が正の場合は1であり、スケールを変えることがありません。また、負の場合は0となります。そのため、順方向と同じように、誤差の逆方向でもスイッチのような役割を果たします。スイッチがON（微分が1）のときは**誤差が上層から下層まで流れ**、OFFのときは**誤差が遮断される**ことに対応します。

●‥‥‥**ReLUはディープラーニングの「学習」における三大発明の一つ**

ReLUは非常に単純であり、理想的な活性化関数のように思えます。しかし、ニューラルネットワークが登場して以来、シグモイド（活性化）関数の方が主流であり、ReLUはあまり使われず、本格的に利用されるようになったのは驚くべきことに2012年頃になってからでした。

ReLUを使うことで、ニューラルネットワークが簡単に学習できるようになり、多層であっても学習に成功するようになりました注15。

このReLUは、後述する**正規化層**（とくにバッチ正規化）と**スキップ接続**とあわせて、**ディープラーニングの「学習」における三大発明**注16といっても良く、これらを組み合わせることでニューラルネットワークの学習の成功率は劇的に改善され、より大きなネットワークを学習できるようになりました。

注15　ReLUが先述の3つの条件を満たしていることが重要です。ReLU以外にも3つの条件を満たしている他の活性化関数も多く提案されており、ニューラルネットワークの学習の成功率向上に大きく貢献しています。

注16　4.4節の「注意機構」もディープラーニングの発展に重要な役割を果たしています。注意機構は学習にもある程度貢献していますが、それよりも汎化能力や表現力への貢献しています。

シグモイド関数

シグモイド関数(*sigmoid function*)は、ReLU登場前は、多くのニューラルネットワークで使われていた活性化関数です　**図3.24**　。現在でも、出力値を一定の範囲で収めたい前述の**ゲート関数**や、**注意機構**(4.4節)などでよく使われています。シグモイド関数は次のように定義されます。

$$f_{sigmoid}(x) = \frac{1}{1 + \exp(-x)}$$

図3.24　　シグモイド関数

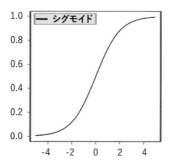

この関数の値はxが大きくなるほど1に漸近し、xが小さくなるほど0に漸近します。シグモイド関数は入力値のスケールによらず、出力値が0から1の間に常に収まっているという特徴があります。

● ‥‥‥‥**シグモイド関数の微分**

シグモイド関数の微分　**図3.25**　は、次のように計算されます。

$$f'_{sigmoid}(x) = f_{sigmoid}(x)(1 - f_{sigmoid}(x))$$

関数の形から想像できるように、xが大きくなったり、小さくなったりすると、微分値は0に漸近していきます。さらに、シグモイド関数の微分値は常に1よりも小さく、最大値でも$f'_{sigmoid}(0.5) = 0.25$しかとりません。そのため、ニューラルネットワークで入力から出力までの計算パス上でシグモイド関数を何回も使っていると、勾配消失問題が発生します。

図3.25 シグモイド関数の微分

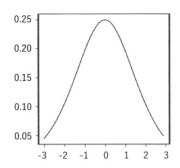

そのため、シグモイド関数は、最終層のみで使われたり、勾配が消失しないような計算機構（後述のRNNのゲート機構やスキップ接続など）、すなわち微分値がある経路で消失しても残りの経路で消失しないしくみと組み合わせてよく使われます。

> **Note**
>
> [参考]シグモイド関数の微分
> シグモイド関数の微分について、以下に補足しておきます。
>
> ・簡略化のため、$a(x) = f_{sigmoid}(x)$とする
> $a(x) = 1/(1 + \exp(-x))$
> $(1 + \exp(-x))a(x) = 1$　（➡xについて微分をとる）
> $-\exp(-x)a(x) + (1 + \exp(-x))a'(x) = 0$
> $a'(x) = a(x)\exp(-x)/(1 + \exp(-x))$
> $\qquad = a(x)(1 - a(x))$

Tanh関数

Tanh関数（*Hyperbolic tangent function*、双曲線正接関数）は、xが大きい場合は1に漸近し、xが小さい場合は-1に漸近するような関数です **図3.26** 。

$$f_{tanh}(x) = \frac{\exp(x) - \exp(-x)}{\exp(x) + \exp(-x)} = 1 - \frac{2}{\exp(2x) + 1}$$

図3.26 Tanh関数

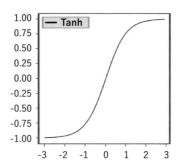

●‥‥‥‥**シグモイド関数との関係**

先ほどのシグモイド関数とは、次のような関係にあります。

$$f_{tanh}(x) = 2f_{sigmoid}(2x) - 1$$

Tanh関数はシグモイド関数と似ていますが、次のような特性を持ちます。

まずTanh関数の出力は正、負の両側にあり、Tanh関数値の平均は0になりやすく、学習しやすいという性質があります。層の活性値の平均が0になると学習しやすくなる現象については、ミニバッチ正規化の解説（p.180）も参考にしてください。また、Tanh関数の微分は$x=0$で最大値の$f'_{tanh}(0)=1$をとり、$x=1$でも$f'_{tanh}(1)=0.42$と大きな値をとるため、シグモイド関数よりも勾配消失が起きにくくなっています。

Hard Tanh関数

このTanhを、線分をつなぎ合わせた関数で近似したHard Tanh関数は次のように定義されます **図3.27**。

$$f_{htanh}(x) = \begin{cases} 1 & (x > 1) \\ x & (-1 \le x \le 1) \\ -1 & (x < -1) \end{cases}$$

$$f'_{htanh}(x) = \begin{cases} 1 & (-1 \le x \le 1) \\ 0 & (それ以外) \end{cases}$$

図3.27 Hard Tanh関数

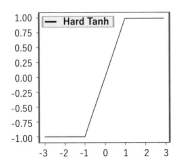

Hard Tanh は ReLU とも似ていますが、出力の平均値が 0 であり、また入力の値に依存せず、出力値の範囲を [-1, 1] にしたい場合によく使われます。また、関数値や微分値の計算が簡単なため、ハードウェア実装でもよく使われます。

LReLU

ReLU では、活性値が 0 になってしまうと勾配も 0 となり、そのユニットはそれ以降使われなくなってしまいます（一方、実際の学習ではデータごとのばらつきがあり、あるデータでは使われなくても、他のデータでは使われ、更新が進みます）。これを解決するために、**LReLU**(*Leaky ReLU*)[注17] は、ReLU が負の値でも少しだけ傾きを持つように設計された活性化関数です **図3.28** 。

$$f_{LReLU}(x) = \begin{cases} x & (x \geq 0) \\ ax & (x < 0) \end{cases}$$

$$f'_{LReLU}(x) = \begin{cases} 1 & (x \geq 0) \\ a & (x < 0) \end{cases}$$

....

注17 ・参考（LReLU の初出の文献）：A. Maas and et al. 「Rectifier nonlinearities improves neural networks acoustic models」（ICML、2013）

図3.28 LReLU

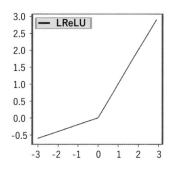

入力値が負の場合でも値を0に遮断するのではなく、少しだけ値が漏れていることから「Leaky」(漏れる)という名前がついています。

この傾きを表すパラメータ a は、前もって与えるハイパーパラメータです。$a=1$ としてしまうと、関数は $f(x)=x$ という恒等関数になってしまい非線形が失われ、これより大きいと勾配爆発などが発生します。そのため、通常は $a=0.1, 0.2$ といった小さな値を使います。

●········ PReLU

このパラメータ a も誤差逆伝播法で求める方法が、**PReLU** (*Parameteric ReLU*)です[注18]。パラメータは、たとえば畳み込み層の場合は、フィルタごとに共有するようにすることで学習対象パラメータを減らすようにしています。

Softmax関数

Softmax関数は、これまで紹介してきた活性化関数とは違って、ベクトルを受け取り、同じ次元数のベクトルを返すような活性化関数です 図3.29 。

成分値 $x_1, x_2, ..., x_k$ から成るベクトル $\mathbf{x}$ を入力としたとき、出力 $\mathbf{y}$ の各成分 $y_1, y_2, ..., y_n$ は、

$$y_i = \exp(x_i) / \sum_{i'} \exp(x_{i'})$$

注18 • 参考：K. He and et al. 「Delving Deep into Rectifiers: Surpassing Human-Level Performance on ImageNet Classification」(ICCV、2015)

のように計算されます。

図3.29 Softmax

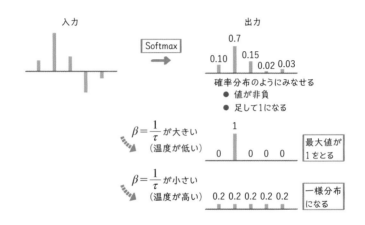

この出力は各成分が非負であり（expは0より大きい値を返す）、すべての成分を足すと $\sum y_i = 1$ となる確率分布のようにみなせる変換です。そのため、Softmaxは**確率分布を出力**したい場合に使われます。K種類の分類を行うニューラルネットワークでは、次元数がKのベクトルを出力した後にSoftmax関数を適用し、確率分布を出力する場合が多いです。

また、温度パラメータ$\beta = 1/\tau > 0$（τ/tauが物理における温度に対応する）を使って、以下のように表す場合があります。

$$y_i = \exp(\beta x_i) / \sum_{i'} \exp(\beta x_{i'})$$

このβが大きくなった場合、$x_1, x_2, \ldots, x_k$の中で一番大きい値が他の値に比べて大きくなり、その値のみ$y_i = 1$、それ以外は$y_j = 0$をとるようになります。つまり、最大値をとる値が1、それ以外は0となるような操作に対応します。これに対し、$\beta = 0$に近づいた場合、すべてのiで$y_i = 1/k$となり一様分布に近づきます。Softmaxは、この最大値に対応する成分の値を1にする操作を「soft」にしていることからこの名がつけられています。

次章で扱う**注意機構**では、**要素を読み取る際の重み付けの重み**を計算する際にSoftmaxを適用します。

さまざまな活性化関数　ELU、SELU、Swishなど

このほかにも多くの活性化関数が提案されています。代表的なものとしては ELU[注19]、SELU[注20]、Swish[注21]、GELU[注22] などがあります。これらの活性化関数は、学習効率、汎化性能面などで優れていると報告されています。

●⋯⋯ MaxOut

また、ほとんどの活性化関数は要素ごとの非線形関数ですが、そうでない活性化関数もあります。たとえば、MaxOut[注23] は1つとは限らない複数の入力 $\mathbf{x}$ に対し、$z_i = \mathbf{w}_i\,\mathbf{x} + b_i$ を計算し、$y = \max_i z_i$ を返すような活性化関数です。この $\{\mathbf{w}_i,\ b_i\}$ は学習対象パラメータであり、MaxOut は任意の凸関数を学習して活性化関数として獲得できるとみなせます。

●⋯⋯ CReLU

CReLU(*Concatenated ReLU*)[注24] は、逆に出力次元数が増えるような活性化関数です。

ReLU は、入力値が負の場合は 0 にしてしまい、入力情報の半分は捨てていますが、負の場合でも役に立つ場合も多くあります。たとえば、画像認識で使われるニューラルネットワークの下層では、あるパターンの逆のパターンも同時に学習したい場合が多くあります。このようなときに、ReLU を使って学習した結果では、フィルタ $\mathbf{w}$ を学習した場合、$-\mathbf{w}$ も学習しやすいことがわかっています。同じパターンを正、負側の両方持っているのは冗長に見えます。

そこで、CReLU は一つの入力を受け取ったら、その正側と負側の成分を出力します。

注19 • 参考：D. Clevert and et al. 「Fast and Accurate Deep Network Learning by Exponential Linear Units (ELUs)」(ICLR、2016)

注20 • 参考：G. Klambauer「Self-Normalizing Neural Networks」(NeurIPS、2017)

注21 • 参考：P. Ramachandran and et al. 「Searching for Activation Functions」(ICLR、2018)

注22 • 参考：D. Hendrycks and et al. 「Gaussian Error Linear Units (GELUs)」(arXiv:1606.08415、2016)

注23 • 参考：I. J. Goodfellow and et al. 「Maxout Networks」(ICML、2013)

注24 • 参考：W. Shang and et al. 「Understanding and Improving Convolutional Neural Networks via Concatenated Rectified Linear Units」(ICML、2016)

$$f_{crelu}(x) = (\max(0, x), \max(0, -x))$$

そのため、CReLU の出力次元数は入力次元数の 2 倍となります。CReLU は、学習パラメータ数や計算量を抑えたまま表現力を上げることができます。

● ‥‥‥ **Lifting Layer**

これをさらに一般化した **Lifting Layer**[注25] は 1 次元の入力を L 次元の値に増やします。入力値の範囲が $[t^1, t^L]$ であったとします。これを $t^1 < t^2 < t^3 < \dots < t^L$ を使って、$L-1$ 個の範囲に分けるという境界値を定めます。次に、入力 x に対し $t^l < x < t^{l+1}$ となる l、つまり x が所属する範囲を求めた上で、

$$x = (1 - \lambda_l(x))t^l + \lambda_l(x)t^{l+1} \text{ を満たすような}$$

$$\lambda_l(x) = \frac{x - t^l}{t^{l+1} - t^l}$$

を求め、出力の l 番めの次元の値と $l+1$ 番めの次元の値を次のようにします。

$$f_{lifting}(x) = (0, 0, \dots, 0, 1 - \lambda_l(x), \lambda_l(x), \dots, 0)$$

Lifting Layer も、同じ区間にある入力同士では線形な関数とみなせますが、異なる区間にある入力間では非線形な働きを示します。

3.7
本章のまとめ

本章では、ディープラーニングの基本について紹介しました。

表現学習は機械学習で重要な表現の仕方を学習する手法であり、それを実現するためのニューラルネットワークは**接続層と活性化関数を重ねて作る**ことを説明しました。

ニューラルネットワークの大きな特徴は、自分の挙動を望ましい形に変えるために、各パラメータをどのように変更すれば良いかを効率的に求める**誤**

注25 • 参考：P Ochs and et al.「Lifting Layers: Analysis and Applications」(ECCV、2018)

差逆伝播法を使えることです。これによって大きなネットワークでも効率的に学習できます。

　ニューラルネットワークで扱う基本データ構造は**テンソル**であり、これを使って**各層の入出力**や**各層のパラメータ**を表現します。**接続層**の代表的な例として、**総結合層**、**畳み込み層**、**回帰結合層**、また、**活性化関数**の代表的な例として、**ReLU**、**シグモイド**、**Tanh**などを取り上げました。

══ Column ══

多くの分野で、誤差逆伝播法は再発見されている

　3.5節で解説した「誤差逆伝播法」について、出力から入力方向に向かって微分を順番に計算していくことで勾配を効率的に計算できることは、ニューラルネットワークの分野で何度も再発見されていました。1986年のRumelhart、Hinton、Williamsらの論文[a]で表現学習ができることが示され、誤差逆伝播法が広く知られるようになりましたが、1960年代にはすでに多くの研究例が発表されています。たとえば、日本では1967年に甘利俊一氏により「隠れ層を含むニューラルネットワークの学習例」として紹介されています。

　また、ニューラルネットワークの分野では「誤差逆伝播法」と名前がついていますが、数値解析の分野では「後ろ向き自動微分」(*reverse mode automatic differentiation*)と呼ばれ、「前向き自動微分」(*forward mode automatic differentiation*)とともに1960年代にいくつか提案されています。ニューラルネットワークの場合は多入力、少出力であり、後ろ向きに動的計画法を適用することで効率的に処理できます。これに対し、制御分野などでは多出力を持つ合成関数の微分を計算します。この場合は前向きに微分を計算したほうが効率的であり、これは前向き自動微分や「感度分析」(*sensitivity analysis*)と呼ばれています。

注a ・参考：David E. Rumelhart、Geoffrey E. Hinton、Ronald J. Williams「Learning representations by back-propagating errors」(Nature 323、1986)

第4章

ディープラーニングの発展

学習と予測を改善した
正規化層／スキップ接続／注意機構

図4.A ニューラルネットワークを進化させた本章の三大主役
（＋前章の活性化関数）

正規化層

各層の入力分布を正規化する

- 学習しやすくする
- ニューラルネットワークの
  表現力を向上させる
- 汎化しやすくする

- バッチ正規化
  層／事例／グループ正規化

また、重みの分布も
      正規化して同じ効果を得る
- 重み正規化
- 重み標準化

前章では、ディープラーニングの基本的な概念や基本的な構成要素について紹介しました。

　本章では、ディープラーニングの発展的な技術について紹介していきます。ニューラルネットワークは学習データが増えたこと、計算性能が向上したことが大きな成功要因だと述べました。しかし、これだけではなく、2010年後半以降に発見された多くの新しい知見やそれに基づいた手法、設計手法が重要な役割を担いました。これらの登場によって、ニューラルネットワークは学習しやすく、汎化しやすくなり、多くのタスクで飛躍的な性能改善を遂げました。

　本章では、その発展の中心的な役割を担っている正規化層、スキップ接続、注意機構について重点的に解説していきます **図4.A** 。

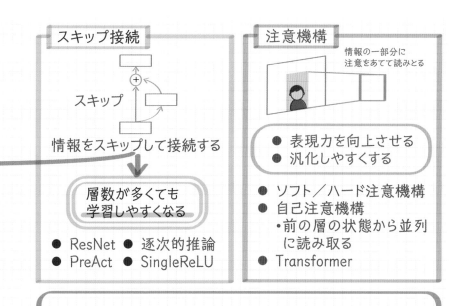

4.1
学習を可能にした要素技術の一つ　ReLUのような活性化関数

本節では、学習を可能にした要素技術の一つであるという観点で、活性化関数のReLUについて改めて見ておきましょう。

［再入門］ReLUのような活性値、誤差を保つ活性化関数

2010年前半まで、ニューラルネットワークは「学習が難しい」と考えられていました。

実際、学習している途中で**学習が停滞**してしまったり、もしくは**パラメータが発散**してしまうような現象が頻出しました。ニューラルネットワークの学習は非線形関数を使った**非凸最適化**であり、勾配降下法を使って最適化しても学習が成功する保証もありませんでした。実際、2010年前半まではニューラルネットワークの学習は極めて難しく、失敗してもどこを修正すれば良いのかわからず、また偶然、学習を成功させたとしてもその成功を再現することができませんでした。

それが、これから述べるさまざまな技術が導入されたことで、誰でも簡単に学習を成功させることができるようになりました。

その中でも重要な役割を担っているのが、**ReLUのような活性値や誤差を保つ活性化関数**、そして、**正規化層**、**スキップ接続**、**注意機構**です。

ReLUについては前章で紹介したように$f_{ReLU} = \max(0, x)$という関数を使います。ReLUは**非線形関数**であり、**値のスケールを保ち**、微分のスケールも保って「誤差がそのまま流れる」という優れた性質を兼ね備えています。

誤差がそのまま流れるというのは、別の言い方をすれば、下の層のパラメータを動かした影響が**出力に適切に効く**状態を保っているといえます。これにより、**誤差が消失や発散をせずに学習することができます**。

以降では、正規化層、スキップ接続、注意機構について、詳しく説明していきます。

4.2
正規化層

　本節では、ディープラーニングにおける学習を可能にした「正規化層」について説明します。活性値の正規化とその絶大な効果について押さえてから、代表的な正規化層であるバッチ正規化に加えて、各種正規化も取り上げます。

正規化関数と正規化層　　活性値の正規化

　正規化関数（*normalization function*）とは活性値を正規化させるような関数です。たとえば、接続層の直後かつ活性化関数の直前に置かれます 図4.1 。

図4.1 正規化関数

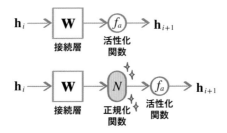

　そして、正規化として、たとえば、統計情報を元に各次元の値が、平均が0、分散が1になるような変換を行います。どのように統計情報を求めるかについては後で詳しく説明します。

　この正規化関数を適用する層を正規化層（*normalization layer*）と呼びます。

なぜ活性値を正規化するのが学習に大事なのか

　なぜ、学習において活性値の分布を正規化すること、正規化層を用いることが重要なのでしょうか。ここで、三つ理由を述べます。

●⋯⋯⋯［**活性値の正規化の重要性❶**］**非線形を生み出し、表現力を高く保つ**

　ReLUのような区分線形関数を活性化関数として使っている場合、活性値の値が一部に偏ってしまうと、活性化関数の非線形性が失われてしまいます。**図4.2** に、入力が2次元で、それを4つのユニット h_1, h_2, h_3, h_4 から成る層に変換する線形接続層の例を示します。

図4.2 　　　　線形接続層で4つのユニットから成る出力に変換する場合の例

● 各直線が、各ユニット $h_i = \langle w_i, x \rangle = 0$ となる位置を示している。入力分布がこの直線をまたぐ場合、非線形性が生まれる

❶ すべての入力が一つの領域に入ってしまったとき、その出力はReLUを通しても、線形のままである

❷ 正規化関数を通して、入力が全体に散らばれば、活性化関数を適用した後に非線形性を生み出す

　各直線は各ユニットがちょうど0になる位置 $h_i = \langle w_i, x \rangle = 0$ を表しており、この直線の片側はそのユニットが正の値をとり、反対側は負の値をとります。この線形接続層を通過した直後にReLUを適用した場合、正の値をとっている領域は値が線形に変化する領域で負の値をとっている領域は値が0となります。そして、ReLUはその入力値が0をまたぐ場合のみ非線形を生み出します。

　もし入力値のほとんどが0以上、または0以下になってしまうと、ReLUを適用したとしても、0をまたぐことはないので線形関数と同じ表現力になってしまいます **図4.2❶**。

　活性値を正規化することで、入力値が正と負にうまくばらついていれば **図4.2❷**、非線形を生み出すことができ、**表現力を高く保つ**ことができます。

●⋯⋯⋯［**活性値の正規化の重要性❷**］**学習の高速化と安定化**

　線形関数 $h = \mathbf{W}\mathbf{x}$ を勾配降下法を使って学習させる場合、入力の**各次元の平均が0**、または**分散のスケールが同じ**であるほうが、そうでない場合と比べて**学習させやすい**ことがわかっています。

　たとえば、入力値がすべて正になっている場合を考えてみます。同じ出力ユニット h につながっている重み $\mathbf{w}$（重み行列の行ベクトル、h の値を決定するパラメータ）は入力が $\mathbf{x}$、h の誤差が e_h（これはスカラー値）のとき、その勾配降下法による更新は、パラメータについての勾配 $\mathbf{v}$ は $\mathbf{v}=e_h\mathbf{x}$ となるので、$\mathbf{w}\leftarrow\mathbf{w}-\alpha e_h\mathbf{x}$ となります（「←」は左辺の値に右辺の式の結果を代入するという意味）。この $\alpha>0$ は、**学習率（ハイパーパラメータ）** です。

　この場合、更新方向の各次元の符号はすべて一致しています。そのため、勾配降下法による最適化は、すべての次元の符号が同じ方向にしか進めません 図4.3 。

図4.3　　入力の各次元の符号と更新方向

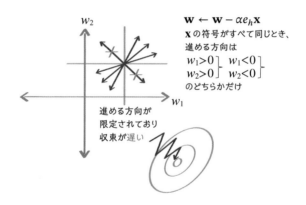

　パラメータが m 次元のとき、それぞれの次元が正か負かで 2^m 個の進む方向があるにもかかわらず、更新方向の次元がすべて一致している場合は2つの方向（すべてが正またはすべてが負）しか進めないことになります。これにより、収束に時間がかかります。また、各次元のスケールが大きく異なる場合もスケールが大きいほうの更新幅が大きくなり、スケールが小さな次元は無視され使われないようになってしまいます。

　活性値の分布を正規化しておくことで、**勾配降下法による学習を高速化する**ことができます。

●········[活性値の正規化の重要性❸]汎化性能を改善する

三つめに、**汎化性能を改善する**役割です。もともと正規化層は学習の安定化、高速化が目的でしたが、正規化層を使うことで汎化性能が大きく改善されることが実験的にわかっていました。

最初は正規化層が近似するノイズが意図せず正則化としての役割を担っているのではと考えられていましたが、現在の理解では、正規化層を使うことで活性値や勾配が安定し、勾配降下法の学習率を大きくしても発散せず学習できるようになります。そして、大きな学習率を使うと、汎化性能が高い「フラットな解」に到達しやすくなることがわかっています 図4.4 。

図4.4 正規化することでフラットな解に到達できる

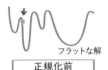

正規化前	正規化後
勾配の大きさが大きすぎて学習率を小さくしなければ安定して学習できない ➡フラットな解にたどりつけない	学習率を大きくできる ➡フラットな解にたどりつける

> Note
>
> **フラットな解**
> フラットな解は、その解だけでなくその周辺も目的関数の値が小さくなっているような解です。目的関数の形としては底の広い大きなボウルのような形をしています。これに対しシャープな解は、解の周辺では目的関数の値が大きくなっているような解です。
> フラットな解の方がシャープな解より汎化性能が高いことは最小記述量原理（*minimum description length*、MDL）、PAC-Bayesなどの理論を使って説明することができます。

以上のように、活性値を正規化すること、正規化層を使うことには、多くの利点があります。続いて、代表的な正規化関数を紹介していきます。

バッチ正規化

バッチ正規化(*batch normalization*)[注1]は最も広く使われる代表的な正規化層です。「BatchNorm」「BN」という名前もよく使われています。

正規化層、なかでもとくに「バッチ正規化」は、前述のとおり ReLU、スキップ接続と並んでディープラーニングの学習を成功させた三大発明[注2]といえます。

ニューラルネットワークのある層の入力 $\mathbf{h}$ を正規化することを考えてみましょう。この $\mathbf{h}$ は直前の層の出力結果であり、入力だけでなく直前の層のパラメータに依存して分布が変わります。訓練事例は n 個から成り、訓練事例の i 番めの事例に対応する活性値を $\mathbf{h}^{(i)}$ と書くことにします。

この活性値を、訓練事例分布 $\left\{\mathbf{h}^{(i)}\right\}_{i=1}^{n}$ 上で正規化することを考えてみましょう。この分布の次元ごとの平均 $\mathbf{m}$ と分散 $\mathbf{v}$ は次のように求まります。

$$\mathbf{m} = \sum_{i=1}^{n} \mathbf{h}^{(i)}/n$$

$$\mathbf{v} = \sum_{i=1}^{n} (\mathbf{h}^{(i)} - \mathbf{m})^2/n$$

これらの平均と分散を使って、変換後の分布の各次元が平均 0、分散 1 となるような正規化は次のように実現でき、その結果を $\mathbf{u}^{(i)}$ と置きます。

$$\mathbf{u}^{(i)} = (\mathbf{h}^{(i)} - \mathbf{m})/\sqrt{\mathbf{v}}$$

ここで平方根と割り算は、要素ごとに行います(実際には、すべての値が同じで分散が 0 の場合、0 で割ることを防ぐため、分母は小さい正数 ϵ を加えて $\sqrt{\mathbf{v} + \epsilon}$ とする)。

しかし、訓練事例全体の統計量(ここでは平均と分散)を使って正規化するには、問題があります。ニューラルネットワークは下の層(入力に近い層)の学習が進むにつれて、上の層の活性値分布が変わりますが、パラメータを更新するたびに、再度すべての訓練事例から各層の活性値の平均と分散を再計算するのは**非常に計算時間がかかってしまう**という**計算量の問題**です。

注1 ・参考：S. Ioffe and et al.「Batch Normalization: Accelerating Deep Network Training by Reducing Internal Covariate Shift」(ICML、2015)

注2 先に触れたとおり、これらに加えて、後述する「注意機構」もディープラーニングの発展における重要要素です。

●········ ミニバッチを使って全体の統計量を近似する

　この計算量の問題を解決するため、バッチ正規化は確率的勾配降下法のときに使うミニバッチ（*mini-batch*）$B=\{\mathbf{h}^{(1)}, ..., \mathbf{h}^{|B|}\}$ から平均と分散を推定し、それらを使って活性値を正規化します 図**4.5**。

図**4.5**　　ミニバッチとバッチ正規化

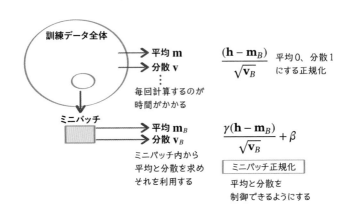

　以下の $\mathbf{h}^{(i)}$ は、ミニバッチ内で i 番めという意味です。

$$\mathbf{m}_B = \sum_{i=1}^{|B|} \mathbf{h}^{(i)}/|B|$$

$$\mathbf{v}_B = \sum_{i=1}^{|B|} (\mathbf{h}^{(i)} - \mathbf{m})^2/|B|$$

$$\mathbf{u}_B^{(i)} = (\mathbf{h}^{(i)} - \mathbf{m}_B)/\sqrt{\mathbf{v}_B}$$

　これら平均と分散は訓練事例全体から計算されたわけではなく、その一部だけから計算されたため誤差がありますが、ミニバッチ内だけで計算が済むので高速に計算することができます。この考え方は、バッチ内だけで勾配を求める確率的勾配降下法と同様の考え方です。

アイディアと計算コスト

　バッチ正規化の例からもわかるように、ディープラーニングの成功した研究の
多くは、実際の学習で計算量的にもうまくいくようなアルゴリズム的な工夫を発
見したことにあります(ドロップアウト、Transformerなど)。

　ディープラーニングは莫大な計算コストとの戦いであり、計算量を抑えて使え
るような工夫を見つけられることが極めて重要です。どれだけ良いアイディアが
あったとしても、それを実装でき、計算コストも許容できるような方法を考える
必要があります。

●········正規化後の分布を2つめのパラメータで制御する

　正規化のしくみの話に戻りましょう。バッチ正規化は常に平均が0、分散
が1であるような分布を出力しますが、学習結果として最適な分布は異なる
分布を持つかもしれません。そのため、任意の最適な表現をできるような学
習可能なパラメータγとβ(これらはベクトル)を用意し、

$$\mathbf{u}^{(i)} = \gamma(\mathbf{h}^{(i)} - \mathbf{m}_B)/\sqrt{\mathbf{v}_B} + \beta$$

とします。係数γ、バイアスβを使った**線形変換**ともいえます。これにより、バ
ッチ正規化は一旦、平均0、分散1となるように正規化はするが、学習の結果、
それとは異なる平均と分散を持ったほうが望ましいというのであれば、それを
表現できるような余地を残しておきます。たとえば、正規化せず元の分布の方
が実は最適であるならば、正規化をキャンセルするような$\gamma = \sqrt{\mathbf{v}_B}$、$\beta = \mathbf{m}_B$
が学習されます。

　このバッチ正規化操作は、**すべて微分可能な操作の組み合わせ**で構成され
ているので、γ, βも含め誤差逆伝播法でそのまま学習することができます。
また$\mathbf{m}_B$と$\mathbf{v}_B$もパラメータに依存する変数なので、これらの変数を通じて
も誤差が伝播するようにします。

●········「推論時」に使う統計量は「学習時」に推定しておく

　学習時にはミニバッチから統計量を求められますが、**推論(テスト)時**には、
データを1つずつ扱うため、バッチから統計量を求めることができません。そ
こで、学習時に**統計量の指数移動平均**を求めておき、これを推論時には統計
量として使います。また、学習時と推論時に統計量が異なる問題があるので、
学習時にも、この指数移動平均を今のバッチから求めた統計量と混合して使

うのが一般的です。

なお、学習したモデルを別のデータセットに適用した際、性能が大きく劣化する場合は、これらの統計情報が大きく異なるためというケースが多いので、統計量を対象データセットで推定し直すなどの工夫が必要です。

● ……… バッチ正規化の適用

このバッチ正規化をニューラルネットワークのいたるところに挟むことで、分布を正規化することができます。

活性化関数の直前にバッチ正規化を適用する場合が多いですが、活性化関数適用後、複数の入力が合流後などにも適用する場合も多くあります。

● ……… バッチ正規化は学習を劇的に安定化し、学習率を大きくできる

バッチ正規化を使うことにより、ニューラルネットワークの学習が劇的に安定化するようになり、誰でも学習できるようになりました。バッチ正規化は、最適化において単に活性値のスケールを変える以上の効果があります。勾配降下法では、現在のパラメータにおける勾配に従ってパラメータを更新します。しかし、多くの場合は目的関数の形は歪んでおり（目的関数のヘシアンの非対角成分が大きい）、現在の勾配方向が、必ずしも目的関数の値を最も下げる方向ではありません。

バッチ正規化を使うことで、目的関数の形が真円に近づき、勾配がより安定して目的関数の値を下げる方向を指すようになることがわかっています。これにより、学習率を大きくすることができます。

もともと、バッチ正規化は学習中に各層の入力分布が変わっていくのを防ぐための手法として考案されていました。しかし、最近の考察では、バッチ正規化が入力分布が変わっていくのを抑える部分で果たしている役割は小さく、実際には大きな学習率を使っても安定して学習できるようになった部分の貢献が大きいことがわかっています[注3]。さらに、バッチ正規化が汎化性能を改善する最も大きな理由は、最終層直前のノルムが大きくなるのを抑えていることだと報告されています[注4]。

注3 ・参考：J. Bjorck and et al.「Understanding Batch Normalization」（NeurIPS、2018）
　　・参考：S. Santurkar and et al.「How Does Batch Normalization Help Optimization?」（NeurIPS、2018）
注4 ・参考：Y. Dauphin and et al.「Deconstructing the Regularization of BatchNorm」（ICLR、2021）

●⋯⋯⋯**正規化後の分布を決めるβとγは挙動を変える重要な役割を持っている**

　ここまではバッチ正規化の「正規化」に注目してきましたが、実はバッチ正規化にはニューラルネットワークの挙動を調整するのに重要な役割を担っている**パラメータ**があります。

　便宜的に導入されたように見える、正規化後の分布を決めるγとβというパラメータは、ニューラルネットワークの挙動を決める上で重要な役割を果たすことがわかってきました **図4.6**。

図4.6　　　パラメータβは出力の疎の割合を決める

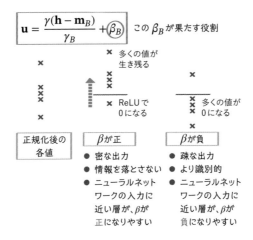

　たとえば、バッチ正規化の直後にReLUを使う場合にβが果たす役割を見てみましょう。βが負の値である場合は、バッチ正規化の最初のステップで平均を引いて0平均になっている値に負の値を足すことになるので、バッチ正規化後は多くの値が負をとるようになります。その後、ReLUを適用するとReLUは負の値は0にするので、多くの値が0をとります。そのためβが負の値になればなるほど、ReLU後の活性値は多くの値が0となるような疎なベクトルとなり、たくさんの情報を残すよりは**一部の重要な情報のみを選別する識別的（選択的）な特徴ベクトル**になります。実際、ニューラルネットワークの学習後は入力に近い層ではβが正、出力に近い層ではβは負の値になりやすいことがわかっています。**入力に近いうちはできるだけ情報を失わないようにして、出力に近づくに従って、結果を求めるのに必要な情報のみ**

に絞り込んでいくことをβを変えることで実現しています。

　次にγの役割を見ると、γは**出力のスケールを決める役割**を果たしています。このγは入力に依存せず一律に適用されるので、γが大きければ他のチャンネルと比べて相対的にそのチャンネルを重視し、γが小さければ逆にそのチャンネルは重視しないことを意味します。

　また、γやβを変えることで、ニューラルネットワークの挙動を劇的に変えることができます。たとえば、GAN（*Generative adversarial network*、敵対的生成ネットワーク）を使った生成モデルでは、γやβを調整して変えることで生成対象（たとえば、画像の木や車など）を大きく変えることができます。

●………**バッチ正規化を使う際の注意点**　スケール情報の消失、他データへの依存性

　バッチ正規化は利点が多くあり、さまざまな場面で使うことができますが、注意点もあります。

　まず、バッチ正規化は**活性値の大きさ、スケール情報（∥h∥）を消してしまい**ます。もし活性値のスケールそのものが重要な情報を持っている場合、ミニバッチ正規化を使用してはいけません。たとえば、Softmax関数やシグモイド関数を使う場合は、その直前にバッチ正規化を使ってしまうとスケール情報が失われてしまい、表現できる確率分布が限られてしまいます。

　また、最終出力が連続値である回帰問題などでも、スケール情報が重要であり、バッチ正規化を使うと性能が劣化することが知られています。このような場合は、後述する他の正規化手法を使う必要があります。この、スケール情報を失ってしまうと、敵対的ノイズに対する頑健性に弱くなることも知られています[注5]。

　バッチ正規化のもう一つの問題点として**バッチ中の他のデータへの依存性がある**ことが挙げられます。チップ上や最適化の制約でデータごとに処理したい場合はバッチ正規化を使えず、後述する他の正規化を使う必要があります。

●………**テンソルデータの正規化**　チャンネルごとの正規化

　ここまでは、正規化対象がベクトルでした。画像や音声のように3軸以上あるテンソルデータが対象である場合、畳み込み層やRNNを使うことが一般的です。この場合、バッチ正規化は**チャンネルごとに正規化**を行います。

　たとえば、ミニバッチサイズがN、チャンネル数がC、空間方向の縦横サ

注5　●参考：A. Galloway「Batch Normalization is a Cause of Adversarial Vulnerability」（ICML、2019）

イズがH, Wであり、(N, C, H, W)という次元を持つ**テンソルデータ h**に対する**バッチ正規化**はチャンネル以外の次元について周辺化し、その情報を元に長さがCである平均ベクトル$\mathbf{m}_B$、分散ベクトル$\mathbf{v}_B$を求めます。

$$m[j] = \sum_{i,k,l} h[i,j,k,l]/(NHW)$$

$$v[j] = \sum_{i,k,l} (h[i,j,k,l] - m[j])^2/(NHW)$$

次に、こららの平均、分散を使ってテンソルの要素$h[i, j, k, l]$をそれぞれ

$$u[i,j,k,l] = \gamma(h[i,j,k,l] - m[j])/\sqrt{v[j]} + \beta$$

のように正規化します。位置によらず、同じ統計情報を用いることができると考えられるためです。

層/サンプル/グループ正規化

バッチ正規化は統計量を求める際に、複数のサンプル(数として64〜1024)が必要です。しかし、問題によっては、複数のサンプルから統計量を求めることが難しい場合があります。たとえば、入力データや学習対象のモデルが大きく、バッチサイズを小さくしないと、これらがGPUメモリに載らない場合が多くあります。とくに顕著なのは、大きな解像度を必要とする物体検出やセマンティックセグメンテーション(後述)タスクの場合です。また、RNNで使う場合も各時刻ごとの活性値の分布が大きく変わってしまうため、バッチ正規化を使うことが難しくなります。

こうした問題に対応するため、バッチ正規化とは異なる統計量のとりかたをする正規化手法が登場しています 図4.7 。

図4.7 各種正規化

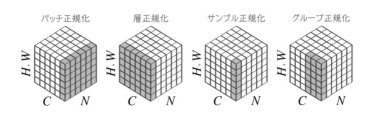

特徴マップのshape（3.6節を参照）が(N, C, H, W)であるとき、バッチ正規化は(N, H, W)の軸に沿って統計量を計算し、C個の統計量を求め、これを使って各チャンネルごとに正規化していました。どの軸に沿って統計量をとるかで、さまざまな変種を考えることができます。

●……… **層正規化**

層正規化（*layer normalization*）[注6]は(C, H, W)の軸、つまり各サンプルごとにその**層の活性値全体**で統計量を求めて正規化します。バッチ正規化とは違って、サンプル方向に沿って統計量はとらずにチャンネル方向に沿って統計量をとり（すべてのチャンネルで同じ正規化を使う）、サンプルごとに別々に求めた統計量を使って別々に正規化を行います。

RNNやTransformerは、入力値に依存して活性値の分布が大きく異なるため、バッチ正規化のように、バッチ中のすべてのサンプルを使って統計量を求めて正規化してしまうと、学習が安定しなかったり精度が落ちてしまいます。層正規化は、サンプルごとかつ層ごとに統計量を求めることで安定した正規化が実現できます。**サンプルごとの統計量が大きく異なる場合に有効な手法です。**

●……… **サンプル正規化**

サンプル正規化（*instance normalization*、事例正規化）[注7]は(H, W)の軸に沿って統計量を計算し、サンプルかつチャンネル(N, C)ごとに正規化します。

バッチ正規化とは違って、サンプルごとに異なる統計量を求めているとみなすこともできます。統計量を求める範囲が小さくなっているので統計量の推定精度が低くなり、正規化の際のノイズが大きくなってしまうのが問題点です。そのため、次に紹介するグループ正規化などを使う場合が多いです。

●……… **グループ正規化**

サンプル正規化の改良版である**グループ正規化**（*group normalization*）[注8]は、チャンネルをそれぞれのサイズが$G=4, 8$といったグループに分割し、(G, H, W)の軸に沿って統計量を計算し$N \times (C/G)$個の統計量を求め、これを

注6 ・参考：J. L. Ba and et al.「Layer Normalization」（arXiv、2016）
注7 ・参考：D. Ulyanov and et al.「Instance Normalization: The Missing Ingredient for Fast Stylization」（CVPR、2016）
注8 ・参考：Y. Wu and et al.「Group Normalization」（ECCV、2018）

使ってサンプル(事例)、グループごとに正規化する方法です。

サンプル正規化に比べて使える統計量が増え、学習が安定化するという利点があります。

重み正規化

ここまで紹介してきた正規化手法は、**活性値を正規化する手法**でした。一方で、活性値はその後に線形変換 $\mathbf{w}^T\mathbf{x}+b$ が適用されますが、線形変換としては $\mathbf{w}$ と入力 $\mathbf{x}$ は役割としては対称的なので、活性値を正規化したのと同様に「重みを正規化」させることで学習を安定化させることが期待されます。

重み正規化(*weight normalization*、WN)[注9]は各出力チャンネルごとにそれに対応する重み $\mathbf{w}$ を、

$$\mathbf{w} = \frac{g}{||\mathbf{v}||}\mathbf{v}$$

のように分解して表現する手法です 図4.8 。

図4.8 **重み正規化**

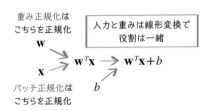

v は **w** と同じ次元数を持ったベクトル、g はスカラー値、$||\mathbf{v}||$ は **v** のノルムです。学習の際は、$g\mathbf{v}$ をパラメータとして扱い、上の式に従って重み **w** を復元し、それを利用して線形変換を実行します。

重み **w** をこのように分解しても表現している関数自体は変わらず、単に冗長に表現しているだけに見えますが、学習のダイナミクスは大きく変わります(バッチ正規化も同様に表現力は変わっていないが、学習ダイナミクスが変

注9 • 参考:T. Salimans and et al. 「Weight Normalization: A Simple Reparameterization to Accelerate Training of Deep Neural Networks」(NeurIPS、2016)

わっている)。

目的関数Lに対する$\mathbf{v}$についての勾配$\nabla_{\mathbf{v}}L$[注10]は、

$$\nabla_{\mathbf{v}}L = \frac{g}{||\mathbf{v}||}M_{\mathbf{w}}\nabla_{\mathbf{w}}L$$

$$M_{\mathbf{w}} = I - \frac{\mathbf{w}\mathbf{w}^T}{||\mathbf{w}||^2}$$

として求められます。ここから、重みについての勾配は正規化前の重みの勾配$\nabla_{\mathbf{w}}L$が、$\frac{g}{||\mathbf{v}||}$でスケールされており、また$M_{\mathbf{w}}$では今の重みが張る空間から離れる方向に射影されることがいえます 図4.9 。

図4.9 重み正規化の更新方向

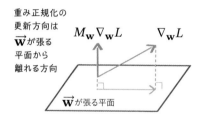

重み正規化の
更新方向は
$\vec{\mathbf{w}}$が張る
平面から
離れる方向

これにより、更新ごとに$\mathbf{v}$のノルムの大きさは単調増加していきます。そして、学習が進むにつれて学習率を自動的に下げていく効果が実現されます。

重み標準化

次に紹介する**重み標準化**(*weight standardization*、WS)[注11]はバッチ正規化に近く、重みの平均と分散を計算し、それらを使って重みの平均が0、分散が1となるように正規化します。重み標準化も学習を高速化し、汎化性能の改善に大きく貢献します。

注10 $\nabla_x y$は、yのxについての勾配を表す記法です。

注11 ・参考:S. Qiao and et al.「Micro-Batch Training with Batch-Channel Normalization and Weight Standardization」(CVPR、2019)

畳み込み操作（変換）の入力次元数をI、出力次元数をOとします。たとえば、画像の場合は入力チャンネル数がC_{in}とカーネルサイズがKのとき、$I = C_{in}K^2$となり、出力チャンネル数がOとなります。この変換は$\mathbf{y} = \hat{\mathbf{W}} * \mathbf{x}$のように表されます。ここで$\mathbf{W} \in R^{O \times I}$は畳み込み層の重みパラメータ、$\mathbf{x} \in R^I$は入力ベクトル、$\mathbf{y} \in R^O$は出力ベクトル、「$*$」は畳み込み操作です。

重み標準化は、この(O, I)の軸で表される重みをIの軸に沿って統計量をとり、O個の平均値μ_iと分散v_iを求め、次にその統計量を使ってバッチ正規化と同様にして重みを平均を0、分散が1になるように正規化します。

$$W_{i,j} = \frac{W_{i,j} - \mu_i}{\sqrt{v_i}}$$

$$\mu_i = \frac{1}{I} \sum_{j=1}^{I} W_{i,j}$$

$$v_i = \sqrt{\frac{1}{I} \sum_{i=1}^{I} (W_{i,j} - \mu_i)}$$

●……… **重み標準化の効果と使い方**

重み標準化もバッチ正規化と同様に、勾配降下法による最適化がしやすいように**目的関数の傾きを抑える効果**があります。

この重み標準化は、**活性値の正規化と組み合わせる**ことができます。とくにグループ正規化と重み正規化を組み合わせた場合、バッチ正規化（バッチ方向の統計量）を使った場合と同じような精度を達成できることがわかっています。そのため、バッチサイズが1であったり、バッチ方向に統計量をとるのが難しい問題で広く使われるようになっています。

［アドバンス解説］白色化

この白色化の解説部分は、これまでより高度な行列や統計の知識を必要とします。ここを読み飛ばしたとしても、以降には差し支えありませんので、必要になったときに参照してみてください。

これまで紹介してきた正規化は、いずれも次元ごとに平均や分散といった統計量を求め、それらを使って次元ごとに正規化を行っていました。

　一方、実際のデータには**次元間の相関が存在し、それらの相関を取り除く**ように変換することで、さらに勾配降下法による収束が速くできることが知られています。このような操作を**白色化**(*whitening*)と呼びます **図4.10** 。

図4.10　　白色化

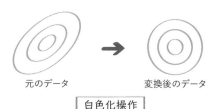

元のデータ　　　　　　　変換後のデータ

白色化操作

データ分布を、原点を中心に同心円状にするような操作

　たとえば、目的関数の等高線が同心円状になっている場合は、勾配降下法は速く収束します。勾配は最適値の方向を向いているので、適切な学習率を選べば1回の更新で最適値に収束します。それに対し、目的関数の等高線がひしゃげて(押されて潰れ、変形する)楕円、かつ斜めになっている場合はギザギザに進むしかなく、収束が遅くなってしまいます。白色化は、データ分布を変換することで**目的関数の等高線を同心円状にするような操作**です[注12]。

　こうした白色化操作は、従来から画像処理などで入力の前処理として行われていました。たとえば、主成分分析(PCA)を使った白色化が知られていますが、PCAの操作は軸がミニバッチごとに変わってしまう問題があります。ここでは、白色化操作の中でも学習と相性の良い**ZCA** (*zero-phase component analysis*、ゼロ位相白色化)操作を説明します。

● ⋯⋯⋯**共分散行列から固有値を求める**

　共分散行列(*variance-covariance matrix*)は**一変数における分散を多変数に一般化し、ベクトルの成分間の分散を表します。たとえば、i番めの成分とj番めの成分が同時に大きくなりやすい場合は分散は大きく、逆にそれらの成分が独立の場合は分散は0に近くなります。共分散行列のi, j成分はベクトル

注12　バッチ正規化などは楕円のまま原点に移動した上で各軸ごとの分散を同じにする操作であり、斜めになったままです。

の i 番めの成分と j 番めの成分間の共分散を表します。

入力やある層の入力のデータセット $\mathbf{h}_1$, $\mathbf{h}_2$, …, $\mathbf{h}_n$ が与えられたとき、その平均 $\mathbf{m}$ および共分散行列 S は次のように求められます。

$$\mathbf{m} = \frac{1}{n} \sum_{i=1}^{n} \mathbf{h}^{(i)}$$

$$S = \frac{1}{n} \sum_{i=1}^{n} (\mathbf{h}^{(i)} - \mathbf{m})(\mathbf{h}^{(i)} - \mathbf{m})^T$$

この共分散行列 S の i 行 j 列めの成分 $S[i, j]$ には、i 番めの成分と j 番めの成分の共分散が格納されています(対角成分 $S[i, i]$ には、バッチ正規化で使ったのと同様、成分ごとの分散が格納されている)。

対称行列は直交行列によって対角化することができ、これを**固有値分解**と呼びます。共分散行列は対称行列なので、固有ベクトル(Appendixを参照)を並べて得られる行列 $Q=[\mathbf{q}_1, \mathbf{q}_2, ..., \mathbf{q}_m]$ と固有値を対角成分に並べた行列 Σ を使って、$S=Q\Sigma Q^T$ のように分解(固有値分解)できます[注13]。これら Q と Σ を使って、入力 $\mathbf{h}^{(i)}$ を次のように変換する操作を**ZCA変換**と呼びます。

$$\hat{\mathbf{h}}^{(i)} = Q\Sigma^{-0.5}Q^T(\mathbf{h}^{(i)} - \mathbf{m})$$

●⋯⋯ZCA変換を使い、特徴を白色化する

この変換では平均を引いた後に、各固有値ごとの成分の影響を揃え(同心円状にし)、最後に軸を元の方向に戻します。**軸を元の空間に戻す**のが重要で、この操作がない場合、白色化変換をするたびに(固有値が近い)軸がシャッフルされてしまう現象が起きてしまいます。

この操作を各層で行うためには先ほどの固有値分解(S から $Q\Sigma Q^T$ を求める操作)を行う必要がありますが、計算量が大きく毎回行うのは現実的ではありません。そこで、すべての次元間ではなく次元をグループに分け、それぞれのグループ内のみでZCAによる白色化を行うことで計算量を抑えつつ、白色化の効果を得ることができます[注14]。また、白色化の計算量を減らした方法も提案されています[注15]。

注13 「Σ」(sigma)は合計を表す「$\sum$」(sum)と記号が似ていますが、行列を表しており、とくに固有値行列や特異値行列を表すのに使われることが多いです。

注14 ・参考:L. Huang and et al.「Decorrelated Batch Normalization」(CVPR、2018)

注15 ・参考:W. Shao and et al.「Channel Equilibrium Networks for Learning Deep Representation」(ICML、2020)、C. Ye and et al.「Network Deconvolution」(ICLR、2020)

4.3
スキップ接続

正規化層に続いて、本節ではニューラルネットワークの発展で重要な役割を果たすスキップ接続について押さえます。

● スキップ接続のしくみ　変換をスキップして出力に接続

はじめに、**スキップ接続**(*skip connection*)について **図4.11** に示します。

図4.11　スキップ接続

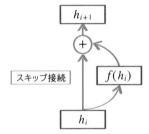

ResNetが導入したスキップ接続は、
ニューラルネットワークアーキテクチャの最も重要な概念の一つ。
これにより学習が格段に容易になり、100層を超える学習が可能となった

ニューラルネットワークでi層めの入力をh_iとし、$i+1$層めの入力をh_{i+1}とします。通常のニューラルネットワークはi層めの処理をfとすると$h_{i+1}=f(h_i;\theta)$と処理します。

ここで、関数fは何らかの**非線形変換**で、一般に「1つ以上の**畳み込み層**と**活性化関数**、**正規化層**の組み合わせ」から成ります。

これに対し、スキップ接続を使った計算は次のような形をとります。

$$h_{i+1} = h_i + f(h_i;\theta)$$

このように、変換した後の結果$f(h_i)$に入力そのものh_iを足した結果を使います。計算グラフで書いた場合、入力が**変換をスキップ**してそのまま出力に接続していることから「スキップ接続」という名前がついています。

この一見すると些細な工夫が、**学習の安定性や効率性、表現力で劇的な効果を生み出します。**

このスキップ接続の式を変形すると $h_{i+1}-h_i=f(h_i;\theta)$ となり、あたかも変換後 h_{i+1} と変換前 h_i の差分を f でモデル化しているようにみなせます。

このため、スキップ接続を導入したネットワークは残差（*residual*）をモデル化していることから「Residual Network」（**ResNet**）[注16]という名前がついています。

この**スキップ接続**は「勾配消失問題」を解決し、逐次的な推論を実現します。

勾配消失問題　なぜ誤差逆伝播時に誤差が途中で消失してしまうのか

前述のとおり、勾配消失問題は、ニューラルネットワークで誤差逆伝播時に誤差が途中で消失してしまうという問題で、従来は普遍的に見られた大きな問題でした。勾配が消失してしまうと、勾配法では学習することはできません。

なぜ誤差逆伝播時に誤差が途中で消失してしまうのかについて、押さえておきましょう。誤差は各層を伝播する際に、**活性化関数の微分と重み行列の転置行列を掛けていきます。**層数が大きい場合は、この掛け算が何回も発生します。この結果、誤差逆伝播時に最初は大きかった誤差がほぼランダムにバラバラに切り刻まれてしまい、下の層では誤差が消失する、もしくは近い位置でも誤差の方向がばらばらの方向を向く状態になります。この現象は「Gradient Shuttered」とも呼ばれます。

別の言い方をすると、下の層のパラメータを少し変えたとしても上の出力はまったく変わらないようなネットワーク[注17]となってしまう状態です。これは、パラメータの変化に対して、**勾配の変化が滑らかではないため起こる**問題です。あたかも操り人形の中の紐がでたらめにつながっており、入力を動かすと、出力がめちゃくちゃに動くようなものです。

従来は、このような勾配消失問題が頻出していたため、**スキップ接続が導入される前までは、学習可能なニューラルネットワークは10層程度までが限度であり、それ以上になると学習できなかったり、できたとしても訓練誤差**

注16 • 参考：K. He and et al.「Deep Residual Learning for Image Recognition」（CVPR、2016）
注17 最適化の観点からは、勾配はほとんど0のような「プラトー」（*plateau*）といえます。

を十分小さくすることができず、層数が少ないニューラルネットワークに性
能面で負けている状態が続いていました。

スキップ接続は高速道路のように情報や誤差をそのまま伝える

それに対し、**スキップ接続は誤差逆伝播時に上層の誤差を下層に崩さずに
そのまま伝える**役割を果たしています。

まず、$h_{i+1}=h_i+f(h_i;\theta)$であり、$h_{i+1}$の$h_i$についてのヤコビ行列は、

$$\frac{\partial h_{i+1}}{\partial h_i} = I + \frac{\partial f(h_i)}{\partial h_i}$$

となります。h_iのh_iについてのヤコビ行列は単位行列のIとなります。

> **ヤコビ行列** *Note*
> ヤコビ行列はh_{i+1}の各成分について、h_iの各成分で偏微分をとった値を並べて
> 得られた行列。勾配の多変数出力への一般化となります。必要に応じてAppendix
> も参照してください。

これを踏まえて、スキップ接続がある場合に目的関数Lのh_iについての勾
配がどうなっているかを計算すると、以下のようになります。

$$\begin{aligned}
\frac{\partial L}{\partial h_i} &= \frac{\partial L}{\partial h_{i+1}}\frac{\partial h_{i+1}}{\partial h_i} \\
&= \frac{\partial L}{\partial h_{i+1}}\left(I + \frac{\partial f(h_i)}{\partial h_i}\right) \\
&= \frac{\partial L}{\partial h_{i+1}} + \frac{\partial L}{\partial h_{i+1}}\frac{\partial f(h_i)}{\partial h_i}
\end{aligned}$$

このように順計算で入力がスキップ接続で上層にそのまま伝わるのと同様
に、誤差逆伝播でも上層からの誤差($\frac{\partial L}{\partial h_{i+1}}$)がそのまま下層に伝わります。

スキップ接続はあたかも高速道路のように下層と上層をつなぎ、順計算時
は入力情報、誤差逆伝播時は誤差情報を遠く離れたところまで情報を落とさ
ずに伝えることができます。

スキップ接続は逐次的推論を実現する

　また、このスキップ接続によって、ネットワークは今持っている情報を少しずつ修正したり、加工していくことができるようになります。

　スキップ接続を使わないニューラルネットワークは、各層で入力を丸ごと更新する必要がありました。この変換において、誤って入力の重要な情報を消してしまったり、間違ってしまうと取り返しがつきません。あたかも絵を描くときに最初から下描きなしに一気に描くようなものです。

　それに対し、スキップ接続は今の入力を目標に向けて少しずつ修正していくことができます。絵を描くときに、今の絵の状態を見ながら完成に向けて少しずつ修正していくように変換でき、難しい変換を推定する問題を単純な変換の組み合わせで表すことができます。ResNetは、このような**逐次的な情報処理**を実現します。

　さらに、**スキップ接続は、現在の状態を損失が小さくなるように勾配降下法で逐次的に更新している**とみなすことができます[注18]。

　ここではnブロックから成るResNetを考え、入力が$h_1=x$、各ブロックが$h_{i+1}=h_i+f_i(h_i)$と表され、最終層h_nを使って目的関数の値$L(h_n)$が計算されたとします。このとき、目的関数はテイラー展開を使って次のように分解できます。2行めでは$L(h_{n-1}+f_{n-1}(h_{n-1}))$を$h_{n-1}$の周りで1次までテイラー展開し、3行めでは$L(h_{n-1})=L(h_{n-2}+f(h_{n-2}))$を$h_{n-2}$の周りで1次までテイラー展開し、それを$i$番めのブロックまで再帰的に適用しています。

$$L(h_n) = L(h_{n-1} + f_{n-1}(h_{n-1}))$$

$$= L(h_{n-1}) + f_{n-1}(h_{n-1}) \cdot \frac{\partial L(h_{n-1})}{\partial h_{n-1}} + \mathcal{O}(f_{n-1}(h_{n-1})^2)$$

$$= L(h_{i-1}) + \sum_{j=i-1}^{n-1} f_j(h_j) \cdot \frac{\partial L(h_j)}{\partial h_j} + \mathcal{O}(f_j(h_j)^2)$$

> **テイラー展開** Note
> テイラー展開は$L(x+a)$という関数をxの周りで1次まで展開した場合、$L(x+a) = L(x) + L'(x)a + \mathcal{O}(a^2)$ が成り立ちます。

注18 ・参考：S. Jastrzebski and et al. 「Residual Connections Encourage Iterative Inference」(ICLR、2018)

この目的関数を小さくするためには各ブロック$f_j(h_j)$は$\dfrac{\partial L(h_j)}{\partial h_j}$と逆の方向を向いたベクトルになる必要があります(ベクトル間の内積が負になるためにはベクトルが逆方向を向いている必要がある)。つまり$f_j(h_j) \sim -\alpha\dfrac{\partial L(h_j)}{\partial h_j}$となります。

学習を進めて目的関数を小さくしていった場合は$f_j(h_j)$は今の状態h_jを入力として使った目的関数$L(h_j)$がより小さくなる方向$-\dfrac{\partial L(h_j)}{\partial h_j}$を向くことになり、スキップ接続で現在の状態$h_i$を$h_{i+1}$に更新する(前出の 図4.11 中の $\oplus$ /oplus/circled plus)部分は、以下のように、

$$h_{j+1} = h_j + f_j(h_j) \simeq h_j - \alpha\frac{\partial L(h_j)}{\partial h_j}$$

勾配降下法で現在の入力h_jを改善しているようにみなせます。このように、ResNetは現在の状態を勾配降下法で逐次的更新しているとみなせます。

スキップ接続は情報を落とさず、ボトルネックを使える

また、スキップ接続によって、計算量を抑えるために有効な「ボトルネック」と呼ばれるテクニックを使うことができるようになります 図4.12 。

図4.12 ボトルネック

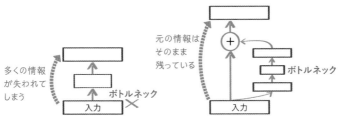

多くの情報が失われてしまう

元の情報はそのまま残っている

ボトルネック

入力

ボトルネック

入力

通常のニューラルネットワークは計算量を抑えるために、途中で特徴マップを小さくすると、元の情報が失われてしまう

スキップ接続では元の入力情報もそのまま伝えるので、ボトルネックを使っても情報が失われない

　ボトルネック(*bottleneck*、**情報ボトルネック**)は変換する際に、一度チャンネル数や空間方向に関してデータを小さくしてから計算コストのかかる変換を行った後、再度元の入力と同じサイズに戻すというテクニックです。

　一般的なボトルネックとしては、カーネルサイズが 1×1 の畳み込み層でチャンネル数を小さくした後に、計算量のかかるカーネルサイズが 3×3 の畳み込み層で変換し、その後に再度カーネルサイズが 1×1 の畳み込み層でチャンネル数を元の入力と同じ数まで戻します。

　スキップ接続がない層でボトルネック操作を行ってしまい、その層で情報が落ちてしまい、それ以降の層で一度落ちてしまった情報を復元することができません。実際、このようなネットワークは、精度が大きく劣化してしまいます。ResNetはボトルネックで情報が落ちたとしても、元の入力情報はスキップ接続経由で復元できるので、以降の層でも入力情報をすべて扱うことができます。ボトルネックはスキップ接続を使ったニューラルネットワークで広く使われています。

スキップ接続の変種

　スキップ接続には、さまざまな変種が提案されています。ここではその中で重要な変種として、PreActivation、Single ReLU について紹介します 図4.13 。

図4.13　PreActivation と Single ReLU

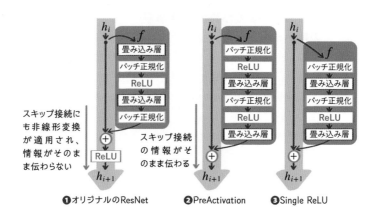

❶オリジナルのResNet　❷PreActivation　❸Single ReLU

　スキップ接続の目的は、入力情報をそのまま上層まで変換せず伝え、また
それによって上層から伝わってきた誤差が消失せず下層まで伝播することで
学習を容易にすることでした。そのため、スキップ接続を通るパスでは、活
性化関数のような非線形関数を適用しないほうが望ましいと考えられます。

　スキップ接続が導入されたオリジナルのResNet 図4.13❶ ではスキップ接
続した入力とブロックからの結果を足し合わせた後に活性化関数ReLUを適
用し、それをまた次のブロックとスキップ接続へと分岐させていました。計
算式で書くと次のように表されます。

$$h_{i+1} = f_{ReLU}(h_i + f(h_i))$$

　この場合、スキップ接続を通るパスも繰り返し非線形である活性化関数が
適用され、誤差逆伝播時にも活性化関数の微分が繰り返し適用されることに
なり、勾配消失が起きやすくなってしまいます。

●⋯⋯⋯ [スキップ接続の変種❶] PreActivation

　そこで、図4.13❷ にある PreActivation と呼ばれる方式では活性化関数の
ReLUをブロックfの中に入れ、スキップ接続では非線形変換を適用しないよ
うにします。この方式ではブロック内にReLUを移動し、さらに、最初に畳
み込み層(*weight*)から始めるのではなく、ReLUから始めます。ブロック内で
最初に「Activation」(活性化)から始めるので「PreActivation」と呼びます。

●⋯⋯⋯ [スキップ接続の変種❷] Single ReLU

　また、このPreActivationのブロック内で、最初のReLUを除いた方式をブ
ロック内でReLUを一つしか使わないのでSingle ReLU 図4.13❸ と呼びます。
Single ReLUが多くの場合、性能を挙げられることがわかっています[注19]。

　Single ReLUが性能改善できるのかについて、Single ReLUが後述する注
意機構を実現していることが挙げられます。これについてはp.217のコラム
「MLPと注意機構」を参照してください。

注19 ・参考：D. Han and et al.「Deep Pyramidal Residual Networks」(CVPR、2017)

4.4
注意機構　入力に応じて、データの流れ方を動的に変える

　本節で取り上げる注意機構はすでに広く使われていますが、今後、さらに高度な処理を実現する上で、「ディープラーニング分野の最重要要素」といっても過言ではありません。以下では、注意機構の基本的な考え方、そして注意機構を実現する手法について紹介していきます。

注意機構の基本

　これまで紹介してきた総結合層や畳み込み層といった接続層は、人が設計し、データの流れ方は固定的でした。

　それに対し、入力データに応じて、**データの流れ方を動的**(*dynamic*)**に変える**ようなしくみを実現するのが**注意機構**(*attention unit*)です 図4.14 。注意機構はネットワークの**表現力**を大幅に向上させると同時に、**学習の効率性、汎化能力**を大きく改善することができます。

図4.14 　注意機構の動的な動き

```
総結合層、畳み込み層、          注意機構
回帰結合層
```

接続や重みが　　　　　　　　　　　入力によって
入力によらず固定　　　　　　　　　接続や重みが変わる

「注意」の重要な役割と注意機構　選択/フィルタリング

　「注意」という言葉は、普段の日常生活でも使う馴染みがある言葉だと思います。たとえば「足元に注意」という看板は、足元に段差があったり、足元が滑りやすくなっているときに、普段は意識の外にある足元からの感覚に注意を振り向け、足元を実際に見てみることを促すことを意味しています。

　わたしたちは、いつもさまざまな感覚器官などから集められた膨大な情報

を処理しています。しかし、こうした処理のほとんどは無意識下で処理しており、意識されることはありません。先ほどの「足元に注意」のように意識を特定の対象に振り向けた場合、はじめて、その対象が意識上に上がってきます。これは、あたかも無意識下の大きな海の中から意識対象を選択し、意識上にすくい上げ、そこでより詳細な分析をしたり、その結果に基づいて計画を立て行動を起こせるようにするしくみです。

　このように、**注意の重要な役割は、膨大な情報の一部だけに集中し、ほかを捨て去る、選択/フィルタリングの役割です** 図4.15 。これにより、問題解決に重要な情報を処理することにエネルギーを集中し、関係ない要素を無視することができます。

図4.15 **注意による選択/フィルタリング**

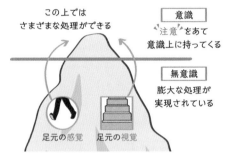

注意は膨大な無意識の中から一部を選択し取り出す操作。
問題解決に重要な情報を処理することに集中する

　注意機構は、この注意のしくみをニューラルネットワーク内で実現します。こうした、現在の状態で表される情報の中から一部の情報を選択し、それを処理することができます。

［注意機構の役割❶］表現力を改善できる

注意機構が果たす役割を挙げていきましょう。
　一つめは注意機構は**表現力を改善**できます。通常の**ニューラルネットワークは固定の接続、重み**を使っており、どんな入力データに対しても、同じパラメータを使った関数を使って処理しています。

　それに対し、注意機構を使った場合、データに応じて**データの流れ方やパラメータの重み付けを変えます**  。そして、データに応じて、**関数がその形を適応させる**ことができます。

図4.16　　注意機構による「表現力」の改善

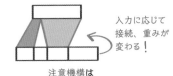

普通のネットワークは
データによらず同じ処理を行う

入力に応じて
接続、重みが
変わる！

注意機構は
入力に応じて接続、重みが変わるため、
モデルの表現力が上がる

● ········ データに応じて関数の形を変えられる能力

　別の見方として、入力データによって接続層の重みを生成する関数を学習しているとみなすこともできます。どの入力を選択して読み取るかと、その入力だけ残すような重みパラメータを設定することは同じだからです。

　このように、注意機構を使うと**データの流れ方が自由**になり、通常の接続層では難しかった、広い範囲を入力とすることができます。

　たとえば、過去の状態の一部を注意対象とし、情報を読み取り、現在の状態を処理する際に使うことができます。データに応じて、その場でネットワークのパラメータ（畳み込みの重みパラメータなど）を生成し、そのパラメータを使ってデータを処理することもできます。

　この**データに応じて関数の形を変えられる**という能力によって、ニューラルネットワークが表す関数の表現力を大きく上げることができます。

［注意機構の役割❷］学習効率を改善できる

　二つめは、注意機構は学習効率を改善できます。ニューラルネットワークは分散表現の能力を活かし、内部で多くの表現や処理が共有されています 。この分散表現は、あるタスクを学習した結果を他のタスクでも共有することを実現しています。

図4.17 注意機構による「学習効率」の改善

タスクAをうまく　タスクBが
できるよう　　　うまく処理
に更新　　　　　できなくなる

タスクAをうまく　タスクBが
できるよう　　　干渉する部分が
に更新　　　　　少なくなる

注意で選択されたモジュール

分散表現ではタスク間
で表現や処理を共有
して使え、効率的であ
り、汎化能力も高い

分散表現の問題点として
共有して使っているため、
学習時に他のタスク（分
類においてもあるラベルを
分類できるようにする場
合、他のラベルに対して）
の学習結果が他のタスクに
干渉し、悪影響を及ぼす

注意機構で特定のモジ
ュールしか使わないように
すると、学習時にも使った
部分だけが更新される。
関係のないタスクの干渉
が少なくなり、学習が速
くなる

　しかし、分散表現のような多くの情報を共有することには、その代償があります。あるタスクを学習するためにパラメータを更新すると、他のタスクを解く上で有用だったパラメータが壊れてしまう可能性があることです。これは人に置き換えて考えると、自転車の乗り方を覚えたら泳ぎ方がおかしくなってしまうというようなありえないことなのですが、今のニューラルネットワークの学習ではそれが起こってしまいます。このような新しいことを学習した結果、前の学習結果を忘れてしまう現象は専門用語で**破滅的忘却**（*catastrophic forgetting*）と呼ばれます。

　この現象は、ソフトウェアが内部で共有ライブラリや他のソフトウェアに依存している場合と似ています。そのソフトウェアを動かすために必要な変更を共有ライブラリに適用してしまうと、他のソフトウェアが動かなくなってしまうという問題が発生します。そのため、ソフトウェアの世界では依存するライブラリやソフトウェアのバージョンを固定化する、各システムを動かす際はコンテナなどで隔離し、他モジュールに影響がないようにするなどの工夫がされるようになってきました。

●………**影響を与える範囲を限定的にするしくみ**

　このような影響を与える範囲を限定的にするしくみを、注意機構は実現します。先ほど、注意機構は内部で一部の状態だけを選択し学習するという話をしました。

これにより、ネットワーク内で注意機構で選択されなかった状態は最終結果には影響を与えず、その結果、誤差逆伝播法で勾配を計算する際も前向き計算に参加しなかった領域には勾配は流れず、そのパラメータは更新されません。

　注意機構を使うことで、**実際にタスクに使われたパラメータのみに絞り込んで更新することができ**、他のタスクの学習結果が保たれるようにします。注意機構を使わない場合は、学習の過程で、このような破滅的忘却が常に起こって学習が進んだり戻ったりすることが起きるのですが、注意機構を使った場合はこうした現象を抑えることができ、速く学習できるようになります。

［注意機構の役割❸］汎化能力を改善できる

　三つめは注意機構は**汎化能力を改善**できます。汎化能力の獲得で問題となる過学習が起きる理由は、入力と出力間で本当は存在しない偽の相関を使うように学習してしまうことです。たとえば、手にとった物体を画像認識するモデルを学習させた場合に、物体ではなく手の形や背景などと物体ラベル間の相関を捉えてしまった場合、このモデルは過学習しており、違う状況でとった物体の認識に汎化することありません。

　もし、注意機構が入力の中で、手や背景は無視して、物体の情報だけをとりだして認識モデルを作ることができていれば、このモデルは過学習せず汎化することが期待できます。注意機構は入力すべてを使わずに、**情報のボトルネックをわざと作る**ことによって、偽の相関を使ってしまう可能性を少なくしているとみなすことができます。

「時間スケール」の異なる記憶のしくみ

　次に、「注意機構」と「記憶」の関係を見ていきます。注意機構は**時間スケールの異なる記憶のしくみ**の一つとみなすことができます。

　ニューラルネットワークは、異なる時間スケールで「記憶」を扱うことができます。時間スケールとして次のような異なるスケールがあります。

- 今処理しているデータについての記憶（活性値／内部状態）
- 過去の学習に使ったデータの記憶記憶（重み／パラメータ）
- 入力を順に処理している際の過去に処理したデータについての記憶（注意機構）

ニューラルネットワークの記憶の方法

さらに、記憶で重要なことは、**情報をどのように保存しておくか**、そして、**それをどのように思い出すか**についてです。これらについて注目していきながら、記憶の方法を見ていきましょう 図4.18 。

図4.18 ニューラルネットワークの記憶の方法

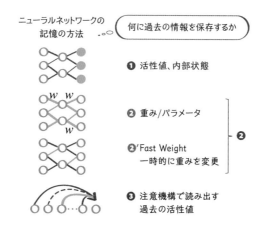

ニューラルネットワークの記憶の方法 ← 何に過去の情報を保存するか

❶ 活性値、内部状態

❷ 重み/パラメータ

❷' Fast Weight
一時的に重みを変更

❸ 注意機構で読み出す
過去の活性値

● ········ [記憶のしくみ❶]活性値/内部状態　すぐアクセス、小容量

一つめの記憶のしくみは、ニューラルネットワークの**活性値/内部状態**として保存する方法です。この場合、記憶は各層の入力や出力として表されており、ほとんどの場合**テンソルデータ**として表現されます 図4.18❶ 。これは、あたかも情報をコンピュータのレジスタ（*resister*）[注20]に記録しているようなものであり、現在の処理結果をすぐに使えるように保存している場合に、相当します。そして、保存された情報は次の層ですぐに使われ捨てられます。

内部状態は容量が固定なので、たくさんのことは記憶できません。たとえば、多くのことを記憶しようとすると、他の記憶を忘れてしまったり、複数の記憶が干渉し合い、正確に記憶しておくことができません。

注20　プロセッサの演算器近くに配置され高速アクセスできる小容量の記憶回路で、コンピュータの記憶階層の上位（上のほうが高速/小容量、高級/高コスト）に位置します。

●⋯⋯⋯［記憶のしくみ❷］重み/パラメータ　過去と一致しているかを調べている

　二つめの記憶のしくみは、ニューラルネットワークの**重み/パラメータ**に保存する方法です **図4.18❷**。重みは、一見すると記憶とは違うように思いますが、これらの重みは勾配降下法を使っている場合、学習時に負の勾配を少しずつ足し合わせることで構成されています。重みについての勾配はその計算式から、そのときと出力についての誤差の直積($\partial L/\partial W = \mathbf{e}\mathbf{h}^T$、$\mathbf{e}$が出力まで伝播してきた誤差、$\mathbf{h}$がそのときの内部状態)として表されます。

　そのため、重みパラメータが張る空間は、内部状態が張る空間と一致します。この重みと内部状態の内積は、過去の内部状態と一致しているかを調べていることになり、重みも**過去の活動を記憶している**といえます。この部分に関して **図4.19** に補足をまとめましたので、必要に応じて参考にしてください。

図4.19　　重みは過去の入力を記憶している

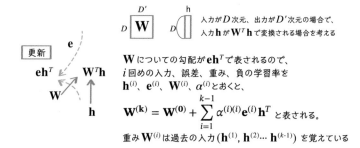

　入力がD次元、出力がD'次元の場合で、入力$\mathbf{h}$が$\mathbf{W}^T\mathbf{h}$で変換される場合を考える

$\mathbf{W}$についての勾配が$\mathbf{e}\mathbf{h}^T$で表されるので、i回めの入力、誤差、重み、負の学習率を$\mathbf{h}^{(i)}$、$\mathbf{e}^{(i)}$、$\mathbf{W}^{(i)}$、$\alpha^{(i)}$とおくと、

$$\mathbf{W}^{(k)} = \mathbf{W}^{(0)} + \sum_{i=1}^{k-1} \alpha^{(i)(i)} \mathbf{e}^{(i)} \mathbf{h}^T$$ と表される。

重み$\mathbf{W}^{(i)}$は過去の入力($\mathbf{h}^{(1)}, \mathbf{h}^{(2)}\cdots \mathbf{h}^{(k-1)}$) を覚えている

●⋯⋯⋯［記憶のしくみ❷'］Fast Weight

　さらに、一時的に重みを変える**Fast Weight**[注21]と呼ばれるしくみも注目されています **図4.18❷'**(次ページのコラムも合わせて参照)。重みの数は活性値の数に比べ非常に大きいので、重みを一時的に変えておくことでニューラルネットワークが記憶しておける量を大幅に増やすことができます。

　たとえば、3層のMLPで各層のニューロン数が100の場合、活性値の数は100×3(層)=300ですが、重みの数は$100 \times 100 \times 2$(1層めと2層め、2層めと3層めの間の重み)=20000であり、活性値と比べて100倍近くの量が保存で

注21　•参考：J. Ba and et al.「Using Fast Weights to Attend to the Recent Past」(NeurIPS、2016)

きます。これらの値を少しだけ変えておくことで記憶することができます。実際、人も強度を一時的に変えることで短期記憶を維持すると考えられています。

●⋯⋯⋯[記憶のしくみ❸]過去の内部状態を「注意機構」で読み出す

三つめの記憶のしくみは、過去の内部状態を**注意機構**で読み出す方法です **図4.18 ❸**。

注意機構は、現在の入力、状態に応じて、過去の内部状態から直接情報を呼び出すことができます。使うかどうかもわからない情報を全部内部状態に格納しておくよりは、ずっと効率的に大きな記憶容量を持つことができます。たとえば、数百ステップや数千ステップ前の状態も思い出すことができます。

注意機構は内部状態よりは長期、内部パラメータよりは短期の記憶を担当しているとみなすことができます。

Column

Fast Weight

注意機構を使う際は、過去の情報$\mathbf{h}_1, \mathbf{h}_2, \ldots$を一時的に保存しておく必要があります。計算機では一時的に保存しておくことができますが、脳内でこのような加算個の情報をうまく保存しておくしくみ(たとえば、たくさんの数字を覚える)の実現は難しそうです。また、計算機でも過去の情報が多くなってくると、メモリ容量の観点でも厳しくなってきます。

脳内では、過去の情報をそのまま保存する代わりに、Fast Weightと呼ばれるしくみが使われているのではないかと見られています[注a]。本文でも取り上げたFast Weightは重みパラメータを一時的に変えるもので、時間が立つと元の重みパラメータに戻っていきます。たとえば、ある層の入力と出力が$\mathbf{h}$、$\mathbf{u}$だったという情報はその重みパラメータを$W' := W + \alpha \mathbf{h}^T \mathbf{u}$と一時的に変えることで記憶できます。脳内のシナプスの最も有名な更新則として知られる前後のニューロンが発火した場合、そのシナプスを強化するHebb則と同じです。

ここで紹介したような注意機構を実現するには、もう少し複雑なしくみで更新していると見られます。重み/パラメータは非常に大きな容量があるため、大量の情報を覚えておくことができると考えられています。

注a ・参考:J. Ba and et al. 「Using Fast Weights to Attend to the Recent Past」(NeurIPS、2016)

代表的な注意機構

それでは、注意機構の実現方法を見ていきましょう。

注意機構には、**すべての注意対象に非ゼロの重みを与えるソフト注意機構**と、**一部の注意対象のみ非ゼロの重みを与えるハード注意機構**の2つに分けられます。また、注意対象として過去の自分の計算結果を対象にする**自己注意機構**もあれば、他のネットワークの出力結果を対象にする**相互注意機構**があります。これらについても追って紹介していきます。

最初の注意機構

注意機構は、最初は機械翻訳[注22]で導入され、現在は画像認識や制御など広い問題で利用されています。ここでは、最初に導入された自然言語処理の問題に沿って**入力と出力が系列データ**であるような問題を考えます。

入力として系列データ$x_1, x_2, ..., x_n$が与えられたとします。たとえば、自然言語の単語列とします。この入力データを前から1つずつ処理し、$x_1 ..., x_{t-1}$まで処理が終わっているとし、その結果、中間状態$\mathbf{h}_1, \mathbf{h}_2, ..., \mathbf{h}_{t-1}$が得られているとします。各$\mathbf{h}_i$は$i$番めの入力に対応する中間状態です。このとき、次のデータ$\mathbf{x}_t$を処理して$\mathbf{h}_t$を計算する際に、これまで処理した結果$\mathbf{h}_1, \mathbf{h}_2, ..., \mathbf{h}_{t-1}$をどのように表し、使うかを考えてみます 図4.20 。

たとえばRNNでは、情報はすべて直前の内部状態$\mathbf{h}_{t-1}$に要約されていると考えます。しかし、内部状態の容量は固定なので、いろいろ新しい情報が入力から入っていくなかで遠く離れた要素の情報が失われているかもしれません。

図4.20 過去の計算結果をどのように次の計算で利用するか

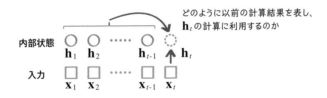

注22 ● 参考：D. Bahdanau and et al.「Neural Machine Translation by Jointly Learning to Align and Translate」（ICLR、2015）

●········ **遠距離の情報をどのように考慮するか**

自然言語処理では、遠く離れた単語が影響を与える場合が多くあります。たとえば、代名詞（日本語の「それ」や英語の「It」）を処理する場合は、代名詞自体に意味はなく、その代名詞が参照している**単語の中間状態**を読み込む必要があります。こうした情報は、固定容量の内部状態にすべて覚えておくことができません。

そこで、以前の情報をすべてそのまま読み込むことを考えます。最も単純には、過去の内部状態をすべて足し合わせて使うことです。

これは合計値 $\sum_{i=1}^{t-1} \mathbf{h}$ を使うことで実現されます 図4.21 。このアプローチでもかなりうまくいきますが、合計値には今回の状態を計算するのには関係のない情報も混ざってしまい、最適とはいえません。

図4.21 過去の内部状態をすべて足し合わせて次の計算に使う

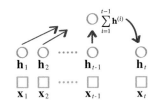

過去の内部状態をすべて足し合わせ、
そこから次の状態を計算する。
過去の状態すべてと直接つながっているといえる

●········ **注意機構を使って、遠距離の情報を読み取る**

そこで、現在の位置の情報 $\mathbf{h}_t$ に応じて、必要な情報だけを読み取ることを考えてみます。まず現在の状態 $\mathbf{h}$（以降、簡略化のため添字の t は省略）から、どのような情報がほしいのかを表すクエリ $\mathbf{q} = W^Q \mathbf{h}$ を計算します 図4.22❶ 。

次に、これまでの内部状態ベクトルごとに、どのような情報を持っているのかを表すキー $\mathbf{k}_i = W^K \mathbf{h}_i$ および、どの情報を相手に渡すのかを表す値 $\mathbf{v}_i = W^V \mathbf{h}_i$ を計算します 図4.22❷ 。これらは学習可能なパラメータ W^K、W^V を使った線形変換で計算します。

図4.22　クエリとキーで注意を計算し、値を読み込む

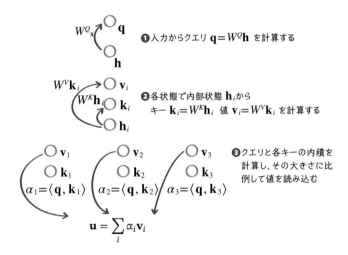

そして、クエリと各キー間の内積 $\alpha_i = \langle \mathbf{q}, \mathbf{k}_i \rangle$ を求めます **図4.22❸**。ここで内積はスカラー値であることに注意してください。この内積が大きければ大きいほど、その位置から多くの値 $\mathbf{v}_i$ を読み込み、逆に内積が小さいほど、その位置の情報は無視することを表します。この α_i が**注意の大きさ**を表しています。これを式で表すと、次のようになります。

$$\alpha_i = \langle \mathbf{q}, \mathbf{k}_i \rangle$$
$$\mathbf{u} = \sum_i \alpha_i \mathbf{v}_i$$

読み込んだ結果は $\mathbf{u}$ とし、これを現在の状態に足し合わせたり、concat[注23]して使います。この注意機構のしくみが、

・入力によって、どのデータを読み取るかが変わってくる（クエリ）
・読み取る対象数が変わっても処理できる

という2点を押さえておいてください。

注23　（チャンネル方向に連結して）新しい結果を作ること。

●⋯⋯⋯ **注意機構は読み取る情報を選択できる**

前述の、何も考えずに過去のすべての情報を足し合わせた場合と違って、注意機構は**クエリとキーの近さ**によってどの情報を優先的に読み込むか、または読み込まないかを制御できます。

クエリとキーは、高次元空間中の一種の**ルックアップテーブル**(*lookup table*)を表しており、役に立つ情報かそうでないかで、読み出すかどうかを制御できるようになっています。ハッシュテーブル(*hash table*)のような離散的なルックアップキー(*lookup key*)とは違って、クエリとキーは高次元空間中にあり、似たようなクエリ、キーは似た位置に集まることが期待されます。これにより、新しいデータから生成されたクエリやキーに対しても汎化して、うまく情報を集約できることが期待されます。

> **ルックアップテーブルとハッシュテーブル**　　　　　　　　　Note
> 　ルックアップテーブルは、計算結果を配列や連想配列に格納しておき、後で参照する方法です。ハッシュテーブルは、入力からハッシュ関数でハッシュ値(要約値)を計算し、ハッシュ値を参照時の添字として利用する方法です。

●⋯⋯⋯ **注意機構は「微分可能」で、「end-to-end」で学習できる**

この注意機構全体の操作は**微分可能**な操作です。誤差逆伝播法を使ってクエリやキー、値、そしてこれらを生成するパラメータW^Q, W^K, W^Vを更新することができます。

もし、ある位置から読み込んだ情報が最終的に役立つのであれば、現在のクエリと対応するキーとの内積はより大きくなる、つまりクエリとキーが近づく方向に更新されるようになります **図4.23**。

図4.23　　注意が損失を減らすのに貢献するなら、クエリとキーは近づく

$\mathbf{v}_i$の影響を大きくすると、損失を減らせる
➡ $\alpha_i = \langle \mathbf{q}, \mathbf{k}_i \rangle$を大きくする
➡ $\mathbf{q}$と$\mathbf{k}_i$を近づける

> 高次元空間中のルックアップテーブルであり、
> 役に立つ情報が近づくように学習される

●········ **注意機構は遠く離れた情報を1ステップで読み込む**

注意機構の優れた点は、遠く離れた情報も1ステップで集めることができることです 図4.24 。

畳み込み層は隣接する位置にしか情報を伝えないため、遠く離れた位置に情報を伝える場合には、ストライドを大きくして、解像度をダウンスケーリング（*down scaling*、低解像度に変換）していく必要があります。たとえば、ダウンサンプリングで解像度を毎回1/2にする場合でも、64離れた位置に情報を伝えるには6ステップ必要になります。

それに対し、注意機構の場合は、どれほど離れた位置にある情報も1ステップで伝えることができます。

図4.24　　**注意機構は遠く離れた情報を1ステップで集約できる**

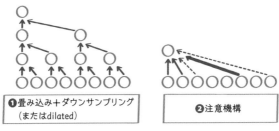

❶畳み込み＋ダウンサンプリング
（またはdilated）
❷注意機構

❶畳み込み層で遠く離れた情報を集めるには、
系列長がNのとき$O(\log N)$　ステップ必要なのに対し、
❷注意機構は1ステップで集められる

●········ **ソフト注意機構とハード注意機構**

ここで紹介している注意機構は、すべての注意α_iが0ではない（たまたま内積が0になる場合を除いて）ことからソフト注意機構（*soft attention unit*）と呼びます。これによって、誤差逆伝播法で学習する際にすべての要素に誤差が流され、どの要素が必要だったのか、必要なかったのかを試すことができます。

これに対し、一部の注意のみが非ゼロで、残りの注意を0とするような注意機構をハード注意機構（*hard attention unit*）と呼びます 図4.25 。たとえば、100個の注意候補位置のうち、3ヵ所だけが非ゼロの注意重みを持つような場合です。一部の位置しか最終結果に貢献しない場合に有効であり、汎化性能を上げるのに貢献します。これに対し、ソフト注意機構では関係のないすべての情報が利用されます。しかし、ハード注意機構では、注意で選ばれなかった位置の誤差は0とな

るので、学習することができません。そのため、ハード注意機構では候補位置が
有望ではなくても、ときどき試しに使ってみるということが必要になります。これ
は強化学習と同様に「利用（報酬）と探索のジレンマ」が発生するということです。

図4.25　ソフト注意機構とハード注意機構

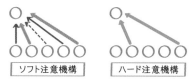

ソフト注意機構では
すべての位置に非ゼロの注意をあてるのに対し、
ハード注意機構では、一部の位置しか非ゼロでない

自己注意機構/Transformer

　ここまでの注意機構は、遠く離れた位置や別のニューラルネットワークが
処理した結果から情報を読み取りました。次に紹介する**自己注意機構**（*self-attention unit*）/**Transformer**[注24] は前の層の結果が注意対象となり、次の層で
まとめて処理するようなモデルです。

　具体的には、自己注意機構は入力集合$\mathbf{x}=x_1, x_2, …, x_n$を別の出力集合
$\mathbf{h}=y_1, y_2, …, y_m$に変換するような関数です。多くの場合、入力サイズと
出力サイズは一緒（$n=m$）ですが、違う場合も扱えます。

　この自己注意機構は**入力に依存したデータの流れ方を学習**し、それを使っ
てデータを流すような手法とみなすことができます。もともとは自然言語処
理のような系列データに対して提案されていましたが、現在では画像のよう
な2次元データ、点群（点の集まり、ポイントクラウド/*point cloud*）やタンパ
ク質データのような3次元データに対しても適用することができます。

　このような柔軟性があるのは、自己注意機構は**集合を入出力**とし、系列や
2次元、3次元中のデータといった幾何情報は**位置符号化**という形で埋め込ん
でいるためです。

　自己注意機構は、自然言語処理のBERTやGPT-3など多くの重要なアーキ

注24 ・参考：A. Vaswani and et al. 「Attention Is All You Need」（NeurIPS、2017）

テクチャで使わているだけでなく、画像認識など他の問題でも使われるようになってきており、最も注目されているアーキテクチャといえます。

　次に紹介する「スケール化内積注意機構」は、この自己注意機構の中で標準的に使われている方法です。スケール化内積注意機構を使うことで、注意対象数が異なる場合も同じモデルを使って扱うことができます。

●········**スケール化内積注意機構**

　ここでは系列や集合など複数の要素$x_1, x_2, \ldots, x_n$を処理し、**内部状態** $\mathbf{h}_1, \mathbf{h}_2, \ldots, \mathbf{h}_n$を得ているとします。

　はじめに、位置ごとにクエリ重み行列W^Q、キー重み行列W^k、値重み行列W^Vを使ってクエリ$\mathbf{q}_i = W^Q \mathbf{h}_i$とキー$\mathbf{k}_i = W^K \mathbf{h}_i$、そして値$\mathbf{v}_i = W^V \mathbf{h}_i$を求めます **図4.26❶**。これらを行ごとに並べて得られる行列をQ, K, Vとします。この計算は、内部状態を行ごとに並べた行列を$\mathbf{H}$としたとき、$Q = W^Q H^T, K = W^K H^T, V = W^V H^T$と行列演算で表すことができます。

図4.26　　**スケール化内積注意機構**

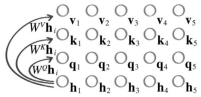

❶各位置でクエリ $\mathbf{q}_i$ キー $\mathbf{k}_i$ 値 $\mathbf{v}_i$ を
共有した線形変換W^Q, W^K, W^Vで計算する。
この計算は内部状態を並べた行列をHとしたとき、
$Q = W^Q H^T, K = W^K H^T, V = W^V H^T$ と行列演算で表せる

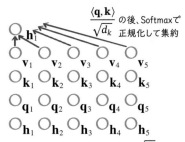

❷クエリ、キー間の内積$\langle \mathbf{q}, \mathbf{k} \rangle$を次元数$d_k$の$\sqrt{d_k}$で割った上で
Softmax関数で正規化し、重みを決定その重みで重み付けして値を集約

次に、クエリとキー間の内積を QK^T という行列積で計算します。QK^T の行列は i 行 j 列めの要素がクエリ $\mathbf{q}_i$ とキー $\mathbf{k}_j$ の内積であることに注意してください。この内積をキーやクエリの次元数 d_k の平方根 $\sqrt{d_k}$ で割ります。平均0、分散1、次元数が d_k のランダムなベクトル同士の内積の結果は平均0、分散 d_k となるため、それを内積結果を $\sqrt{d_k}$ で割ることで、次元数によらず内積の分散が1となることを期待するためです。

そして、列ベクトルに対し、Softmax操作[注25] を適用し、重み $\alpha_1, \alpha_2, ...,$ α_n を得ます。最後に、この重みに比例して値ベクトルを足し込んで（$\sum_i \alpha_i \mathbf{v}_i$）、それを出力とします **図4.26②** 。

この入力 Q, K, V から出力までを得る一連の操作を一つの関数 $\mathrm{Attention}(Q, K, V)$ とすると、以下のように行列演算で表せます。

$$\mathrm{Attention}(Q, K, V) = \mathrm{Softmax}\left(\frac{QK^T}{\sqrt{d_k}}\right)V$$

これを**スケール化内積注意機構**（*scaled dot-product attention unit*）と呼びます。この演算はすべて行列演算で行うことができます。現在のハードウェアは行列演算のような均一な操作を並列に行う場合に効率的に処理できるよう最適化しているので、このスケール化内積注意機構も現在のハードウェアは効率的に処理することができます **図4.27** 。

図4.27 自己注意機構は行列演算で実現できる

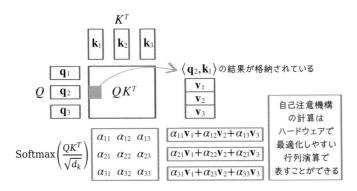

●········ **複数ヘッドを使った注意機構**

この注意機構は、1つの読み込みヘッド（ハードディスクのヘッドのイメージ）を使って、各場所から値を読み込んでいるようにみなせます。

たとえば、画像でいえば、1つの読み込みヘッドはあるパターンに対応することになります。しかし、畳み込み操作で**複数パターン**を使ってさまざまな種類の情報を抽出していたように、注意機構でも**複数の注意パターン**を使って異なる種類の情報を取得することがほとんどの処理で必要になります。

そこで、複数の読み込みヘッドを使って情報を読み込むことを考えます。クエリ、キー、値からヘッドごとのクエリ、キー、値を生成する射影行列 (W_i^Q, W_i^K, W_i^V) を用意し、それらを使って各ヘッド用のクエリ QW_i^Q、キー KW_i^K、値 VW_i^V を使ってスケール化内積注意機構で得た結果を concat し、再度入力と同じ次元になるように行列 W^O を使って変換します。これを MHA（*Multi-head attention*）と呼びます 図4.28 。

$$\text{MultiHead}(Q,K,V) = \text{concat}(\text{head}_1, \text{head}_2, ..., \text{head}_h)W^O$$
$$\text{head}_i = \text{Attention}(QW_i^Q, KW_i^K, VW_i^V)$$

図4.28 複数のヘッドを使い、複数の注意を使う

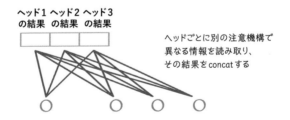

ここで、W_i^Q、W_i^K、W_i^V、W^O は学習可能な行列です。h（ヘッド数）としては4や8などが使われます。

たとえば、畳み込み操作を MHA を使ってシミュレーションすることができ、各 head が畳み込みの各位置からの読み込みに対応することができます[注26]。学習の過程で各 head が相補的な情報を読み取るようになります。

注26 • 参考：J. Cordonnier and et al. 「On the Relationship between Self-Attention and Convolutional Layers」（ICLR、2020）

●········ 要素ごとのMLPを使った変換

こうして得られた結果の後に、各位置ごとにMLPを使って変換します。変換の直前に層正規化を適用し、またスキップ接続も併用することが一般的です。このMHAの後にMLPを適用した処理を1つの**ブロック**（*block*）とします。このMLPを適用している処理部分をとくに、FFN（フィードフォワードネットワーク、3.6節を参照）と呼びます。

$$\mathrm{FFN}(x) = W_2 f_{ReLU}(W_1 x + b_1) + b_2$$

また、**スキップ接続**と**層正規化**を使って学習を容易にします。

この要素ごとのMLPは、過去の学習データの記憶を参照する操作に対応することがわかっています（次ページのコラム「MLPと注意機構」を参照）[注27]。これらをまとめると、MHAで現在処理しているデータの別の位置の情報を集約し、FFNで現在の情報を元に過去の情報を集約していることになります。

そして、オリジナルの自己注意機構ではMHAとFFN、それぞれでスキップ接続を用意し、その直後に層正規化を適用します。

このスキップ接続と層正規化を行うタイミングにより、さまざまな変種があります。たとえば、MHAとFFNの直前で正規化を行い、スキップ接続はそのまま行うPre-LN[注28]、そして、オリジナルに加えて注意スコアだけを伝播させるRealFormer[注29]が登場しています。

符号化と復号化から成る「Transformer」

この自己注意機構を使って、文字列から文字列、より一般には**集合から集合への変換**を実現するのがTransformerです。たとえば、翻訳では入力文を翻訳した結果を出力します。

Transformerは「符号化器」と「復号化器」から成ります。**符号化器**（*encoder*）は自己注意機構を使った複数ブロックから構成され、入力を変換した内部状態を作ります。**復号化器**（*decoder*）も自己注意機構を使います。ただし、復号化器では、クエリは下の層から計算されますが、キーと値は符号化器の内部

注27 ● 参考：M. Geva and et al.（「Transformer Feed-Forward Layers Are Key-Value Memories」（EMNLP、2021）
注28 ● 参考：R. Child and et al.「Generating Long Sequences with Sparse Transformers」（arXiv.、2019）
注29 ● 参考：R. He and et al.「RealFormer: Transformer Likes Residual Attention」（arXiv.、2020）

216

状態から計算される違いがあります。このように、別の位置の情報を読み取るような注意機構を**相互注意機構**(*mutual attention*)と呼びます。これによって、符号化器で得られた内部状態で読み出して、出力列を求めます 図4.29。

図4.29　Transformer

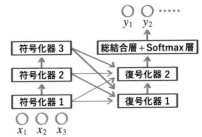

Transformerは符号化器と復号化器から成る。
符号化器は自己注意機構とMLPを組み合わせ、
復号化器は下の復号化器の結果からクエリを計算し、
符号化器からキーと値を計算し、注意機構を使って情報を集約する

Column

MLPと注意機構

注意機構では、最初に現在の状態 $\mathbf{h}$ からクエリ $\mathbf{q}$ を出力し、次に注意対象の要素からキー $\mathbf{k}_i$ と値 $\mathbf{v}_i$ を出力します。そして、クエリとキー間の内積の大きさを Softmax などで正規化した上で、注意対象の値 $\mathbf{v}_i$ をを重み付けして足し合わせた結果を利用します 図C4.A 。

$$\mathbf{u} = \sum_i \text{Softmax}(\langle \mathbf{k}_i, \mathbf{q} \rangle)\mathbf{v}_i$$

これに対し、入力層、中間層、出力層から成る MLP を考え、中間層で1回だけ ReLU を適用した場合を考えてみます。スキップ接続の Single ReLU や、Transformer の MLP がこの形をしています。

$$\mathbf{u} = V f_{ReLU}(K\mathbf{q})$$

ここでは、入力は $\mathbf{q}$、1層めの重み行列を K、2層めの重み行列を V としています。

また、中間層のi番めのユニットにつながる重みをつなげたベクトルを$\mathbf{k}_i$とします。すると、2層めの出力結果はi番めの成分が$\langle \mathbf{k}_i, \mathbf{q} \rangle$であるようなベクトルとなります。これに、ReLUを適用します。また、このi番めのユニットと出力でつながっている各重みを並べたベクトルを$\mathbf{v}_i$とします。すると、この3層のMLPの出力$\mathbf{u}$は、

$$\mathbf{u} = \sum_i f_{ReLU}(\langle \mathbf{k}_i, \mathbf{q} \rangle)\mathbf{v}_i$$

とみなすことができます。この式と注意機構の式を比較すると、MLPと注意機構は同じ計算をしており、注意対象のキーと値は中間層のi番めのユニットにつながる重みが対応していることになります。

別の見方をすると、MLPの中間層の各ユニットが一つの記憶を担っており、そのユニットにつながる前の層の重みがキー、後の層の重みが値に対応しており、3層が1セットとなり、過去の記憶から値を読み出しているような操作になっているとみなすことができます。

それでは、何の値を記憶して呼び出しているのでしょうか。勾配法を使っている場合、損失のVについての勾配は$\mathbf{u}$についての誤差と中間層の入力とのベクトルの外積であり、この勾配がVに足されています。よって、損失を小さくすることができた値を、過去から思い出しているとみなすことができます。

■図C4.A　　注意機構と、3層のMLP & Single ReLU

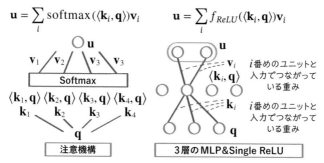

3層のMLPでのSingle ReLU（中間層で1回だけ非線形変換を適用）と、注意機構は同じ形をしている。
中間層のユニット数だけ過去の情報を記憶し、それを読み出している

位置符号化

　注意機構は、CNNやRNNとは違って、すべての位置でまったく同じ計算を行い、「位置情報を使えない」という問題があります（MLPも同様に、位置情報は使えない）。これまでの計算式では、入力位置情報は登場しませんでした。したがって、ある要素とある要素が隣り合っている、遠くにある、右隣にあるといった情報を利用できません。たとえば、文のはじめだとか、ある単語の隣であるという情報は考慮できません。

　そこで**現在の位置情報**を各要素の入力に加えます。具体的には、以下のように位置pを異なる周波数の$\sin$関数、$\cos$関数を使って変換した結果をつなげたベクトルで表した**位置符号化**（*position encoding*、PE）を使います。

$$PE(p, 2i) = \sin(\frac{p}{10000^{2i/d_{\mathrm{model}}}})$$
$$PE(p, 2i + 1) = \cos(\frac{p}{10000^{2i/d_{\mathrm{model}}}})$$

　ここでd_{model}は内部状態の次元数です 図4.30 。この位置符号化の結果、ベクトルを、入力（前出の 図4.29 のx_1, x_2, x_3）に加えて利用（concatなど）することで、位置情報も考慮して処理することができます。

図4.30　**注意機構の位置情報と位置符号化**

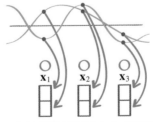

注意機構はすべての位置で操作が対称なので、位置情報が失われてしまう。
位置符号化は、位置を複数の周波数の$\sin$、$\cos$関数の結果をつなげたベクトルで表す。
入力に位置符号化の結果ベクトルをconcatして利用する

　ここでは、自然言語処理を想定して解説を行ってきましたが、位置符号化は他のタスクでも広く使われています。この位置符号化を使うことで、**違うサイズや情報間で変換を行うことができます**。たとえば、3次元情報から2次元情報への変換なども扱うことができます。

効率的な自己注意機構へ　自己注意機構の致命的欠点

自己注意機構は多くの長所がありますが、致命的な欠点として系列長がNのとき、計算量が$\mathcal{O}(N^2)$となってしまう問題があります。**すべての位置において、すべての位置に対する注意を計算するためです。**

そのため、現実的な計算時間で処理するためには、系列長を短く（たとえば512など）区切って処理する必要がありました。しかし、自然言語処理で遠く離れた位置に出現した単語や文への依存があるほか、遺伝子配列解析など、さらに長い距離の依存が見られます。そのため、Transformerの表現力を落とさず、計算量を減らす提案が多くなされてきました。

● ……… **Big Bird**　線形の計算量で処理できる自己注意機構

ここで紹介するBig Bird[注30]は、計算量を入力長Nに対し線形計算量$\mathcal{O}(N)$に抑えつつ、計算モデルの表現力は同じであり実際精度が高いというものです。

接続元、先の要素を行/列に並べた隣接行列で見た場合、Transformerの隣接行列は、すべての要素が埋まっている場合とみなせます。これに対し、Big Birdは3種類の**注意（接続）**を利用します **図4.31**。

図4.31　Big Bird

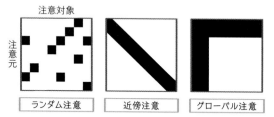

Big Birdはランダム注意、近傍注意、グローバル注意を組み合わせることで全体の計算量を$\mathcal{O}(N)$（要素あたりの注意対象を$\mathcal{O}(1)$）にしながら、フルの注意機構と同じ表現力を達成する

一つめは疎な**ランダム注意**です。各位置ごとにあらかじめ決めた固定位置数のみを注意対象とします。

注30　•参考：M. Zahher and et al.「Big Bird: Transformers for Longer Sequences」(NeurIPS、2020)

　二つめは**近傍注意（周辺窓注意）**です。各位置ごとに固定の近傍のみを注意対象とします。近傍情報が重要だという事前知識も利用しています。

　三つめは**グローバル注意（大域注意）**です。1つ2つの固定の位置だけ、すべての位置を注意対象とします。グローバル接続用に実際の入力にはない仮想的な位置を用意することもできます。

　これら3つの注意はいずれも注意対象数は $O(N)$ であるため、これらをあわせた全体の注意対象数も $O(N)$ であり、系列長を非常に長く（たとえば数千など）しても計算することができます。

　また、**Lambda Network**[注31] は、入力全体で計算した特徴ベクトルを全体に適用するようにし、位置依存の処理は限定することで全体の計算効率を改善しつつ、表現力を高めることに成功しています。

　このほか、**Attention Free Transformer（AFT）**[注32] はヘッド数を次元数と一緒にし、各ヘッドが1次元しか対応しないようにすることで、計算を要素ごとの演算にできるようにし、キーと値間の計算を先にすることで計算量を線形に抑えることができています。このようにした場合も、同じ性能を達成できると報告しています。

4.5 本章のまとめ

　本章では、大きなニューラルネットワークの発展的な例を紹介しました。学習を安定化させ、誰でも学習できるようにした**正規化層**と**スキップ接続**を紹介し、正規化関数の具体的な例として**バッチ正規化**、**層/サンプル/グループ正規化**、**重み正規化**、**重み標準化**、**白色化**を紹介しました。

　また、ニューラルネットワークの表現力、汎化能力を大きく改善できる**注意機構**を取り上げ、**ソフト注意機構**、**ハード注意機構**、**Fast Weight**、**自己注意機構**、**Transformer**、**スケール化内積注意機構**、**線形時間注意機構（Big Bird）**、**位置符号化**を紹介しました。

注31 • 参考：I. Bello and et al.「LambdaNetworks: Modeling Long-Range Interactions Without Attention」（ICLR、2021）

注32 • 参考：S. Zhai and et al.「An Attention Free Transformer」 **URL** https://openreview.net/forum?id=pW--cu2FCHY

ディープラーニングを活用したアプリケーション

大きな進化を遂げた画像認識、音声認識、自然言語処理

図5.A 主要なアプリケーション領域

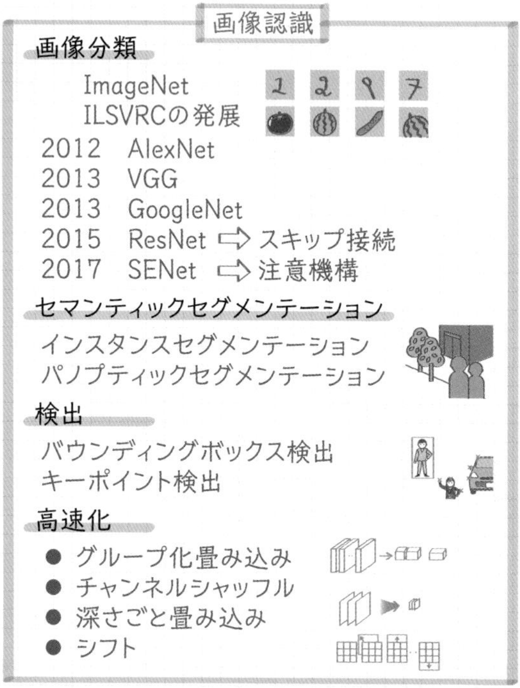

画像認識

画像分類

ImageNet
ILSVRCの発展
2012　AlexNet
2013　VGG
2013　GoogleNet
2015　ResNet ⇨ スキップ接続
2017　SENet ⇨ 注意機構

セマンティックセグメンテーション

インスタンスセグメンテーション
パノプティックセグメンテーション

検出

バウンディングボックス検出
キーポイント検出

高速化

- グループ化畳み込み
- チャンネルシャッフル
- 深さごと畳み込み
- シフト

ディープラーニングは、その高い性能と柔軟性から幅広い分野で利用されています。

　とくに表現学習ができる特徴を活かして、すでに情報が整理されているような構造化されたデータよりは、非構造化データで従来手法に比べて大きな精度向上を達成しました。いくつかの分野ではディープラーニングを使うことではじめて、実用的なレベルに達したアプリケーションがあります。

　本節では代表的な利用事例として、画像認識、音声認識、自然言語処理においてディープラーニングがどのように使われているのかについて紹介していきます 図5.A 。

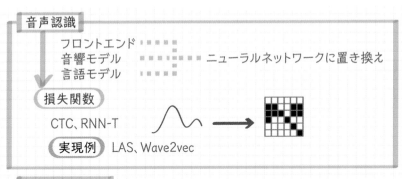

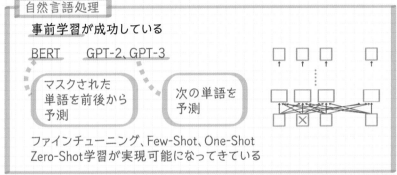

5.1
画像認識

　本節では、**画像認識**（*image recognition*）について解説を行います。画像認識のタスクとして、画像が入力として与えられたとき、その画像に写っているのは何であるかを推定する画像分類からスタートし、検出、セグメンテーション、そして画像認識の高速化について順に見ていきましょう。

画像分類

　図5.1 に、**画像分類**（*image classification*）の例を示しました。たとえば、手書きで0〜9の10種類の数字が書かれている画像を入力とし、どの数字が書かれているかを推定する問題は、画像から{0, 1, ..., 9}の10クラスへの分類タスクだとみなせます。また、一般物体画像分類タスクでは、その画像に写っているのが何であるかを広いクラス（テレビ、トマト、ヤギなど）の中から推定します。この場合、分類対象クラス数は数千〜数十万と多くなります。

図5.1　　　画像分類

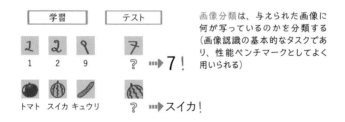

画像分類は、与えられた画像に何が写っているのかを分類する（画像認識の基本的なタスクであり、性能ベンチマークとしてよく用いられる）

　画像分類はディープラーニングの発展の中心を担ってきており、そこで育った技術は画像分類以外の分野でも取り入れられています。そのため、本書では、画像分類についてとくに詳しく取り上げていきます。

●⋯⋯⋯ニューラルネットワークによる画像処理

　まず、画像分類を含めた画像認識において、ニューラルネットワークは画像をどのように扱うかについて見ていきます。

画像は、「*NCHW*」と呼ばれる4つの添字で指定されるテンソルデータ $\mathbf{X} \in R^{N \times C \times H \times W}$ で表現されます。

*N*は画像の添字番号、*C*(*Channel*)はチャンネル(後述)、*H*(*Height*)は画像の高さ、*W*(*Width*)は画像の幅を表します。そして $\mathbf{X}[n, c, h, w]$ で*n*番めの画像の (h, w) の位置にある*c*番めのチャンネルの値を表します。画像を個別にではなく、*N*個まとめた形で扱うのは、勾配計算時のミニバッチや推論時もまとめて処理した方が計算効率が良いからです。

軸の順序はNCHW? NHWC? Note

ここで、軸の順序として、直感的でもあり計算効率も高いような、チャンネルが最後である*NHWC*という順番でなく、チャンネルが2番めに入る*NCHW*という順番でデータが格納されるのは、初期のディープラーニングフレームワークであるCaffeがその順番を採用したためであり、その後もそれに従ったという経緯があります。

最近では*NHWC*という順番を利用する、または内部でそのように自動的に変換するケースも増えてきています。

チャンネルは、それぞれの位置にある別の種類のデータを表します。たとえば、RGBフルカラー画像はチャンネル数が「3」の場合に対応し、各チャンネルが赤、緑、青の成分値に対応します。

また、第3章で扱ったように中間層のチャンネル値は、各パターンが出現したかどうかに対応します。

●········**画像認識の基本的な処理の流れ**

入力画像は、空間方向(幅、高さ)には数十〜千といった大きさを持つのに対して、チャンネル数は白黒の場合は「1」、フルカラーの場合で「3」と小さく、(*N*を無視した場合)非常に薄い液晶パネルのようなデータの形をしています。

画像を認識するには、ある画素だけを見てもそれが何であるか認識できず、数十〜数百といった広い領域の画素情報を統合して扱う必要があります。

この実現のために、画像認識では元の入力解像度に畳み込み層やプーリング層を適用して徐々に解像度を減らしながらチャンネル数を増やし、空間方向が小さく、チャンネル数が大きいようなテンソルデータへと変えていきます。

図5.2 に、処理の一般的な流れをまとめました。一定の層ごとに各畳み込み層やプーリング層は空間方向の解像度を半分にし、チャンネル数を2倍とする

ような変換を適用します。この場合、空間方向は $(1/2) \times (1/2) = 1/4$ となり、チャンネル数は2倍になるので、扱う値の数としては情報を半分に圧縮していることに対応します。これを繰り返していき、最終的に空間方向 W, H のサイズが 1×1、チャンネル数が数百〜千のようなデータへと変換します。

図5.2 ■ ニューラルネットワークによる画像認識の流れ

❶ 入力の空間解像度が大きく、チャンネル数が小さい
特徴マップを畳み込み層、プーリング層で、
空間解像度を小さく、チャンネル数を大きく変換する

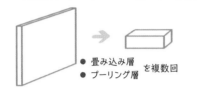

● 畳み込み層
● プーリング層 を複数回

❷ 空間をなくし、ベクトルにし、総結合層を適用し、
各クラスごとのスコア（logit、Softmax直前の非正規化値）を出力

ベクトル
に変換

総結合層
クラスごとのスコア

このデータは空間方向に広がりは持っていないので、そのままベクトルとみなすことができます。このベクトルを総結合層を使って、次元数がクラス数と一致するようなベクトルに変換します。そして、ベクトルの各成分がクラスに対応しているとみなし、成分値が最も大きなクラスを分類結果とします。また、空間方向に一定サイズ（8×8 など）まで小さくなった後は、カーネルサイズ（パターンサイズ）が 8×8 の Averaged Pooling（p.152を参照）を適用し、空間方向を一気に潰して 1×1 にする手法もよくとられます。この場合、最後の数層をスキップすることができ、パラメータ数も大きく減らすことができるほか、損失関数を最適化しやすい滑らかな形にする効果があります。

このような、「画像」を扱う場合、**徐々に空間方向について潰していき、チャンネル数を増やしていく**という設計は、現在のディープラーニングによる画像認識が最初に提案された AlexNet（後述）からこれまでほとんど変わっていません。

画像分類の発展の歴史

　画像分類は、ディープラーニングの進化の中心を担ってきました。とくに2012年にAlexNetが登場して以降、ILSVRCのエラー率が半分ずつに減っていくという劇的な改善が、2017年にILSVRCが終了するまで実現されてきました。この改善の中で、ニューラルネットワークを代表するようなさまざまな技術が登場してきました。

　以下では、その歴史をなぞりながら導入された技術を紹介していきます。

- CNN
  - AlexNet（2012年）
  - VGGNet（2013年）
  - Inception（2015年）
  - ResNet/**スキップ接続**/**バッチ正規化**（2015年）
  - SENet/**グローバル注意機構**（2017年）
- Transformer
  - ViT（2020年）
- MLP
  - MLP-Mixer（2021年）

AlexNet

　AlexNetは、2012年にILSVRC（*ImageNet Large Scale Visual Recognition Challange*）で優勝したネットワークで、ディープラーニングが世の中に広く知られるようになり、その後の発展の礎を作った金字塔的なネットワークです[注1]。ネットワーク名は、作者のAlex Krizhevskyの名に由来しています。

　Alex Krizhevskyは、その当時まだ空想の域を超えなかったGPUを使って、大きなニューラルネットワークを、大きなデータセットで学習させるという構想を驚異的な実装能力と実験能力で実現させ、ニューラルネットワークが有効であることを世に示しました。指導教官であり、当時もすでに伝説的な存在になっていたHinton教授ですら、彼の一般物体認識をニューラルネットワークで直接解かせるというアプローチには最初は批判的であり、その後考えを改めたと述べています。

注1 ・参考：A. Krizhevsky and et al.「ImageNet Classification with Deep Convolutional Neural Networks」（NeurIPS、2012）

●········ **AlexNetの基本** 画像認識の基本的なアイディアを導入した

AlexNetは、現在の画像認識の基本的なアイディアがすべて提案されてい
ます 図5.3 。

図5.3 AlexNet

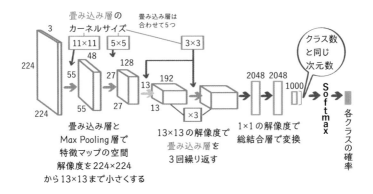

最初の数層は、ストライドが大きい畳み込み層や Max Pooling層を使って、
特徴マップの空間サイズを入力の224 × 224から一気に13 × 13まで小さくし
ます。次に、空間方向のサイズを保ったまま、畳み込み層を3層利用し、最
後に総結合層を2層適用した後、Softmax層を適用し、各クラスごとの確率
を出力します。

この最初に、空間解像度を空間情報がある程度まとまっているサイズまで
一気に落とした上で(AlexNetでは13 × 13)、そこで実際の認識処理を行うた
めに畳み込み層を何回も適用するという考え方は現在でも使われています。

Note

モデル並列
　図5.3では省略していますが、入力以降はすべて2つの独立したネットワークに
分岐されており、別のGPUで処理をし、最後の総結合層のところで合流するよう
になっています。
　この、1台のGPUに載らないモデルを複数のGPUで動かす方式はモデル並列
(*model parallelism*)と呼ばれ、近年モデルが大きくなるにつれ、再注目されてい
ます。

●┄┄┄┄**AlexNetのパラメータ数と特徴マップ**

AlexNetのパラメータ数がネットワーク全体でどのような配置になっているかというと、**総結合層が支配的**です。たとえば、1層めの畳み込み層のパラメータ数は約35000（入力チャンネル数が3、出力チャンネル数が48、カーネルサイズが11なので$3 \times 48 \times 11 \times 11 = 17424$、それが2つなので34848）、真ん中の$13 \times 13$のときのパラメータ数は約130万（$13 \times 13 \times 192 \times 192 \times 2 = 12460032$）であるのに対し、総結合層のパラメータ数は約1700万[注2]と非常に大きいです。

総結合層はパラメータ数が多いことから**過学習する恐れ**があるため、それを防ぐための手法として**ドロップアウト**（*dropout*）も同じ論文の中で提案しています。合わせて、訓練データを反転させたりノイズを加えたりして訓練データを水増しし、汎化性能を上げる**データオーグメンテーション**も提案しています。

ドロップアウト Note

ドロップアウトは学習時に、層中の一定数のユニットをランダムに一定確率で0（ドロップアウト）にして学習します。そして、推論時は補正した上ですべてのユニットを使って推論します。

学習時に毎回別の接続を持ったネットワークを使い、推論時はそれらたくさんのネットワークの平均を利用しているとみなすことができ、汎化性能を改善することが知られている、複数の分類器の多数決をとるアンサンブル学習と同様に過学習を抑えることができます。

また、**特徴マップのshape**を見ると、入力では$224 \times 224 \times 3 = $約15万なのに対し、その直後は$55 \times 55 \times 48 \times 2$（モデル並列で2倍）＝約29万となり大きくなります。その後の特徴マップは空間サイズが1/4（縦横半分）、チャンネル数はたかだか2倍なので、特徴マップのサイズは小さくなる一方です。

このように、CNNは、入力直後の特徴マップが空間方向が小さくなるペースに比べて、チャンネル数が急激に増えるため、入力直後の特徴マップが全体の特徴マップの中で最も大きくなりがちです。

注2　分岐している2つのベクトルがそれぞれ次元数が2048、総結合層で全部つながっています（$(2048 \times 2) \times (2048 \times 2) = 16777216$）。

Geoffrey Hinton

AlexNetの作者Alex Krizhevskyの指導教官であるGeoffrey Hinton教授は、現在のディープラーニングの重要なアイディア、およびそれが動くことを示した重要人物であり、Yoshua Benio、Yann LeCunとともに2018年にその成果が認められ、コンピュータサイエンス分野のノーベル賞と呼ばれる「ACM A.M. Turing Award」(チューリング賞)を受賞しています[注a]。

代表的な仕事として、1986年に多層ニューラルネットワークを誤差逆伝播法で学習し表現学習ができることを提唱し、またBoltzman Machine、Deep Belief Net、Helmholtz Machine(後のVAE/*Variational auto-encoder*などにつながる)、高次元データ可視化のt-SNE (*t-distributed stochastic neighbor embedding*、t分布型確率的近傍埋め込み)など多くの功績を残しています。

2021年時点でのHinton教授の論文の総被引用数は50万本であり、人工知能分野のみならず、コンピュータサイエンス全体で最も多く論文が引用されている人物です[注b]。2012年に彼がMOOC (*Massive open online courses*) のCourseraで行ったディープラーニングの講座[注c]は、その当時のほとんどの研究者が見て勉強しており(筆者も含め)、世の中にディープラーニングを普及させた貢献も大きいといえます。

また、AlexNetの第二著者のIlya SutskeverはAlexNetの実質的なコンセプトを考え実現した人物であり、その後もWord2vec、Seq2seq、Tensorflow、AlphaGo、GPT-*X*等、多くの研究の共著者でありOpenAI[注d]を創設し代表となり、現在のディープラーニング研究の中心人物となっています。

注a ⬛URL https://awards.acm.org/about/2018-turing/
注b ⬛URL https://scholar.google.com/citations?view_op=search_authors&hl=en&ma
　　　uthors=label:computer_science
注c 本書原稿執筆時点では、以下で公開されています。
　　　•「Neural Networks for Machine Learning」
　　　⬛URL https://www.cs.toronto.edu/~hinton/coursera_lectures.html
注d 人工知能を研究する非営利団体。Elon Musk、Sam Altman、Greg Brockman、
　　　Wojciech Zaremba、John Schulmanとともに創設。⬛URL https://openai.com

VGGNet

翌2013年に提案された**VGGNet**[注3]を見ていきます。VGGNetはILSVRC
では後述するGoogleNetについで2位でしたが、多くの新しいアイディアが
導入され、その後の研究の礎になりました。

AlexNetは畳み込み層のカーネルサイズが11 × 11と大きかったのに対し、
VGGNetはカーネルサイズは3 × 3と小さくなっています。その一方で、層
数はAlexNetが畳み込み層が5つしかなかったのに対し、VGGNetは16〜19
層へと急激に増えています。現在では100層を超えるニューラルネットワー
クを使うことも珍しくありませんが、当時は層数が劇的に増えたとVGGNet
の登場は衝撃的でした。

また、層の組み合わせをパターン化し、複数層から成る一つの処理単位を
ブロック(*block*)として考え 図5.4 、パラメータを変えたブロックを変えて積
み重ねていくことでネットワークを構成していきました。

図5.4 　　　　VGGNetのブロック

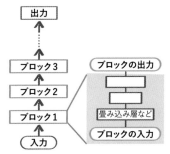

VGGはブロックを導入。
各ブロックは1つ以上の層から成る。
パラメータを変えた同じブロックを繰り返す。
また、畳み込み層のカーネルサイズは3×3と小さくし、
層数は16〜19と多くした

各ブロックは、1つ以上の畳み込み層を繰り返した後に、Max Poolingで空
間サイズを半分、チャンネル数を倍にします。こうした「ブロック」という単

注3　VGGは「Visual geometry group」の略。
　　　• 参考：K. Simonyan and et al.「Very Deep Convolutional Networks for Large-Scale Image
　　　　Recognition」(ICLR、2015)

位で設計する考え方は現在広く使われています。

　VGGNetは、AlexNetと同様に、**最後の総結合層の最初の層のパラメータ
数が大きく**、全体のパラメータの中でこのパラメータ数が支配的になってい
ます（約$25088 \times 4096 = $約1億）。モデル圧縮手法を比較する場合にVGGNet
を使うと圧縮率が高くなりやすいのですが、それはこの**総結合層のパラメー
タが多く冗長である**ためです。

　構造が単純であり、新しい手法の実験を試しやすく、新手法のベースライ
ンとしてよく使われており、16層を持つバージョン**VGG16**と19層を持つバ
ージョン**VGG19**が使われています。

GoogleNet　Inceptionモジュール

　同じ2013年で、ILSVRCで優勝した**GoogleNet**[注4]、およびその中で使われ
る計算機構の**Inception**モジュールについて見ていきましょう。

　GoogleNetの大きな特徴は「**Inception**」 図**5.5** と呼ばれるモジュールを利用
していることです。**Inception**は**カーネルサイズが異なる畳み込み層を並列に
並べ、その結果を結合（concat）**します。

図**5.5**　　GoogleNet の Inception モジュール

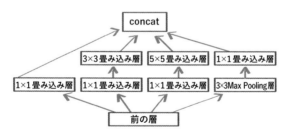

GoogleNet の Inception モジュールは、カーネルサイズの
異なる畳み込み層（1×1、3×3、5×5畳み込み層）とプーリング層
（3×3Max Pooling層）を並列に並べ処理し、その結果を結合する。
また、処理コストを減らすため、最初にカーネルサイズが
1×1の畳み込み層を使い、次元数を落とす

　具体的には、Inceptionはカーネルサイズが1×1、3×3、5×5の異なる

注4　・参考：C. Szegedy and et al.「Going Deeper with Convolutions」（CVPR、2015）

畳み込み層を使い、また 3 × 3 の Max Pooling 層も利用します。また、カーネルサイズが 1 × 1 ではない場合は、チャンネル数を減らすための 1 × 1 の畳み込み層を後続して使います。

●⋯⋯⋯画像認識ではスケールが異なる対象の処理が必要

画像処理において特徴的なのは、認識対象の物体のスケールが大きく異なる場合でも同様に処理する必要があることです。たとえば、目の前にいる人と 10m 先にいる人を認識する場合、大きさは 10 倍近く異なりますが、大きさが異なるだけで認識する方法は同じになるはずです。

Inception は異なるカーネルサイズを用意しておくことで、違う大きさのパーツや物体があったとしても、それを検出できるようにしています。また、Inception はそれらの結果を足す（❶）のではなく、結合（concat、❷）します。

$$c = a + b \quad \cdots\cdots\cdots ❶$$
$$c = \mathrm{concat}(a, b) \quad \cdots ❷$$

●⋯⋯⋯各層の結果を足す場合と結合する場合の違い

各層の結果を「足した場合」と「結合した場合」に、どのような違いがあるのかを見ていきましょう。

足した場合、c のチャンネル数は a, b と同じチャンネル数であり、各チャンネルで a と b 由来の情報が足し合わされ混ざっています。そのため、c 以降ではその情報が a 由来なのか b 由来なのかを区別することはできません。また、a と b の情報は同じ重要度で扱われ、誤差も a と b の両方に同じ大きさの誤差が伝播していきます。一方で、足した場合は出力チャンネル数は入力チャンネルと同じサイズのままでネットワークサイズを抑えられるメリットがあります。

それに対し、concat の場合は、どちらの情報由来かを違うチャンネルとして区別して扱うことができ、また誤差もそれぞれで違う量を伝播することができます。一方で、出力チャンネル数は増えてしまい、必要な計算量やメモリ量が増えてしまうという欠点があります。

⋯⋯⋯⋯⋯⋯⋯⋯⋯⋯⋯⋯⋯⋯⋯⋯⋯⋯⋯⋯⋯⋯⋯⋯

Inception はこの考えに基づき、異なるカーネルサイズを使った畳み込み層の結果を組み合わせることで、スケールが異なる対象の物体をうまく処理できるようにしました。

ResNet　スキップ接続の導入

2015年のILSVRCを優勝した**ResNet**(*Residual network*)[注5]はニューラルネットワークアーキテクチャで最も重要な概念の一つである**スキップ接続**を提案し、導入しました。スキップ接続については4.3節で詳しく取り上げましたので、適宜参照してみてください。

ResNetはスキップ接続を導入することで、層数を一気に152まで増やし、**性能を大幅に改善しました**。

また、このResNetが開発される直前に発表された**バッチ正規化**を導入したことも、学習の安定化につながりました[注6]。

この時点で、**学習の安定化につながるReLU、バッチ正規化、スキップ接続がすべて揃ったことになります**。

DenseNet

スキップ接続は1つのブロックだけでなく、複数のブロック間でつなげることもできます。その代表例が**DenseNet**[注7]です　図5.6 。

図5.6 DenseNet

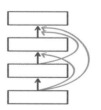

DenseNetは過去の出力がすべて直接
その後のすべての層とつながっている。
ResNetとは違って、足すのではなく、
concatを使い、複数の入力を扱う

注5　•参考：K. He and et al.「Deep Residual Learning for Image Recognition」(CVPR、2016)
注6　このバッチ正規化のように、有効な新手法が発表されると数週間単位ですぐに他の研究でも採用される導入の速さも、ディープラーニング研究の特徴です。
注7　•参考：G. Huang and et al.「Densely Connected Convolutional Networks」(CVPR、2017)

DenseNetは、ResNetと同様にスキップ接続を使いますが、ある層は同じブロック内のその後のすべての層とスキップ接続するようにします。さらに、スキップ接続した結果は足し込むのではなく、チャンネル方向に**concat**するようにします。Inceptionでも見たようにconcatした場合は入力を完全に別に分けて扱うことができ、誤差が別々に流れていくというメリットがあります。

また、DenseNetは常にすべての層間にスキップ接続があります。このため、ある層の結果を途中の層で覚えておく必要がありません。各ブロックの出力チャンネル数によって、DenseNetは**上位層にいくほど入力チャンネル数が増えている**という特徴があります。

DenseNetはスキップが増えて学習しやすくなっただけでなく、パラメータを半減しても同じ性能を発揮することができると報告されています。

SENet　注意機構の先駆け

2017年のILSVRCで優勝した**SENet**（*Sequeeze-and-excitation networks*）[注8]は、注意機構を導入して成功した最初の画像認識モデルです。

SENetは、以下の操作から成ります。

- Squeeze ➡特徴マップを集約する操作
- Excitation ➡特定のチャンネルの情報のみを残す操作

これは**チャンネルを対象とした注意機構**と考えることもできます。SENetは、ResNetの計算ブロックの直後に置かれる（スキップ接続に対するブロックとしては最後）ことが一般的です。各ステップについて詳しく見ていきましょう。

● Squeeze操作とExcitation操作を組み合わせる

図5.7 に計算を挙げました。**Squeeze**操作は、特徴マップ全体でAveraged Pooling操作を適用し、チャンネルごとの平均値を計算します（最初のプーリング）。**空間方向を潰しているため**、「Squeeze」という名前がついています。これにより、空間方向が1×1で、チャンネル数を長さとして持つベクトルが得られます。

注8　• 参考：J. Hu and et al. 「Squeeze-and-Excitation Networks」（CVPR、2018）

図5.7　SENetのSqueeze操作とExcitation操作

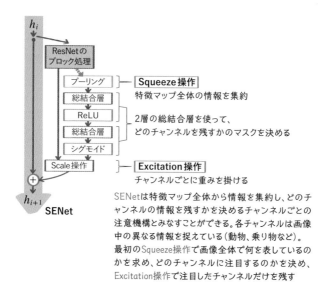

次に、2層の総結合層を適用した後、シグモイドを使ってどのチャンネルを残すかを決める**マスク**を作ります。最後に、作ったマスクmを元の特徴マップに要素ごとに掛け算をするScale操作($h=h*m$)を適用します。これは、チャンネルを活性化させることからExcitation操作と呼ばれます。

●………画像全体から求めた「注目すべきチャンネル」だけ残す

このSqueeze-Excitation操作がどのような効果があるのかについて、直感的な説明をします(前出の **図5.7** もあわせて参照)。

各チャンネルはパターンによる検出結果であり、それぞれ画像中の異なる特徴を捉えています。たとえば、あるチャンネルは動物の毛に反応するパターンの結果であったり、あるチャンネルは乗り物に反応するパターンの結果であるなどです。最初のSqueeze操作によって、画像全体の特徴マップの情報を集め、その結果から画像全体では動物のようなものが写っていることがわかったとします。そして、動物に関連するようなチャンネル特徴だけを残すマスクを作成し、Excitation操作で特徴マップから動物に関係するようなチ

ャンネルだけを残し、他の種類の特徴を捉えているチャンネルを消します。

　注意機構で説明したように**特徴マップから不必要な情報を取り除く**ことで、分類性能が上がるだけでなく、学習時にもその処理に関係のないチャンネルは更新されないようになるため（たとえば、植物を扱うチャンネルは動物の画像の学習時に更新されない）、学習が安定化し、収束が速くなるだけでなく、汎化性能の改善に大きく貢献します。

　この SENet は、現在の**注意機構を使った画像処理の先駆け**ともいえます。現在、注意機構を使うことで、畳み込み層を超えるような性能も達成する手法も多く登場しています。

ILSVRCとその後

　ILSVRC は画像分類タスクのコンペティションであったものの、その他の画像認識（後述の検出やセマンティックセグメンテーション）だけでなく、ディープラーニング全体の発展を支えていきました。ILSVRC 自体は 2017 年に終了しましたが、そのときの最終的な精度（上位 5 個の候補の中に正解があるかを評価する Top-5 error で 2.3%）は人による認識精度（議論はあるが Top-5 error 5.1% 程度）を上回るまでになりました。

　現在でもこの性能は改善され続け、本書原稿執筆時点の Top-5 error は 1.2%（NF-Net[9]、Meta Pseudo Labels[10]）に達しています。

ViT、MLP-Mixer

　これまで CNN を中心とした画像分類を紹介してきましたが、2020 年に入り Transformer、MLP を使ったモデルでも同程度の精度が達成できることがわかってきました。自然言語処理分野で Transformer を使ったモデルが成功したのに伴い、Transformer を画像分類に適用した **ViT**（*Vision transformer*）が提案されました[11]。

注9 ・参考：A. Brock and et al.「High-Performance Large-Scale Image Recognition Without Normalization」（CVPR、2021）

注10 ・参考：H. Pham and et al.「Meta Pseudo Labels」（CVPR、2021）

注11 ・参考：A. Dosovitskiy, and et al.「An Image is Worth 16 × 16 Words: Transformers for Image Recognition at Scale」（ICLR、2021）

　このモデルは、畳み込み層をまったく使わず、画像を最初に16×16個の
パッチに分割した後に各パッチをMLPで変換、16×16個のトークンを求め、
次に自然言語処理のTransformerと同様にトークンに**自己注意機構**を適用し、
特徴を変換していった後に**CLSトークン**（*Classification token*）と呼ばれる特別
なトークンの特徴から各分類スコアを求めます。これはあたかも画像を16×
16=256個の単語列とみなし、その単語列にTransformerを適用した場合と同
じです。このViTは、CNNより遥かに多くの事前学習を必要としましたが、
CNNを使った最も性能が高いモデルに匹敵する性能を達成しました。

　現在ではさらに改良が加えられ、CNNと同程度の学習データでも同じ性能
を達成することがわかっています[注12]。

　また、ViTとCNNは画像の異なる特徴を見ていることもわかっています[注13]。
ViTは画像の低周波領域を中心に見るのに対し、CNNは高周波領域を中心に
見ています。このため、ViTとCNNを組み合わせて両者の強いところを補い
合うような手法がいくつか考えられています。

　さらに、自己注意機構の代わりに**MLP**を使って空間方向の情報集約する
MLP Mixer[注14]も提案されました。その後、改良が加えられた結果、MLP-
MixerもCNNやTransformerを使ったモデルと同程度の性能が達成できたと
報告されています[注15]。

［分類以外のタスク］検出、セグメンテーション

　画像認識の分類以外のタスクとして、画像中にある物体を「検出」するタス
クや、塗り絵のように各画素が何を表しているのかを推定する「セマンティッ
クセグメンテーション」について紹介します。

注12 ・参考：Z. Liu and et al.「Swin Transformer: Hierarchical Vision Transformer using Shifted Windows」（arXiv:2103.14030）

注13 ・参考：「How Do Vision Transformers Work?」
　　　　　　URL https://openreview.net/forum?id=D78Go4hVcxO

注14 ・参考：I. Tolstikhin, and et al.「MLP-Mixer: An all-MLP Architecture for Vision」（CVPR、2021）

注15 ・参考：C. Tang and et al.「Sparse MLP for Image Recognition: Is Self-Attention Really Necessary?」（CVPR、2021）

検出

検出（*detection*）タスクでは画像中のどこに何が写っているのかを推定する
タスクです。分類では画像中に何が写っているかだけで良かったのが、検出
では分類に加えて、**どの位置に出現しているのか**も推定する必要があります。

検出タスクには大きく分けて、「バウンディングボックス検出」と「キーポイ
ント検出」があります 図5.8 。

図5.8 バウンディングボックス検出とキーポイント検出

バウンディングボックス検出は、
物体が出現している領域を矩形で示す。
キーポイント検出は、決められたキーポイント
（例人の頭、手、肩、車の左上、左下など）を検出する

バウンディングボックス検出（*bounding box detection*、BB）では、検出対象
を囲むような矩形（長方形）を推定します。矩形の自由度は4であり、4つの数
を指定すれば決定することができます。たとえば、矩形の左上の頂点座標と
右下の頂点座標を指定すれば矩形が決まります。また、矩形の中心座標と高
さと幅の4つを推定しても矩形が決まります。

これに対し、**キーポイント検出**（*keypoint detection*）では、検出する物体やタ
スクに応じてキーポイントを定義し、それを見つけるように学習します。た
とえば、人であれば、頭の中心や主要関節をキーポイントとし、それらの位
置を推定します。これらのキーポイントの位置がわかれば人の姿勢状態がわ
かり、しゃがんでいるか、立っているか、右手を挙げているかを推定するこ
とができます。

たとえば、車を検出するタスクにおいて、バウンディングボックス検出で
あれば、その車を囲うような矩形を推定するタスクです。車がどちらの方向
を向いていようが、矩形さえ推定できれば良いタスクです。それに対し、キ

ーポイント検出であれば、あらかじめ車の重要なキーポイント（車の全面の右、左先端、、タイヤの位置など）を定義しておき、それらの位置を推定します。どちらが良いかは後続タスクに依存します。

セマンティックセグメンテーション

セマンティックセグメンテーション（*semantic segmentation*、以下、セグメンテーション）は、ピクセルごとにそれがどのクラスに属するのかを推定するタスクです 図5.9 。

図5.9 セマンティックセグメンテーション

セマンティックセグメンテーションは、
画素ごとに、それがどのクラスに属しているかを分類する

この推定結果は、同じクラスの物体ごとに違う色で塗られた**塗り絵**のような結果が得られます。

バウンディングボックス検出では物体を囲むような矩形で物体の位置は推定できていませんでしたが、セグメンテーションでは物体の詳細な位置や姿勢情報が取得できます。

バウンディングボックス検出とセグメンテーションは、一長一短あります。たとえば、画像認識した結果、物体を避けるアプリケーションを作りたい場合は、ざっくりと物体の位置を教えてくれるバウンディングボックス検出の方が扱いやすく、セグメンテーションでは何らかの後処理を加えないと扱うのが難しいです。一方で、物体同士が重なりあっており、物体の細かな状態を知りたい場合は、セグメンテーションの方が向いています。

●········ U-Net

セグメンテーションの場合、可変数個の予測を行うバウンディングボック

ス検出、キーポイント検出とは違って、予測サイズは入力ピクセル数と同じ
で固定であるため、検出に比べて実装が簡単です。一方、すべての位置で詳
細な情報が必要となるため、上層の空間解像度が小さくなってしまっている
特徴マップの情報だけでは不十分です。

　そのような場合には、再度、下層の特徴マップの情報をスキップ接続して利
用する**U-Net**[注16]と呼ばれるアーキテクチャを使うことが一般的です 図5.10 。

図5.10 U-Net

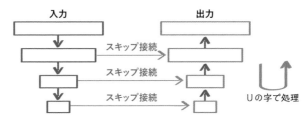

高解像度の出力が求められるタスク（セマンティックセグメンテーションなど）
では、入力に近い解像度の高い特徴マップをスキップ接続して
使うU-Netがよく使われる

●………**インスタンスセグメンテーション**

　セマンティックセグメンテーションの発展型で、**インスタンスセグメンテー
ション**（*instance segmentation*）と呼ばれるタスクもあります。

　これは、同じクラスであっても違う個体であれば、それらを別々の個体だ
と認識した上でセグメンテーションする問題設定です。たとえば、人々の姿
が重なって見えるような人混みの環境では、セマンティックセグメンテーシ
ョン結果ではどこからどこまでが同じ人なのかわかりませんが、インスタン
スセグメンテーションではそれらをそれぞれ別の人と認識することが目標と
なります。一方、そもそも個体という概念がない空や地面などはインスタン
スセグメンテーションでは扱いが難しくなります。

注16 ・参考：O. Ronneberger and et al. 「U-Net: Convolutional Networks for Biomedical Image Segmentation」（MICCAI、2015）

● ········ パノプティックセグメンテーション

パノプティックセグメンテーション（*panoptic segmentation*）[注17] は、従来の
セグメンテーションとインスタンスセグメンテーションを同時に解くような
タスクです。

この場合、セグメンテーション対象はstuffとthingに分けられます。空や地
面のような個別に分けられないものをstuff、人や車など個別に分けられるよ
うなものをthingと呼び、stuffもthingも両方まとめてセグメンテーションし
ます。

Mask R-CNN　検出とインスタンスセグメンテーションの実現例

この検出とセグメンテーションの2つがどのように実現されているかにつ
いて、Mask R-CNN[注18] と呼ばれるネットワークを使って説明します。

Mask R-CNNは、**検出もインスタンスセグメンテーション結果も出力でき
ます**。検出はCNNを使って特徴抽出した後に、その特徴を元にRPN（*Regional
proposal network*）が物体の検出候補を列挙し、各候補が実際に出現しているの
かを調べ、また正確な位置も推定します。この検出候補を列挙し、それぞれ
の候補を処理する部分をR-CNN（*Region based convolutional neural network*）と
呼びます。続いて、各検出候補について**その領域で実際に候補が写っている
領域をMask**することで、インスタンスセグメンテーションを実現します。

● ········ ［Mask R-CNN❶］CNNを使った特徴抽出

はじめに、画像から**CNNを使って特徴抽出します**。この特徴抽出には従来
の画像分類に使われていたネットワーク（ResNetなど）を使うのが一般的であ
り、画像分類とは違って最後のプーリング層を除き、途中の層の結果を利用
します。このネットワークは「トランク」（*trunk*、幹）と呼ばれたり、「バック
ボーンネットワーク」（*backbone network*）と呼ばれたりします。

このネットワークの重みの初期値として、ImageNetなどの分類タスクを学
習した結果を使うことが多いです。これは画像分類に有効な特徴は、検出に
も有効である場合が多いためです。一方で、このような学習済みモデルの再

注17　• 参考：A. Kirillov and et al. 「Panoptic Segmentation」（CVPR、2019）

注18　• 参考：K. He and et al. 「Mask R-CNN」（ICCV、2017）

利用は、新しく学習するタスクの学習データが十分大きければ、その効果は消えてしまうこともわかっています。

●········[Mask R-CNN❷]検出候補の列挙

この抽出された特徴を使い、検出を行います **図5.11**。検出は、分類とは異なる特徴があります。

一つめは、**検出対象の物体のスケールに非常に幅がある**ということです。たとえば、同じ人を検出する場合、その人が遠くにいれば画像にして30ピクセルしかない見えないのに対し、近くにいる場合は画像全体を覆ったり大きすぎて一部分しか見えない場合もあります。これらの物体はスケールが大きく異なりますが、同じ特徴を持っており、同じロジックで検出できるはずです。

二つめは、**検出対象物体の数は可変である**ということです。そのため、固定長の出力ではなく、可変長の出力を扱えるネットワークが必要になります。

Mask R-CNNは最初に検出候補を列挙し、次に各候補ごとに別々に処理を行います。

図5.11　Mask R-CNN

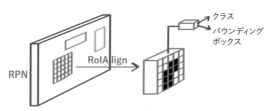

Mask R-CNNはRPNで検出候補を列挙し、
その候補をRoIAlignと呼ばれる操作で固定サイズの
特徴マップに変換し、その上で実際に物体が出現していたか、
その詳細な位置、セグメンテーションマスクを求める

Mask R-CNNで、最初のステップとして検出候補を列挙するネットワークをRPN（*Regional proposal network*）と呼びます。これはバックボーンネットワークの最後の特徴マップを入力とし、それぞれの特徴マップ上の位置で特定の大きさ、形状が出現していたかどうかを判定します。たとえば、この位置に高さ20、幅30ぐらいの車が出現していたかといった具合です。このような検出対象となる物体の候補を**アンカーボックス**（*anchor box*）と呼びます。こ

のアンカーボックスは最終的な検出結果として求めるバウンディングボックスの初期値のようなものであり、これを後に詳細に調べて位置やサイズを修正していきます。アンカーボックスは代表的な矩形を想定して列挙しておいたり、学習データの統計データから代表的な矩形を列挙しておいて利用することが一般的です。

　このRPNを使って各位置ごとに、各アンカーボックスで物体が出現したかどうかを予測します。また、検出対象の大きさを、中心のXY座標、幅、高さを推定します（幅、高さは、アンカーボックスの幅に対する比率を推定する）。これらの予測はすべてカーネルサイズが1×1の畳み込み計算を行い、すべての位置、アンカーボックスについて並列に計算することが実現されます。ここまでで、「物体の検出候補が列挙」することができました。

●‥‥‥‥[Mask R-CNN❸]検出候補の推定

　続いて、各検出候補について実際に出現しているかどうか、および詳細な位置情報を調べます。まず、検出対象が異なるスケールを持つ問題に対処するため、検出候補をすべて統一されたサイズの検出問題に変換します。

　具体的には、検出候補で切り出された特徴マップを双線形補間を使って、固定サイズの特徴マップに変換します。これを **RoIAlign**（*Region of interest align*）と呼びます。

双線形補間　　　　　　　　　　　　　　　　　　　　　　　Note

　双線形補間は、入力の特徴マップを異なるサイズの特徴マップに変換する際、各位置の特徴を入力の周囲4画素の画素値との距離に応じて線形補間して求める操作です。

　あたかも、検出候補を固定サイズの解像度にズームアップするような操作です。このRoIAlignで検出候補を切り出す操作に使う双線形補間は微分可能な操作であり、この後の検出やセグメンテーションを求める処理も微分可能な操作なので、全体の処理も微分可能な計算です。よって、end-to-endで学習できます（RoIAlignで誤差が逆方向に伝播していく）。

　このRoIAlignで抽出された特徴マップを元に、画像分類と同様の処理で画像全体から物体が実際に出現しているかを表すラベルと、またどこに出現しているのかの数値を推定します。ここまでで、「検出」が実現されました。

ヒートマップを使った検出手法
CornerNet、CenterNet

Mask R-CNNのように、検出では可変数個の検出対象を扱う必要があり、処理が複雑になりがちで、並列処理などにより効率化も難しくなります。これに対し、特徴マップのすべての位置で同じ推論を行って途中結果(**ヒートマップ**/*heat map*)を得て、それを介して推定することで処理を簡単にすることができます。

たとえば、CornerNet[注a]と呼ばれるモデルでは、各位置ごとにそれがどれかの物体の左上であるかどうかを出力し、また物体に紐づく埋め込みベクトルを出力します **図C5.A**。同様にして、右下であるかを示すヒートマップを出力し、物体に紐づく埋め込みベクトルを示します。最後に、似た埋め込みベクトルを出力している左上と右上を対応づけることで矩形を推定します。

図C5.A CornerNet

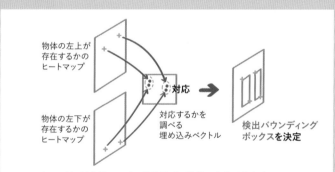

物体の左上が存在するかのヒートマップ

物体の左下が存在するかのヒートマップ

対応するかを調べる埋め込みベクトル

対応

検出バウンディングボックスを決定

CornerNetは特徴マップの各位置で、物体の左上が存在するかのヒートマップと物体の左下が存在するかのヒートマップを出力。対応関係を調べるため、埋め込みベクトルも出力し、近ければ対応するとみなす

この後続のCenterNet[注b]では、中心も同時に予測することで精度を改善しています。

注a • 参考：H. Law and et al.「CornerNet: Detecting Objects as Paired Keypoints」(ECCV、2018)

注b • 参考：K. Duan and et al.「CenterNet: Keypoint Triplets for Object Detection」(ICCV、2019)

●········[Mask R-CNN❹]セグメンテーションの推定

それでは、セグメンテーションについて説明します。セグメンテーションは特徴マップに1×1の畳み込みを適用し、ピクセルごとにどのクラスが出現しているのかを予測することで推定できます。インスタンスセグメンテーションは、検出された候補ごとにセグメンテーションすることで実現されます。

インスタンスセグメンテーションの実現には、ほかには同じインスタンスに属している場合は、似た埋め込みベクトルを出力するように学習させたモデルを使って、似たベクトル同士でクラスタリングしてインスタンスごとのセグメンテーション方法を得る方法、インスタンスの中心を指すベクトルを出力するようにして、インスタンスに分ける方法などが提案されています。これで「セグメンテーション」が実現されました。

···

以上のように、Mask R-CNNは「検出」と「インスタンスセグメンテーション」を実現しています。

画像認識の高速化

画像認識は、自動車の車載カメラやスマートフォンなど、モバイル機器でリアルタイム処理が求められる場合が多くあります。こうしたモバイル機器では、サーバー機器と比べて処理性能や使用電力で制限がある一方で、高いフレームレート(*frame rate*、単位時間に処理するフレーム/画像数)を達成しなければならず、効率的な処理がとくに要求されます。

ここでは、以下の3つの操作/演算を中心に、効率的な画像処理に貢献する代表的な手法について紹介します 図5.12 。

- グループ化畳み込み操作
- 深さごと畳み込み操作
- シフト

図5.12 グループ化畳み込み、深さごと畳み込み、シフト

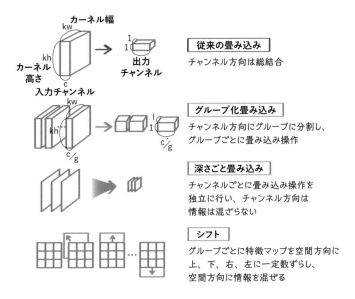

●········グループ化畳み込み操作

畳み込み操作は、空間方向には局所的にしかつながらないカーネル(3×3、5×5など)を利用し(カーネル内のニューロン間しかつながっていない)、チャンネル方向はすべてつながっています。たとえば、カーネルサイズが1×1の場合は空間方向には接続がありませんが、チャンネル方向には総結合でつながっています。

違いとしては、総結合層とは違って、各位置での重みパラメータを共有しています。たとえば、カーネルサイズが$(1, 1)$の畳み込み操作の場合で入力チャンネル数がc、出力チャンネル数がc'とすると、cc'個のパラメータから成り、同じ総結合層を使ってすべての位置で並列に処理しています。

しかし、後半の層になるとチャンネル数は数百〜数千と大きくなるので、カーネルサイズをいくら小さくしても、パラメータ数は数万〜数百万と大きくなってしまいます。

パラメータ数や計算量を減らすために、チャンネルを同じ大きさのグループに分け、それぞれのグループ内のチャンネル間だけがつながっているよう

に設計された畳み込み操作を**グループ化畳み込み操作**と呼びます 図5.13 。と
くに、このグループ化畳み込み操作をResNetに適用したモデルをResNeXT
と呼びます。

図5.13　　従来の畳み込み層とグループ化畳み込み層

チャンネル
方向

従来の畳み込み層
チャンネル方向は
全対全（総結合）
でつながっている

グループ1
グループ2
グループ3

グループ化畳み込み層
グループ内間のみ
全対全でつながっている。
計算時間、パラメータ数を減らせる

　たとえば、カーネルサイズが(k, k)であり、入力と出力のチャンネル数が
ともにcの場合を考えます。この場合の必要なパラメータ数は$k^2 c^2$となり
ます。それに対し、チャンネルをg個のグループに分けたグループ化畳み込
み操作を考えてみましょう。この場合、それぞれのグループ内ではc/g個の
チャンネルがあり、それぞれがc/g個の次の層のチャンネルとつながってい
ます。そして、それらがgグループ分あるので、必要なパラメータ数は
$k^2 \times (c/g) \times (c/g) \times g = k^2 c^2/g$個となります。元の畳み込み層のパラメー
タ数$k^2 c^2$と比べると、グループ化畳み込み層はパラメータ数を$1/g$に減ら
すことができます。表現力は落ちますが、実験的には精度を保つことができ
ることが示されています。

　さらに、グループごとに分けることによって汎化性能が上がることがわか
っています[注19]。これはグループごとに独立に計算を行った後に、組み合わせ
ていることで、アンサンブルのような効果が出ていると考えられています。

　多くのディープラーニングフレームワークは、畳み込み層を指定するパラ
メータにグループ数を指定する引数があり、それを1より大きな整数を指定
することでグループ化畳み込み層を利用することができます。

注19 ・参考：S. Xie and et al.「Aggregated Residual Transformations for Deep Neural Networks」
　　　　（CVPR、2017）

●………**チャンネルシャッフル**　グループ化畳み込みの問題への対応

　グループ化畳み込みを使う場合の問題点は、異なるグループに属するチャンネル間で情報を交換できないことです。

　そこで、チャンネルのシャッフル順序を決めておき、それに従って特徴マップをシャッフルする**チャンネルシャッフル**(*channel shuffle*)を考えることができます。もともとの各チャンネルの情報はスキップ接続で伝えることができ、混ぜることができます。チャンネルシャッフルは学習が必要なパラメータはなく、固定のシャッフル順序だけ保存しておくだけで実現できます。チャンネルシャッフルは、微分可能な操作(誤差はシャッフル順序の逆に従って伝播させれば良い)です。

●………**深さごと畳み込み操作**

　同じチャンネルからしか接続しないような畳み込み操作を、考えることができます。これを**深さごと畳み込み操作**(*depth-wise convolution*)と呼びます。

　グループ化畳み込み操作において、グループ数をチャンネル数と一緒にした場合とみなすこともできます。この場合、チャンネル方向に情報は混ざりませんので、その後に 1×1 畳み込み操作(チャンネル方向の総結合層)やチャンネルシャッフル操作を行い、異なるチャンネル間で情報が行き来できるようにする必要があります。たとえば、入力、出力のチャンネル数がともに c でありカーネルサイズ (k, k) の場合を考えてみます。この場合、従来の畳み込み層のパラメータ数は $k^2 c^2$ となります。

　それに対し、深さごと畳み込み演算を使った場合は $k^2 c$ となります。

●………**シフト**

　深さごと畳み込み演算はチャンネル方向は情報を混ぜずに、空間方向にのみ情報を混ぜている演算であり、パラメータ数を大きく減らすことができます。この考えをさらに推し進めて、**シフト**(*shift*)[注20]と呼ばれる操作は、チャンネルをいくつかのグループに分け、各グループごとにその特徴マップを空間方向に上、下、右、左に一定数ずらすという操作を行うことで空間方向の情報を混ぜます。この場合、学習が必要なパラメータは存在しません。

注20 • 参考：B. Wu and et al. 「Shift: A Zero FLOP, Zero Parameter Alternative to Spatial Convolutions」(CVPR、2018)

チャンネルのグループごとにシフトする操作は、計算量としては少ないですが、大量のメモリ帯域を消費するため、結果として計算コストが大きくなってしまいます。現在の計算機はメモリ帯域律速になる場合が多いためです。

<blockquote>
メモリ帯域律速　Note
　メモリ帯域律速とは、プロセッサの演算器に入力データを供給する速度が全体の処理のボトルネックになっている状態のことです。
</blockquote>

　この問題を解決するため、**アドレスシフト**（*address shift*）[注21]と呼ばれる操作では、特徴マップの本体データを参照するアドレスポインタ（*address pointer*）にオフセット（*offset*）を加えて、ずらすことでシフトを実現します。この場合、メモリコピーすら発生しないため、メモリ帯域消費を抑え、実際の計算時間を大きく改善することができます。

●········**その他の畳み込み操作**　Dilated畳み込み操作、Deformable畳み込み操作

　畳み込み操作は、**空間中で近傍にある領域**でしか接続をしていませんでした。この場合、遠くにある情報を使うことができません。このことは、セマンティックセグメンテーションなど画像全体の情報が必要になるタスクでは問題となります。

　Dilated（Atrous）畳み込み操作は、接続する対象を k 個おきの遠方から集めるようにする方法です。たとえば $k=2$ の場合は、1個おきに間隔をあけたカーネルを利用して情報を集約します。$k=2, 4, 8, 16$ と間隔を倍々にしたDilated畳み込み操作を重ねることで、N 個離れた距離にある情報を $\log_2 N$ 個の層を使って集約することができます。

　Deformable畳み込み操作では、どの位置から情報を集めるのかも学習によって決定します。最初に入力から通常の畳み込み層によってオフセットを出力し、次にそのオフセットを利用した畳み込み操作で変換を行います。注意機構ベースの画像認識モデルでは、このオフセットをキー/クエリの類似度によって求めているとみなすことができます。

注21 ・参考：Y. He and et al.「AddressNet: Shift-Based Primitives for Efficient Convolutional Neural Networks」（WACV、2019）

5.2
音声認識

「音声認識」も画像認識と同様に、ディープラーニングによって著しく精度が向上し、その利用シーンが大きく広がりました。本節では、音声認識の基本と音声認識モデルのLASを取り上げます。

音声認識処理の三つのステップ

音声認識（*speech recognition*）はマイクなどで取得した波形データから、音声を推定するタスクです。この処理は三つのステップ「フロントエンド」「音響モデル」「言語モデル」から構成されます 図5.14 。

図5.14　音声認識処理の基本的な流れ

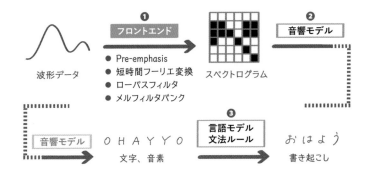

●………[ステップ❶]フロントエンド

一つめは、**フロントエンド**（*frontend*）と呼ばれる波形データから特徴量を抽出するステップです。波形の特徴を強調するPre-emphasis操作を適用した後に、短時間フーリエ変換で時間ごと、周波数ごとの強さを表すスペクトログラム（*spectrogram*）に変換します。そして、音声と関係する低い周波数のみを残し、環境音やノイズに対応する高周波成分を除去するローパスフィルタ（*low-pass filter*）を適用します。さらに人の聴覚などを参考にし、周波数が大きくなるにつれ、サンプリング数を少なくするメルフィルタバンク（*mel filter bank*）を適用します。

●········[ステップ**❷**]音響モデル

　二つめは、**音響モデル**と呼ばれるステップです。抽出された特徴量から**音素**（音の最小構成単位）への変換を行い、最終的に文字への変換を行います。音素を経由しない場合もあります。

　他のタスクでも見られる入力系列データに系列ラベルを付与する問題とみなせますが、文字や音素が対応する時間幅は大きく異なり、同じ文字や音素でも話者、環境、その前後の文字、音素によってその対応関係は大きく異なることがとくに難しい部分であり、たとえば複数ラベルを1つの文字に対応させるなど、特別な処理が必要となります。

●········[ステップ**❸**]言語モデル

　三つめは、**言語モデル**と呼ばれるステップです。言語モデルは与えられた文字列が意味的、用法的に尤もらしいかを評価し、元の音声によらず、正しい文字列に高いスコア、間違っている文字列に低いスコアを与えます。このスコアを使って音響モデルで得られた候補を再評価し、最終結果を決定します。

言語モデル　　　　　　　　　　　　　　　　　　　　　Note

　言語モデルは、与えられた文字列の出現確率を与えるようなモデルであり、多くはこれまでの文脈に後続する単語を予測する自己回帰モデルとして表されます。

　実現例としてはテキスト中に出現する任意の連続したn文字から成る「部分文字列」の統計量を使ったN-gramベースモデルや、LSTM、Transformerを使ったモデルがあります。言語モデルは音声認識や機械翻訳などで使われるほか、近年はGPT-3に代表されるような自然言語の表現学習を行うためのタスクとして注目されています。次節の解説もあわせて参考にしてください。

ニューラルネットワークと音声認識

　音声認識においてニューラルネットワークが使われるようになりましたが、三つのステップがすべてが同時にニューラルネットワークに置き換わったわけではありません。

　はじめに、音響モデルがRNNやCNNベースの手法に置き換わり、次に言語モデルも従来のN-gramベースモデルからLSTMなどを使ったモデルに置き換わりました。現在でもフロントエンドは従来手法が使われている場合が多いですが、波形データを直接入力としてニューラルネットワークで処理す

る手法も登場しており、この場合は入力の波形データから書き起こしまでが
ニューラルネットワークによって実現されていることになります。

Column

音声認識の損失関数
CTC、RNN-T

音声認識では CTC（*Connectionist temporal classification*）[注a] や RNN-T
（*RNN-transducer*）[注b] 呼ばれる損失関数が使われています。

音声認識のネットワークは、入力フレームごとに各文字に対する確率分
布を出力します。一方、訓練データ中には各フレームと書き起こし文字と
の対応関係は、与えられないのが一般的です。

そのため、正解の書き起こし文字と一致する候補解が複数存在すること
になります。また、音声では途中でどの文書き起こし文字とも対応がない
空白を表す状態を出力することを許します。これは各文字の間の無駄な発
音をモデル化するとともに、同じ文字が繰り返される場合に、それらを区
別するために用いられてます。

音声認識ではグラフ上の始点から終点までのパス（*path*、経路）で候補解
を表します。たとえば、正解の文字列が「cat」の場合、正規表現で表した場
合「@*c+@*a+@*t+@*」というパターンにマッチするパスはすべて正解としま
す。ここで@は空白を表す文字であり、*は0回以上の繰り返し、+は1回
以上の繰り返しを表します。たとえば@@caa@@ttt@はこのパターンにマッ
チする文字列です。

このパターンに含まれるパスの集合を G とし、$\pi=\pi_1, \pi_2, ..., \pi_T \in G$
をパス中の対応する文字とします。たとえばパスに対応する文字が $\pi=$"cc@
attt@@" の場合、$\pi_1=c$、$\pi_2=c$、$\pi_3=@$ となります。

このとき、入力 $\mathbf{x}$ と G で定義される CTC 損失関数は、

$$\mathrm{CTC}(\mathbf{x}, G) = -\log \mathrm{add}_{\pi \in G} \sum_{t=1}^{T} f_{\pi_t}(\mathbf{x})$$

と与えられます。ただし、log add は「log-sum-exp」と呼ばれ、対数空間
上で足し算を行った上で元の空間に exp 操作で戻すような操作です。たと
えば2つの要素を足す場合は $\log \mathrm{add}(a, b) = \exp(\log(a) + \log(b))$

注a ・参考：A. Graves and et al.「Connectionist Temporal Classification: Labelling Unsegmented Sequence Data with Recurrent Neural Networks」（ICML、2006）

注b ・参考：A. Graves「Sequence Transduction with Recurrent Neural Networks」（ICML、2012）

と定義され、3つ以上の要素を足す場合も同様に定義されます。この式では正解列に対応するすべてのパスの対数尤度の和を最大化するというものです。CTCの大きな制約として、CTCでは入力 $\mathbf{x}$ に条件付けされた上で、各生成文字が直前までに生成された文字とは独立に生成されると仮定します。式で書くと、$p(y_t|x, y_{<t})=p(y_t|x)$ となります。

　この仮定により、CTCは動的計画法を使って対数尤度の和を効率的に求めることができます。このような計算は、条件付き確率場（*conditional random field*、CRF）の計算でも現れます。しかし、直前に生成した文字列で条件付けしないのは表現力に大きな制約があります。

　この問題を解決するためにRNN-Tでは、それまでの出力 $y_{<t}$ に条件付けられて出力生成されるモデルを考えます（$p(y_t|x, y_{<t})$）。もし生成した文字が非空白文字であれば、出力文字を1文字ずらし、逆に、空白文字であれば、入力フレームを1つずらします。隠れマルコフモデルなどでも使われる「前向き／後ろ向き動的計画法」を使って、各パラメータの勾配は効率的に求めることができます。

LASによる音声認識

　音声認識の実現にはさまざまな手法が提案されていますが、ここでは、その代表的な手法の一つである LAS（*Listen attend spell*）[注22] と呼ばれる音声認識モデルを紹介します。LAS は、音声波形の特徴ベクトルを入力、書き起こし文字列を出力として、end-to-end で学習することができます。

LASの基礎知識

　入力は、波形データを対数メルフィルタバンクに変換したものを利用します。入力音声波形データは、たとえば25ミリ秒の滑走窓を10ミリ秒ごとにずらし、それぞれでメルフィルタバンクで変換し特徴ベクトル $\mathbf{x}=x_1, x_2, ..., x_T$ を得ます。各 x_i が数十次元の特徴量から成るとします。

　出力 $\mathbf{y}=(<\text{sos}>, y_1, y_2, ..., y_s, <\text{eos}>)$ はそれぞれ $y_i \in \{a, b, c, ..., z, 0, ..., 9,\}$ など文字や数字から構成されます。$<\text{sos}>$、$<\text{eos}>$

....

注22 ・参考：W. Chan and et al.「Listen, attend and spell: A neural network for large vocabulary conversational speech recognition」（ICASP、2016）

はそれぞれ開始記号、終了記号を表します。LASでは従来の音声認識で使われていた音素を経由せず、直接文字を出力します。

　音声認識の学習データは文ごとに書き起こしがされている場合がほとんどであり、音声と文字の対応関係（アライメント）が与えられていません。そのため、学習および認識の際にはアライメントも同時に解く必要があります。音声認識の確率モデルとして、入力 $\mathbf{x}$ に対する出力 $\mathbf{y}$ の条件付きモデル $p(\mathbf{y}|\mathbf{x})$ を考えます。各出力は、入力とそれまでの出力に条件付けされて生成されるとします。

$$p(\mathbf{y}|\mathbf{x}) = \prod_i P(y_i|\mathbf{x}, y_{<i})$$

ここで、$y_{<i}$ は y_1, y_1, ..., y_{i-1} を表すとします。

　LAS は、**Listener**（Listen モデル）と **Speller**（AttendAndSpell モデル）の2つのモデルから構成されます 図5.15 。

図5.15 LAS

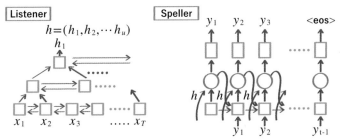

LAS は Listener と Speller から成る。
Listener は入力 x から特徴量 h を求める。 Speller は h から書き起こし文字 y を求める

　Listener は入力 x から特徴量 $h=(h_1, h_2, ..., h_U)$ を求めるモデルです。このとき、特徴量 h の長さ U は元の入力長 T より小さくなっています（$U \leq T$）。

$$h = \mathrm{Listener}(x)$$

　次に、AttendAndSepll は求められた特徴量 h を使って出力 y に対する確率分布を計算します。

$$P(y|x) = \mathrm{Speller}(h, y)$$

それぞれのモデルについて詳しく見てきます。

Listener

　Listenerは、内部で双方向LSTM（*Bidirectional LSTM*、BLSTM）を利用します。これは$i=0 \dots T$という順方向のRNNと$i=T \dots 0$の逆方向のRNNを組み合わせたものです。そして、各層の各状態は直前の隠れ状態と下の層の順方向と逆方向の状態を組み合わせたものから計算されます。BLSTMは、多くの音声認識や機械翻訳で利用されているモデルです。

　LASのListenerではこのBLSTMを変更した、ピラミッド双方向LSTM（*pyramid BLSTM*、pBLSTM）を使います。これは下の層の2ステップに上の層の1ステップが対応するものです。j層めのi番めの状態をh_i^jと記述した場合、その状態は次のように決定されます。

$$h_i^j = BLSTM(h_{i-1}^j, [h_{2i}^{j-1}, h_{2i+1}^{j-1}])$$

　畳み込み層のストライドが2の場合と似ています。pBLSTMは、上の層になるたびに系列長は1/2となります。LASでは3層のpBLSTMを利用しており、最終的な系列長は入力長さがTのとき、$U=T/2^3=T/8$となります。系列長を小さくすることで、上の層の各状態が広い範囲を入力とすることができます。このような各状態の入力となる範囲は**受容野**（*receptive field*）と呼ばれ、pBLSTMの上位層の各状態の受容野を大きくできるということができます。入力は10ミリ秒ごとに一つのx_iが対応していたため、たとえば10秒間の音声が入力の場合$T=1000$となります。それがLASのListenerは特徴量の系列長は$U=125$となり、各h_iは80ミリ秒（80ms）と長い期間の入力範囲が対応することになります。

　全体の系列長（音声認識の特徴マップは空間方向は1次元であり、その長さ）を短くすることで、後の注意機構を利用する問題を簡単にすることができます。

Speller

　次にSpellerについて説明します。

　はじめにAttentionContext（後述）を利用し、背景ベクトルc_iを求めます。**背景ベクトルは、Listenerで計算された情報を注意機構を用いて読み取り、得られた**

ものです。どのように背景ベクトルを求めるかについては、後ほど説明します。

$$c_i = \text{AttentionContext}(s_i, h)$$

また、直前の背景ベクトル c_{i-1} と直前の状態 s_{i-1}、そして直前に生成した文字列 y_{i-1} に従って、次の状態 s_i を RNN を使って求めます。

$$s_i = \text{RNN}(s_{i-1}, y_{i-1}, c_{i-1})$$

そして、状態 s_i と背景ベクトル c_i を利用し、次の文字の確率分布を決定します。

$$P(y_i|x, y_{<i}) = \text{CharacterDistribution}(s_i, c_i)$$

次に、AttentionContext について説明します。AttenContext は次のような注意機構で実現されます。現在の状態 s_i から、どの時刻の情報 h_u を取ってくるかを、次のように計算されるスカラー値 $e_{i,u}$ で決定します。

$$e_{i,u} = \langle \phi(s_i), \psi(h_u) \rangle$$

この ϕ (phi), ψ (psi) はそれぞれ MLP、つまり総結合層で構成されるニューラルネットワークです。そして、確率分布を Softmax 分布で計算します。

$$\alpha_{i,u} = \frac{\exp(e_{i,u})}{\sum_{u'} \exp(e_{i,u'})}$$

最後に、この確率分布に従って、各 h_i を $\alpha_{i,u}$ の重み付けで読み出して c_i を得ます。

$$c_i = \sum_u \alpha_{i,u} h_u$$

ここまでで、入力列 $\mathbf{x}$ から出力列 $\mathbf{y}$ を生成する確率である $p(\mathbf{y}|\mathbf{x}) = \prod_i P(y_i | x, y_{<i})$ を推定するモデルを紹介しました。

学習は、正解の出力系列 $\mathbf{y}^*$ の尤度が最大になるようなパラメータを推定することで実現されます。

$$\max_\theta \sum_i \log P(y_i^*|x, y_{<i}^*; \theta)$$

学習時と推論時の分布の違いに対応する

上記のように、全体の尤度を条件付き尤度に分解した際、各条件を正解の出力系列を使うのは問題があります。それは**学習時**は正解系列の周辺だけで学習しているのに、**推論時**は間違っているかもしれない推論結果に条件付けして推論する必要があるためです。学習時と推論時の条件分布が大きく異なるため、性能が大きく劣化することが知られています。こうした問題は、構造化出力に対する問題で「Exposure Bias」[注23] という名前で知られています。

この問題に対処するためには、学習時にも、正解系列から少し離れたところでもうまく予測できるようになる必要があります。LASでは90%は正解の系列からサンプリングし、10%はモデルが推論した文字分布からサンプリングするようにします。

推論

最後に推論ですが、入力で条件付けしたときに最も確率が高くなるような出力系列を探す問題を解きます。分類の場合はすべてのクラスの確率を列挙し、確率が最大となるクラスを探せば良かったですが、経路は候補経路が非常に多く、すべての系列をそのまま列挙することは計算量的に難しいです。

$$\hat{y} = \underset{y}{\arg\max}\, P(y|x)$$

各状態が直前の状態と今の入力にしか依存していないのであれば、最適解は枝にスコアをつけたグラフ上の動的計画法（ビタビ復号化/*Viterbi decoder*）を使って効率的に解くことができます。

一方、今回の場合、各状態は直前までのすべての状態と入力に依存しているため、動的計画法を使うことはできません。そのため、近似解のみが求まるビームサーチ（*beam search*、ビーム探索）を使って解きます。これは現在の候補から次の文字を展開し、上位 β 個だけを候補に残す方法です。この場合、最適解が見つかる保証がありませんが[注24]、良い解が見つかることが多いこと

注23 • 参考：M. Ranzato and et al.「Sequence Level Training with Recurrent Neural Networks」（ICLR、2016）

注24 たとえば、最適解の前半のスコアが他の候補解より低い場合、最適解に対応する候補解の探索が途中で打ち切られてしまいます。

が経験的に知られています。

　また、言語モデルによるリランキング（*reranking*）も精度向上のために使えます。言語モデルは与えられた文 y の尤もらしさ $P_{LM}(y)$ を与える確率モデルです。

　言語モデルは音声認識モデルとは違って、大量のテキストデータを学習データとして利用することができます。先述のとおり言語モデルも以前は N-gram ベースモデルが利用されていましたが、現在はニューラルネットワークを利用したモデルが使われます。

　このモデルを使って候補解を、条件付き確率 $\log P(y|x)$ に言語モデル $\log P_{LM}(y)$ を加えた次のスコア $s(y|x)$ を使って、ランキングし直します。

$$s(y|x) = \frac{\log P(y|x)}{|y|_c + \lambda \log P_{LM}(y)}$$

LAS は、その単純さと性能の良さから、よく使われています。

5.3
自然言語処理

　第5章の最後のアプリケーション例として、自然言語処理（*Natural language processing*、NLP）について説明します。NLP は、言語情報をコンピュータを使って処理する分野です。NLP にはさまざまなタスクがありますが、ここではその代表的なタスクの一つである、与えられたテキストがどのような意味を持っているかを理解する「言語理解」タスクを考えます。

言語理解　コーパスで「事前学習」する

　言語理解（*language understanding*）タスクでは、大規模なテキストデータ（コーパス /*corpus* と呼ばれる）を用いた**事前学習**（*pretraining*）手法を使ったアプローチが大きく成功しています。

　画像認識では、ImageNet など大規模な教師あり学習データセットを利用して学習し得られたモデルを事前学習済みモデルとして、別のタスクを学習する際の初期値として利用することが多く行われてきました。

　自然言語処理、言語理解においても、**大量のコーパス**を用いて周囲の情報
から単語や文や段落が予測できるかというタスクを解くことで**事前学習**し、
その学習結果を初期値や辞書として使って、さまざまなタスクを解く手法が
成功を収めていました。たとえば、**Word2vec**や**Glove**と呼ばれる手法がこ
れにあたります。この場合、**各単語を高次元の埋め込みベクトルとして表現**
します。次の単語を予測したりするタスクを解くことで、単語、文、段落が
どのような埋め込みベクトルに対応するのかを求めていきます。

　さらに、埋め込みベクトルに変換するだけでなく、文脈から次の単語を予
測する言語モデルを学習し、その**学習済みモデル**をさまざまなタスクに向け
て**ファインチューニング**(*fine-tuning*、微調整)することで、さまざまなタスク
を高い精度で達成できることがわかっています。

BERT　マスクされた単語を予測する

　ここでは、BERT (*Bidirectional encoder representations from transformers*)[注25]
と呼ばれる手法を紹介します **図5.16** 。BERTは「**事前学習**」を使った**言語の表
現学習**であり、当時の多くの言語理解タスクの最高精度を大きく更新し、自
然言語処理タスクの実用化が急速に進みました。その後も、BERTの変種や
似たアプローチ(後述するGPT-3)がさらに性能を改善し続けています。

図5.16　BERT

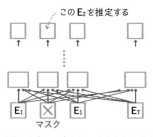

このE₂を推定する

マスク

BERTは与えられた文の一部がマスクされた入力が与えられ、
その入力を推定するタスクで事前学習する。
各層は自己注意機構を利用する

注25 ・参考:J. Devlin and et al.「BERT: Pre-training of Deep Bidirectional Transformers for
Language Understanding」(ACL、2019)

●⋯⋯⋯BERTのモデルの学習

BERTは、次のようにしてモデルを学習します。はじめに、コーパス中の連続する文を、**境界記号**を挟んだ上でつなげて、長い一つの文としたデータを入力とします。次に、その文からランダムに一部の単語を**マスク記号**で置き換えます。たとえば、全体の15%をランダムにマスク記号に置き換えます。そして、マスクされた入力文からマスクされた単語を予測するというタスクを解けるよう学習させます。この学習問題では、正解は常にコストなしで手に入るため（マスクされる前の元の単語）、**大量の注釈なしテキストデータを使って学習することができます**。

このような問題は、国語や英語の試験問題でもよく見ます。これらの単語をうまく予測できるようにするためには、前後の単語だけでなく、文全体でどのようなトピックを扱っているのか、その中で出現している情報は何で、欠落している情報は何か、その情報を表す単語は何かといったことを理解する必要があります。

このタスクを解くことで、ニューラルネットワークは副産物として**テキストを理解できる**ようになります。この**事前学習済みモデル**を他のタスクに使うときは、最後の単語を予測する部分を除いたネットワークに、タスク特有のネットワークを付け足し、**教師あり学習で全体のパラメータをファインチューニングしていきます**。

●⋯⋯⋯学習時と推論時の分布の不一致を学習する

BERTを別タスクに利用する際の注意として、**事前学習時と別タスクの入力分布の違い**があります。事前学習時には文の一部がマスクされたものを入力として使うのに対し、その後のタスクではすべての入力を使って予測するため、入力分布が合わなくなってしまいます。

そこで、事前学習時の予測タスクでは予測対象の単語は、入力として使うときにすべてをマスク記号に置き換えず、一部はそのまま単語を残し、一部は別の単語にランダムに置き換えます。これによって、入力分布の違いを抑えることができると報告されています[注26]。

注26 • 参考：J. Devlin and et al. 「BERT: Pre-training of Deep Bidirectional Transformers for Language Understanding」（ACL、2019）

●········ 多くのタスクに役立つBERT

BERTは、モデルとしてTransformer（前述、BERTではTransformerの復号部のみ利用）という**自己注意機構**をモデルとして使います。

このように、周囲の文脈から単語を予測できるよう学習された表現は、驚くほど多くのタスクを解くことに利用できます。なぜBERTは、ここまで成功したのでしょうか。

●········ ［BERTの特徴❶］自己注意機構で表現力を大きく向上できる

一つめは、Transformerの利用です。Transformerを使うことで、周囲の単語から情報を自由に集めることができます。この**自己注意機構**を使って、どの位置の情報を使って処理をしているかを分析すると、特定部分を理解するためにずっと遠くの特定の情報を見ていることがわかっています。このような内容に応じて特定の情報を瞬時に集めてくるといったことは、従来の総結合層（パラメータ数が大きくなりすぎる）や畳み込み層（受容野が小さい）では、うまく扱えません。また、自己注意機構はモデルの表現力を大きくしやすいという特徴があります。これは注意機構を使うことによって、問題ごとそれぞれに特化したモデルを使うことができるためです。

言語処理では**非常に大きな表現力**が求められ、自己注意機構はそれを満たすことができます。

●········ ［BERTの特徴❷］前後の文脈情報を見て文を深く理解する

二つめは、予測の際に**前後の文脈を使う**点です。従来から、次の出現する単語を予測する、いわゆる言語モデルを学習することで有効な特徴を学習できることが知られていました。最初に紹介したWord2vecなどもそうです。

言語モデルは、単語列の同時確率を各単語を、それまでの単語に条件付けして生成する条件付き確率の積として表すことができ、生成モデルとしてみなすことができます。生成モデルの学習（対数尤度の最大化）というわかりやすい目標は、研究コミュニティに多く受け入れられていました。

それに対し、BERTでは予測する際には前後の文脈を見ることができ、生成モデルとして解釈できず、あくまでランダムにマスクされた単語を復元するという人工的なタスクを解くことで特徴を学習します。

この**前後の情報を使う**ことは、言語理解において重要な役割を果たします。人も難しい文章理解の問題を解く場合は文章の前を見て、その後、後ろを見

て、また別の場所を見てというように、必ずしも文章が書かれている順に読んでそれで判断するのでなく、いろいろな場所を注意深く読んでいって自分の考えを深めていきます。これと同様に、BERTが扱うモデルは前後の文脈を自由に使え、今持っている特徴を自己注意機構で毎回改善していくことで、文全体の理解をすべての位置で改善していき、文をより深く理解することができると考えられます。

●⋯⋯⋯［BERTの特徴❸］大量のコーパスを利用し事前学習させる

　三つめは、これまでにない**大きなデータ**と**大きなモデル**を使っている点です。テキストデータは豊富であり、教師情報が付いてないデータであれば、いくらでも利用することができます。人が一生かかっても読めないほどの文章量より、ずっと大きなテキストデータを使って学習することができます。Transformerを使ったモデルも、前述のように大きくして表現力を上げやすくなっています。

　これらの大きなデータと大きなモデルを使った実験が、容易にできるような計算環境が整ったことも重要でした。最近の最先端のモデルの学習には、数千GPUで数ヵ月かかるといった規模の事例も出てきています。こうしたBERTによって事前学習されたモデルを使って、驚くほど多くのタスクを解くことができます。

　さらに、言語理解の多くのタスクは、文から文への変換タスクとみなすことができます。クエリ文にはどのタスクかを表す質問を加えておくと、ネットワークはどのタスクかを判断し、それに応じて出力を変えることも可能です。たとえば、文の感情分析（文がpositiveかnegativeか）、言い換え、文が同じことを意味しているのか/意味していないのか、単語の意味の曖昧性解消、質問応答などが解けるようになり、既存のそれぞれのタスクに特化した手法の精度を大きく改善しました。

GPT-2/GPT-3

　BERTと同様に、GPT-2[注27]、GPT-3[注28]も大量のコーパスを使って事前学習

注27　• 参考：A. Radford and et al.「Language Models are Unsupervised Multitask Learners」（OpenAI Blog、2019）

注28　• 参考：T. B. Brown and et al.「Language Models are Few-Shot Learners」（NeurIPS、2020）

をし、さまざまなタスクを少量の教師あり学習データで学習することができます。GPT-2/3は、言語モデル（自己回帰モデル）を使い、文脈を入力とし、次の単語を予測できるよう学習された結果、得られた表現を使います。

　GPT-3は従来の研究に比べて遥かに大きなデータセットとモデル、そして大量の計算資源を投入して作られました。GPT-3が扱う**自己回帰モデル**（*autoregressive model*）などでは、投入する学習データ量、計算リソース量、モデルサイズと、自己回帰モデルの対数損失との間にべき乗則が成り立ち、またこの対数損失と得られた表現を使った後続タスクとの間に強い相関があることがわかっています[注29]。実際、GPT-3はこれまでにないような高い汎化性能を達成することがわかっています。

　さらに、GPT-3は**条件付け生成**をうまく使って、新しいタスクを数例の訓練事例や、場合によって一つも訓練事例を使わずに学習することができると報告されています。また、同様の現象は自然言語処理だけで画像認識など他のタスクでも確認されています。

　これらの成功から、今後はより大きなデータセットとモデルを使って事前学習をしておき、それを使って非常に少量の訓練事例や指示でさまざまなタスクをこなしていく時代が到来すると考えられます。

5.4 本章のまとめ

　本章冒頭では、ニューラルネットワークによる**画像認識**として、AlexNet、VGGNet、Inception、ResNet、SENetを紹介しました。また、**物体検出、セマンティックセグメンテーション**を説明し、その実現例として Mask R-CNN を紹介しました。**画像認識の高速化**の例として、**グループ化畳み込み操作、深さごと畳み込み演算、シフト**を紹介しました。

　音声認識の全体の流れを紹介し、具体的な実現例として**LAS**を紹介しました。

　自然言語処理として、**BERT**による事前学習や**GPT-3**の例を紹介しました。

注29　• 参考：J. Kaplan and et al.「Scaling Laws for Neural Language Models」（arXiv:2001.08361）
　　　• 参考：T. Henighan and et al.「Scaling Laws for AutoRegressive Generative Modeling」（arXiv:2010.14701）

Appendix

［厳選基礎］
機械学習&
ディープラーニング
のための数学

　Appendixでは、本書を読んでいくために役立つ数学の知識について説明していきます。もしここの内容を知らなくても本書を読み進めていくことは可能ですが、知っているとより深く理解できるでしょう。

　ここで紹介するのは「線形代数」「微分」「確率」についてです。これら三つは機械学習、ディープラーニングを理解する上で重要な概念であり、データを扱う際には重要なツールです。

　線形代数は、複数の変数間の関係を扱うために必要な道具です。機械学習は入力から出力を求める関数を扱い、その関数を扱う上で線形代数を理解しておくことが必要になります。

　微分は、機械学習における学習のエンジンである最適化を行う際に必要となります。ここでは線形代数で導入した概念の上に多変数関数、複数の関数を組み合わせて作られた関数に対する微分について学びます。

　確率は、データから何か推定をする際に必要なツールです。線形代数、微分の話とは独立した話なので、ここだけ先に読むこともできます。訓練データからモデルを推定する際、入力から出力を推定する際に、確率の概念を知っておくと、より深く理解することができます。

A.1
線形代数

「複数の変数間の関係」を表すことができる線形代数について解説していきます。

　機械学習やディープラーニングは「関数」を使って予測をしますが、その関数は複数の値から構成される「入力」を扱います。たとえば、画像はたくさんの画素値が並んだ値として扱われます。これらの入力を変換していく際に、線形代数が必要になります。

　はじめに、複数の変数を表す「ベクトル」「行列」「テンソル」といった概念についてを解説します。

スカラー、ベクトル

　線形代数（*linear algebra*）では複数の変数間の関係を扱います。そのためにまず複数の変数を表す方法を導入します。

　スカラー（*scalar*）は1つの値もしくは変数のことを指します。一般に英字の小文字x、yで変数を、英字の大文字M、Nで定数を表します。スカラーは、たとえば温度や身長といった「単一の量」を表すことに利用できます。

　ベクトル（*vector*）は複数のスカラーを集めて並べたものであり、以下のように表します。

$$\mathbf{x} = [x_1, x_2, x_3]$$
$$\mathbf{y} = [y_1, y_2, ..., y_n]$$

$$\mathbf{x} = \begin{bmatrix} x_1 \\ x_2 \\ x_3 \end{bmatrix}$$

$$\mathbf{y} = \begin{bmatrix} y_1 \\ y_2 \\ \vdots \\ y_n \end{bmatrix}$$

　n個の数を並べて作られたベクトルを「n次元ベクトル」と呼びます。たとえ、3つの値を並べて作られた場合は、3次元ベクトルです。

また、後述しますが、行列やテンソルなどでは値を並べた形も重要になります。この形を表す値の列をNumPyなどのライブラリではshape（シェイプ）と呼びます。たとえば、3次元のベクトルは(3)というshapeを持つとします。このshapeは、値を並べたタプル（*tuple*）で表します[注1]。以降では、このshapeを使って、さまざまな値のかたまりの形を表すことにします。

スカラー値と区別できるように、ベクトルは$\mathbf{x}$のように太字で表記します。

ベクトルは複数のスカラーをまとめて扱うことができます。たとえば、3次元の座標を表す場合は$\mathbf{x}=(x, y, z)$と3つのスカラーをまとめて扱います。ベクトルにすることで3つの値をまとめて扱うことができます。これらの値をすべて3倍にした場合は$3\mathbf{x}$と簡潔に記述できます。

座標や向き、力のような物理量を表す場合にベクトルが使われる場合が多いですが、必ずしも物理量だけがベクトルの使い道ではありません。たとえば、全国の47都道府県の気温を表す場合は47次元のベクトル$\mathbf{x}$を使って表し、ある日の気温$\mathbf{x}_1$と次の日の気温$\mathbf{x}_2$の差を並べたベクトルは$\mathbf{x}_1$-$\mathbf{x}_2$のように簡潔に書くことができます。

●⋯⋯⋯**行ベクトルと列ベクトル**

ベクトルには値を縦に並べるか、横に並べるかの二種類があります。前出の式のように値を**横方向**に並べたベクトルを**行ベクトル**（*row vectors*）と呼び、**縦方向**に並べたベクトルを**列ベクトル**（*column vectors*）と呼びます。スカラーとベクトルだけ扱っている場合は行ベクトルと列ベクトルどちらでもかまいませんが、後述する行列やテンソルを扱う場合はこれらの区別は重要になります。

数学や機械学習では、とくに指定しない場合は「列ベクトル」を使う場合が多く、本書でも単にベクトルと表現した場合は列ベクトルを指すことにします。

行列

行列（*matrix*）は、値を縦と横に並べた長方形のような値であり、次のように表記します。

注1　Pythonで1つの要素から成るタプルは(3,)のように最後に「,」（カンマ）を付ける必要があります。

$$X = \begin{pmatrix} x_{11} & x_{12} \\ x_{21} & x_{22} \\ x_{31} & x_{32} \end{pmatrix}$$

行列の形は「行」と「列」で表現します。たとえば、この行列は「3行2列」であり、shapeが$(3, 2)$である行列というようにいいます。

行列は、同じshape（サイズ）のベクトル[注2]を複数並べたものとみなすことができます。たとえば、上記の行列は、shapeが(3)の列ベクトルを横方向に2つ並べたことで行列を構成できます。

また、行列は、ベクトルの情報をさらに集めたものといえます。たとえば、先ほどの47都道府県の気温を365日分集めた結果は$(47, 365)$というshapeを持った行列で表すことができます。

行列は、$\mathbf{W}$、W などのように大文字の英字で表します。

テンソル

テンソル（*tensor*）はスカラー、ベクトル、行列を一般化した概念です。

ベクトルはスカラーを1次元方向に並べ、行列は同じshapeのベクトルを並べ、値が2次元方向に広がっているように見えます。同様に、同じshapeの行列を並べることで値が3次元方向に広がっているように見えます。

これを繰り返してくことで、値を4次元方向、5次元方向...に並べて得られる値の塊を「テンソル」と呼びます。

テンソルも行列と同様に、$\mathbf{X}$、X など英字の大文字で表します。

●………「m階」のテンソル

一般に、m次元方向に値を並べて作られたテンソルを「m階のテンソル」と呼びます。テンソルはこれまでのスカラー、ベクトル、行列の概念も一般化でき、スカラーは「0階のテンソル」、ベクトルは「1階のテンソル」、行列は「2階のテンソル」です。

m階のテンソルのshapeは$(5, 10, ..., 2)$のようにm個の値で指定できます。また、m階のテンソルの各要素はm個の添字を使って参照することができます。たとえば、3階のテンソルの各要素は$\mathbf{X}[i, j, k]$のようにアクセスで

注2　ベクトルの場合は、サイズとshapeが一致します。

きます。ここでは、プログラムと同じように、添え字は0（ゼロ）スタートとします。先ほどの例の行列は、2階のテンソルでshapeが(3, 2)となります。

　プログラミング言語によっては、**多次元配列**をサポートしている場合がありますが、それはテンソルと同じです。ベクトルは1次元配列、行列は2次元配列、m階のテンソルはm次元配列です。

　i番めの添字を「i軸」と呼びます。先ほどのi、j、kは1軸め、2軸め、3軸めと表現されます。

　たとえば、カラー画像をデジタル表現する場合を考えてみましょう。画像を構成する各画素の色は3原色（赤、緑、青）のそれぞれ強さで表現することができ、1つの画素の色は3つの値（赤、緑、青、それぞれ0～255）で指定できます。黒は(255, 255, 255)、赤は(255, 0, 0)などです。

　この場合、幅の画素数がW、高さ方向の画素数がHの画像はshapeが$(W, H, 3)$の3階のテンソルで表現できます。この場合、1軸めが幅、2軸めが高さ、3軸めが色を指定しています。また、$\mathbf{X}[120, 60, 1]$（添字が0スタートなのに注意）が幅方向に120+1番め、高さ方向に60+1番め、緑の画素値を表します。

　テンソルのshapeが$(s_1, s_2, ..., s_m)$で表されるm階のテンソルの要素数は、$s_1 \times s_2 \times ..., \times s_m$です。

四則演算

　次に、ベクトル、行列、テンソルの四則演算について説明します。足し算、引き算は同じshapeを持ったベクトル、行列、テンソル間だけで成立し、要素ごとの足し算、引き算として定義されます。

　たとえば、shapeが(3)から成るベクトル同士の足し算は、以下のように定義されます。引き算も同様です。

$$[v_1, v_2, v_3] + [v_4, v_5, v_6] = [v_1 + v_4, v_2 + v_5, v_3 + v_6]$$

ベクトル$\mathbf{x}$、$\mathbf{y}$間の足し算は$\mathbf{x}+\mathbf{y}$と表記されます。

　掛け算や割り算も同様に要素ごとの掛け算、割り算として定義することができますが、後で説明する「行列積」という別の形で定義した積のほうが一般的なので、要素ごとの掛け算の場合はそのまま「要素ごとの積」と呼んだり、専門用語として「アダマール積」（*Hadamard product*）と呼びます。

テンソル $\mathbf{A}$ とテンソル $\mathbf{B}$ のアダマール積は $\mathbf{A} \odot \mathbf{B}$ のように記号「$\odot$」(odot、「$\circ$」/circ の場合もある)を使って表します。

ブロードキャスト

基本的に四則演算は、同じ shape を持つベクトル、行列、テンソルに対してのみ定義されますが、特別な場合として、ベクトル、行列、テンソルに「スカラー値」を掛けた場合(c がスカラー値のとき、$c\mathbf{x}$ や $c\mathbf{X}$)は、要素ごとにそのスカラー値を掛けた結果とみなします。

NumPy では、階数が異なるテンソル間の要素ごとの演算も**ブロードキャスト**(*broadcast*)と呼ばれる演算で定義することができ、非常に強力なしくみとして多く利用されています。

内積

同じ shape を持ったベクトル同士で、内積を定義することができます。

内積(*inner product*)は、要素積を計算した後にその値を合計したものです。ベクトル $\mathbf{x}$ の i 番めの要素を x_i のように表記すると内積は「$\cdot$」(cdot)という記号を使って、以下のように定義されます。

$$\mathbf{x} \cdot \mathbf{y} = \sum_i x_i y_i$$

内積の結果は、スカラー値です。また、内積は $\langle \mathbf{x}, \mathbf{y} \rangle$ という表記を使ったり、ベクトルが列ベクトルだとして $\mathbf{x}^T \mathbf{y}$ と表記をしたりします(これは後述の行列積と同じ)。

行列積

行列 $\mathbf{A}$ と行列 $\mathbf{B}$ が与えられたとき、$\mathbf{A}\,\mathbf{B}$ という**行列積**(*matrix multiplication*)は $\mathbf{A}$ の各行と $\mathbf{B}$ の各列間の内積を計算し、それを並べた結果として定義されます。

具体的には、行列 $\mathbf{A}$ の i 番めの行を $\mathbf{A}[i, :]$ で表し、行列 $\mathbf{B}$ の j 番めの列を $\mathbf{B}[:, j]$ で表すとします。行列積は $\mathbf{A}\,\mathbf{B} = \mathbf{C}$ のとき、$\mathbf{C}[i, j] = \mathbf{A}[i, :] \cdot \mathbf{B}[:, j]$ として定義されます。

内積が定義される条件として、ベクトルのshapeが等しいことが必要でした。行列積での内積が定義される条件として$\mathbf{A}$の各行のshape、つまり$\mathbf{A}$の列数と、$\mathbf{B}$の各列のshape、つまり$\mathbf{B}$の行数が一致する必要があります。

行列$\mathbf{A}$のshapeが(n, m)、行列$\mathbf{B}$のshapeが(m, k)であるとき、行列積が定義でき、その結果の行列$\mathbf{C}$のshapeは(n, k)となります。

行列積は、掛け算とは違って交換則が成り立たず、$\mathbf{AB}$と$\mathbf{BA}$が等しいとは限りません。

行列積を使って、行列間の膨大な数の内積をコンパクトに表現することができます。

行列積は、ニューラルネットワークの**総結合層**や**注意機構**で登場します。**畳み込み層**も入力を並び替えることで行列積とみなすことができます。

線形関数と行列

入力と出力間の関係を表す関数の中でも、「線形関数」と呼ばれる種類の関数を説明します。さらに、線形関数は、それに対応する行列によって特徴づけられることも見ていきます。

ベクトル$\mathbf{x}$を入力とする関数fを考えます。たとえば、関数はベクトルの要素を全部足してスカラー値を返すようなものだったり、要素ごとにそれぞれの要素を二乗して同じshapeのベクトルを返すものとします。この関数fが次の2つの条件を満たすとき、

$$f(\mathbf{x} + \mathbf{y}) = f(\mathbf{x}) + f(\mathbf{y})$$
$$f(c\mathbf{x}) = cf(\mathbf{x})$$

この関数を**線形関数**と呼び、この2つの条件を**線形性**、この関数により、入力が変換されることを**線形変換**と呼びます。

一つめの式は、2つのベクトルを足した結果を入力とするとき、その関数の結果は、それぞれのベクトルに対して別々に関数を適用した後に、足したとしても結果が一致するという意味です。

二つめの式は、ベクトルにスカラー値(c)を掛けた後[注3]、関数を適用した結

注3　スカラー値を掛ける場合は、要素ごとにそのスカラー値を掛けた結果であることに注意してください。

果は、元の入力に対し関数を適用した結果にスカラー値を掛けた結果と一致することを意味します。

このような線形関数は、上の条件を組み合わせることでより一般的には、任意のスカラー値 α_i に対して、以下が成り立ちます。

$$f(\sum_i \alpha_i \mathbf{x}_i) = \sum_i \alpha_i f(\mathbf{x}_i)$$

線形関数は、関数の中でも基本的で重要な関数です。世の中の多くの現象が線形性を持ち、線形関数で表すことができます。

また、関数が線形性を持たない場合でも、突然値が大きく変わらないような関数であれば、**線形関数である程度近似することができます**（テイラー展開を用いた1次のテイラー近似）。

そして、ベクトルを入力とする任意の線形関数 f に対して1つの行列 $\mathbf{A}_f$ が対応し、線形関数は以下のように、その行列による行列積で表せることがわかっています。

$$f(\mathbf{x}) = \mathbf{A}_f \mathbf{x}$$

つまり、線形変換 f と、それに対応する行列 $\mathbf{A}_f$ を使った行列積による結果は一対一に対応します。

行列のさまざまな性質

本項では、行列のさまざまな性質や定義を紹介していきます。

- 正方行列
- 転置
- 単位行列
- 逆行列
- 対称行列
- 直交行列
- 特異値分解
- 固有値分解

を一気に取り上げていきましょう。

正方行列

行数と列数が一致する行列、つまり正方形のような形をしている行列を**正方行列**(*square matrix*)と呼びます。

転置

ベクトルで、縦方向に並んでいる列ベクトルを、横方向に並んでいる行ベクトルに変換して使いたい場合があります。このようなベクトルの並んでいる方向を変える演算を**転置**(*transpose*)と呼び、変数の肩に T を載せて表記します。たとえばベクトル $\mathbf{x}^T$ といったようにです。

同様に、行列に対する転置も定義することもできます。shape は (N, M) から (M, N) となり i 行 j 列めの値が転置後は j 行 i 列めの値となります。

$\mathbf{X}[i, j] = \mathbf{X}^T[j, i]$ がすべての i、j について成り立ちます。あたかも行列を、対角線を軸としてくるっとひっくり返したような演算です。

テンソルに対しても転置を定義することができますが、各軸ごとにどのように変換するかの自由度があります。たとえば、3階のテンソルで値を1軸め、3軸め、2軸めの順番に変換することができます。NumPy などでは「transpose」(トランスポーズ)という演算で定義されており、先ほどの演算は0から添え字が始まることに注意すると $(0, 2, 1)$ と指定すれば、そのように転置してくれます。

単位元と単位行列

掛け算で数字の1は $10 \times 1 = 10$ といったように、それを別の数に掛けたとしても、その数が変わらないという性質を持ちます。このような要素をその演算の**単位元**(*identity element*)といいます。1は掛け算の単位元であり0は足し算の単位元です。

同様に、行列積という演算に対しても単位元を定義することができます。行列積の単位元を**単位行列**(*identity matrix*)と呼び、記号 $\mathbf{I}$ で表します。行列の斜めの要素 $\mathbf{A}[i, i]$ を**対角要素**(*diagonal element*)と呼び、それ以外の要素 $\mathbf{A}[i, j]$ $(i \neq j)$ を**非対角要素**(*off-diagonal element*)と呼びます。単位行列は対角成分の値がすべて1であり、非対角要成分がすべて0であるような正方行

列です。

単位行列$\mathbf{I}$は、任意の正方行列$\mathbf{A}$に対し、$\mathbf{A}\mathbf{I}=\mathbf{A}$、$\mathbf{I}\mathbf{A}=\mathbf{A}$が成り立ちます。

逆行列

掛け算の逆数とは、その数を掛けると1になるような値です。たとえば、3の逆数は$1/3$であり$3\times1/3=1$を満たします。

同様に、行列積という演算上で逆数を定義することができます。これを**逆行列**（*inverse matrix*）と呼び、行列$\mathbf{A}$の逆行列を$\mathbf{A}^{-1}$と表記できます。逆行列は、以下を満たします。

$$\mathbf{A}\mathbf{A}^{-1} = I$$
$$\mathbf{A}^{-1}\mathbf{A} = I$$

shapeが$(2, 2)$、$(3, 3)$の行列であれば逆行列を求める公式がありますが、それより大きな行列の場合は逆行列を直接求める方法は存在せず、その近似を求めるアルゴリズムが存在します。

●……… 正則行列

また、逆行列は、常に存在するとは限りません。逆行列が存在するような行列を**正則行列**（*regular matrix*）と呼びます。

対称行列

行列とその転置行列が一致する場合、つまり$\mathbf{A}=\mathbf{A}^T$であるとき、その行列を**対称行列**（*symmetric matrix*）と呼びます。

直交行列

正方行列のうち、転置行列と逆行列が等しい行列を**直交行列**（*orthogonal matrix*）と呼びます。直交行列は$\mathbf{A}^T\mathbf{A}=\mathbf{A}\mathbf{A}^T=\mathbf{I}$を満たすような行列です。

行列積$\mathbf{A}\mathbf{B}=\mathbf{C}$の$C(i, j)$が$A$の$i$行めと$B$の$j$列めのベクトル間の内積であり、単位行列は対角成分のみ1、ほかは0であることを思い出すと、直

交行列とは、各行（列）が、同じ行（列）間との内積が1、それ以下の行間との内積が0であるような行列ともいえます。

特異値分解

任意の行列 $\mathbf{A}$ は直交行列 $\mathbf{U}$、$\mathbf{V}$、対角行列 $\mathbf{S}$ を用いて、$\mathbf{A} = \mathbf{U}\mathbf{S}\mathbf{V}^T$ のように分解することができます。この分解を**特異値分解**（*singular value decomposition*、SVD）と呼びます。

固有値分解、固定値、固定ベクトル

また、任意の対称行列 $\mathbf{A}$ は直交行列 $\mathbf{U}$ を用いて、$\mathbf{A} = \mathbf{U}\mathbf{S}\mathbf{U}^T$ と分解することができます。この分解を**固有値分解**（*eigen value decomposition*）と呼びます。

このようにして得られた S の各対角成分 s_i を行列の**固有値**と呼び、またそれに対応するベクトル $\mathbf{u}_i$ を行列の**固有ベクトル**と呼びます。

ベクトル間の距離、類似度

2つのベクトルが与えられたとき、それらがどれだけ似ているかを測る尺度として**コサイン類似度**（*cosine similarity*）があります。

ベクトル $\mathbf{u}$ とベクトル $\mathbf{v}$ 間のコサイン類似度は、

$$\mathrm{sim}(\mathbf{u}, \mathbf{v}) = \mathbf{u}^T\mathbf{v}/||\mathbf{u}||\ ||\mathbf{v}||$$

と定義されます。これはベクトル $\mathbf{u}$ と $\mathbf{v}$ 間の角度を θ としたとき、そのコサイン $\cos\theta$ と一致します。ベクトルの長さに関係なく、2つのベクトルが同じ方向を向いているとき1、直交しているとき0、反対を向いているとき-1の値をとります。

コサイン類似度は、たとえば、自己教師あり表現学習で与えられた2つの入力が似ているかどうかを判定する際に用いられます。

A.2
微分

続いて、微分について説明します。はじめに、微分がどのように本書と関係するのかについて、全体像を見ていきましょう。

微分と勾配

本書で紹介するニューラルネットワークは、訓練誤差などで構成される目的関数を最小化することによってパラメータを決定します。

この最小化には、パラメータをどの方向に動かせば最小化できるかを求めることが重要です。この方向を与えるのが**勾配**(*gradient*)です。勾配は入力がスカラー値の場合における「傾き」という概念を、入力がベクトルである関数の場合に拡張したものです。

さらに、ニューラルネットワークは関数として見た場合、線形関数、非線形関数を何回も繰り返し適用した結果、得られるという非常に複雑な関数ですが、この関数の微分は後述する微分の公式(**微分の線形性、積の微分、連鎖律**)を使って求められます。また、ベクトルを入力とし、ベクトルを出力するような関数の場合の微分の概念に対応する**ヤコビ行列**、ベクトルを入力とし、スカラーを出力する場合の2階微分である**ヘッセ行列(ヘシアン)**も以下で紹介します。

微分入門

はじめにスカラー値を入力とし、スカラー値を出力する関数 $y=f(x)$ を考えます。関数 $f(x)$ がどのような形をしているのかを表す情報として、**微分**(*derivative*)があります。

関数のある入力値における微分は、その点におけるグラフに接する直線、**接線の傾き**として定義されます。

別の言い方では、**その入力における関数の「瞬間の変化率」**ともいえます。

ある位置 x での接線を求めるためには、少し離れた別の位置 $x+h$ との直線を引き、その直線の傾き a を求めます。

$$a = \frac{f(x+h) - f(x)}{(x+h) - x} = \frac{f(x+h) - f(x)}{h}$$

そして、この少し離れた位置$x+h$をxに近づけていきその極限の値を計算します。極限の値は$\lim_{h \to 0}$として記述でき、

$$f'(x) = \lim_{h \to 0} \frac{f(x+h) - f(x)}{h}$$

と表記できます。この式を**導関数**（*derived function*、$f'(x)$）と呼び、導関数を求める操作を「微分をとる」といいます。また、微分をとる記号を$\frac{d}{dx}$（**微分作用素**/*differential operator*と呼ぶ）と表し、次のように書くこともあります。

$$f'(x) = \frac{d}{dx}f(x)$$

この微分作用素を使った表現$\frac{d}{dx}f(x)$は$f'(x)$より煩雑ですが、何の変数について微分をとっているのかがわかりやすく、より正確に表現をしたいときは微分作用素を使います。以降では$f'(x)$をおもに用います。

微分の公式

多くの関数の微分は解析的に求めることができ、また複雑な関数であっても、微分の公式を使って簡単な微分の問題に帰着することができます。

まず関数が定数$f(x) = c$の場合の微分は$f'(x) = 0$となります。関数をグラフとして見た場合は値が一定で入力が変わっても変化率は0、傾きが0だからです。

次に、入力をそのまま返す**恒等関数**（*Identity function*）$f(x) = x$の微分は$f'(x) = 1$となります。どの位置でも傾きが1（xがa増えると関数値もa増える）ためです。

次に$f(x) = x^n$を考えてみましょう。これは上の傾きを求める式で極限をとる操作を考えてみると、まず、$f(x+h)$と$f(x)$については

$$f(x + h) = x^n + nx^{n-1}h + \mathcal{O}(h^2)$$
$$f(x) = x^n$$

となります。ここで $\mathcal{O}(h^2)$ というのは、それが h^2 という項を含んでいることを表します。

次に、これらの差をとり、h で割った場合、次のようになります。

$$\frac{f(x + h) - f(x)}{h} = nx^{n-1} + \mathcal{O}(h)$$

この h を 0 に近づけていくと、$\mathcal{O}(h)$ の項は h が 0 に近づくにつれ、0 に近づくので、結果として $f(x) = x^n$ のとき、$f'(x) = nx^{n-1}$ が得られます。

微分の線形性

また、微分は**線形性**（*linearity*）を持ちます。つまり、

$$(f(x) + g(x))' = f'(x) + g'(x)$$
$$(cf(x))' = cf'(x)$$

が成り立ちます。これは微分を求める式で、入力の各項ごとに導関数を求めてそれを足し合わせれば良いこと、入力が定数倍になったときは導関数も定数倍になることから証明できます。

ちなみに、微分は線形性を持つことから、微分に対応する行列が存在し、微分は行列積で表すことができますが、関数は無限次元であるため（無限個の基底を使って表す必要があるため）、行列は無限に大きな行数と列数を持った行列で表す必要があり、実用的ではなく行列表現は実際には使われません。

積の微分

関数の積 $f(x)g(x)$ に関する微分は $(f(x)g(x))' = f'(x)g(x) + f(x)g'(x)$ が成り立ちます。

この**積の微分**も、先ほどの微分を求める公式を計算すれば得られます。

連鎖律　合成関数の微分

また、関数の結果 $y = g(x)$ にさらに別の関数 $f(y)$ を適用した合成関数 $f(g(x))$ の微分を考えてみましょう。

どの変数について微分をとっているかを明確にするために、微分作用素を使って表すと、

$$\frac{d}{dx}f(g(x)) = \frac{d}{dy}f(y)\frac{d}{dx}g(x)$$

が成り立ちます。

このように複数の関数が**合成されて作られた関数の導関数**は、**それぞれの関数の導関数の積**で表されます。これを**連鎖律**（*chain rule*）と呼びます。

この合成関数の微分の公式は、ニューラルネットワークの**誤差逆伝播法**で重要となります。もともと合成関数では、$g(x)$ は f という関数の中に入っていたのに、微分を計算するときには外に出てきて積をとるという部分に注意してください。

たとえば、$y = g(x) = 5x$、$f(y) = 3y^2$ を考えてみましょう。この場合 $f(g(x)) = 3(5x)^2 = 75x^2$ であり $f'(g(x)) = 150x$ と求まります。

一方で、$\dfrac{d}{dx} = 5$、$\dfrac{d}{dy}(f(y)) = 6y$ であり、

$$\frac{d}{dy}f(y)\frac{d}{dx}g(x) = 6y * 5 = 30y$$ で、$y = 5x$ だったので $150x$ となります。

偏微分

ここまでは関数は入力が1変数、出力も1変数の場合を考えてきました。

次に、入力が複数の変数 $x_1, x_2, \ldots, x_m$ で出力が1変数であるような $f(x_1, x_2, \ldots, x_m)$ 関数の微分を考えてみましょう。このような変数を**多変数関数**（*multivariable function*）と呼びます。

この場合、変数 x_i だけに注目し、他の変数 $x_j (j \neq i)$ を定数とみなし、x_i について微分をとった結果を**偏微分**（*partial derivative*）と呼び、$\dfrac{\partial}{\partial x_i}f(x_1, x_2, \ldots, x_m)$ と表します。微分を表す記号は d でしたが、偏微分では ∂ に変わっています。ま

た、f'_{x_1}のように書くこともあります。

偏微分も微分と同様に線形性を持ち、積の微分や合成関数の微分などの公式が成り立ちます。

ベクトルによる微分と「勾配」

引き続き入力が多変数、出力が1変数であるような関数$y=f(\mathbf{x})$の場合を考えます。複数の変数から成る入力をベクトルを使って表し、関数はベクトルを入力とし、スカラーを出力とする関数だとみなせます。

ベクトルの成分ごとに偏微分を計算し、それらを並べてベクトルにしたものをこの関数の入力$\mathbf{x}$についての「勾配」と呼び、

$$\mathbf{v} = \frac{\partial}{\partial \mathbf{x}} f(\mathbf{x})$$

のように表します。勾配$\mathbf{v}$は、入力と同じ次元数を持つベクトルです。勾配は入力位置$\mathbf{x}$における傾きを表し、関数値が最も急激に変化する方向を表します。

入出力がスカラー値の場合、微分をとって得られた結果を再度微分をとると、関数の変化率を表す関数が得られます。これを「2階微分をとる」と呼びます。

同様に、入力がn次元ベクトル$\mathbf{x}$、出力がスカラー値yであるような関数yに対し、各成分について偏微分をとった結果である勾配に対し、再度各成分について偏微分をとった結果を**ヘッセ行列**(Hessian matrix)または**ヘシアン**(Hessian)と呼びます。これは、i行j列めの成分値が$\frac{\partial^2 y}{\partial x_i \partial x_j}$となるような行列です。スカラー入出力関数において2階微分の符号がどちらに曲がっているか、もしくは平らかを表すのと同様に、ヘシアンの固有値の符号の分布がその関数がその位置で極小か極大かを表しています。

次に、関数の入力がn次元のベクトル$\mathbf{x}$、出力がm次元のベクトル$\mathbf{y}$である場合、$\mathbf{y}=f(\mathbf{x})$を考えます。

出力$\mathbf{y}$のi番めの成分値を計算する関数をy_iと書くことにします。

このとき、i行j列めの成分値が$\frac{\partial y_i}{\partial x_j}$で表されるshapeが$(m, n)$である行列$J_f$を関数$f$の**ヤコビ行列**(Jacobian determinant)または**ヤコビアン**(Jacobian)と呼びます。

ヤコビアンは、y_i の勾配を行ごとに並べて得られる行列ともみなせます。

本書で登場する誤差逆伝播法は、これら微分の公式やベクトル入出力関数の微分であるヤコビアンを使って、複雑な関数の微分をそれぞれの構成要素の微分の組み合わせとして表現し、効率的に微分を求めることができます。

A.3
確率

本節では確率について見ておきましょう。確率を使うことによりデータの分布や、不確実性といった概念を数式化することができます。また、統計を扱う際には確率というツールを扱うことにより、作ったモデルが妥当なのか、あるデータが外れ値なのかどうかといった判断をすることができます。

確率入門

確率(*probability*)は、さまざまな可能性がある事象に対して、それらの事象がどの程度起こりそうかの度合いを表します。たとえば、サイコロを転がした場合、1の目が出る確率は1/6だといったものです。また、確率は実際に起きる確率だけではなく、推定結果による信念や、人の事前知識を表す場合もあります。たとえば、「この新しいプログラムが誤りなく動く確率は5%であるだろう」や「明日、雨が降る可能性は30％だろう」といったものです。

確率は $P(x)$ のような関数の形で表し、この入力 x を**確率変数**(*random variable*)と呼びます。確率変数は起きうる事象のいずれかの値をとるような変数です。たとえばサイコロの目でいえば x は $1, 2, 3, 4, 5, 6$ といった数のいずれかをとります。

そして、$P(x=u)$、もしくは $P(u)$ は、確率変数 x の値が u(確率変数がとる値)となる確率を表すとします。

確率は、すべての事象の確率の和が1である、すべての事象の確率は0以上であるという2つの制約を満たします。

$$\sum_x P(x) = 1$$
$$P(x) \geq 0 \ (すべての x について)$$

同時確率

次に、確率変数が2つある場合を考えてみます。ある2つの事象が同時に起きる確率を**同時確率**（*joint probability*）と呼び、$P(X, Y)$のように表します。たとえば、$P(u, v)$は確率変数Xの値がu、Yの値がvを同時にとる確率を表します。

●⋯⋯⋯ 周辺化

同時確率に対し、特定の確率変数のみに注目し、それ以外の確率変数について和をとることで消去する操作を**周辺化**（*marginalization*、**周辺化消去**）と呼びます。注目していない確率変数を無視した場合と考えても良いです。

$$P(x) = \sum_y P(x, y)$$

$$P(y) = \sum_x P(x, y)$$

周辺化という直感的でない言葉は、行に1つめの確率変数を割り当て、列に2つめの確率変数を割り当てて同時確率を表で書いた場合、その行の合計の確率、列の合計の確率を表の周辺に書いたことからこの名前がついています。

条件付き確率

片方の確率変数をある値で固定した上で、もう片方の確率がどうなるのかを表した確率分布を**条件付き確率**（*conditional probability*）と呼び$P(Y|X)$と呼びます。

たとえば、$P(y|x)$は$P(X, Y)$のうちYの値が何であろうが、$X=x$であるような事象の中で$Y=y$をとる確率なので、条件付き確率は、同時確率を条件の確率で割った値と一致します。

$$P(y|x) = P(x, y)/P(x)$$

ベイズの定理

先ほどの条件付き確率の式をさらに変形すると$P(x|y)$を$P(y|x)$, $P(x)$, $P(y)$の3つの確率から求められます。

$$P(x|y) = P(x,y)/P(y) = P(y|x)P(x)/P(y)$$

これを**ベイズの定理**(*Bayes' theorem*)と呼びます。統計や機械学習で重要な定理です。

例として、本書『ディープラーニングを支える技術』を読んでいる人が、学生である確率を求めてみましょう(以降の確率の値は適当な値である)。

Xを"学生である", "学生でない"という値をとる確率変数であるとし、Yを"本書を読んでいる"、"本書を読んでいない"という値をとる確率としましょう。

そして、学生であれば、本書を読んでいる確率を$P($読んでいる$|$学生$)=0.05$とし、またすべての人で学生である確率$P($学生$)=0.1$、すべての人で本書を読んでいる確率$P($読んでいる$)=0.01$とします。

このとき、$P($学生$|$読んでいる$)=P($読んでいる$|$学生$)P($学生$)$ / $P($読んでいる$)=0.05×0.1/0.01=0.5$と求められます。

ベイズの定理はとくに、yが観測であり、xが何か推定したい対象の場合にに使われます。先ほどの例では読んでいるという観測が得られたときに、その人が学生であるかどうかを推定していました。

この場合、$P(y|x)$を**尤度**(もっともらしさ)と呼び、$P(x)$を**事前確率**(または事前分布)、$P(x|y)$を**事後確率**と呼びます。

何もまだ観測していない場合にある人がいたとき、その人が学生である確率は$P(x)$として与えられます。これは観測前の確率なので**事前分布**(*prior distribution*)と呼びます。

そして、その人が本を読んでいた(もしくは読んでいない)という観測が得られたときに再度その人が学生であるかどうかは変わります。これは観測後の確率なので**事後分布**(*posterior distribution*)と呼びます。

ベイズの定理を使ってさまざまなことを推定することができます。たとえば、あるメールが迷惑メールであるかどうかを判定する場合は、ベイズの定理を使った**単純ベイズ法**(*naive Bayes*)などが広く使われています。

本書でベイズの定理は、観測からモデルのパラメータを推定する場合に登場し、第2章でも取り上げています。

索引

●著者プロフィール

岡野原 大輔 Okanohara Daisuke

2010年 東京大学情報理工学系研究科コンピュータ科学専攻博士課程修了(情報理工学博士)。在学中の2006年、友人らと Preferred Infrastructure を共同で創業、また2014年に Preferred Networks を創業。現在は Preferred Networks の代表取締役 CER および Preferred Computational Chemistry の代表取締役 CEO を務める。
・『深層学習 Deep Learning』(共著、近代科学社、2015)
・『オンライン機械学習』(共著、講談社、2015)
・『Learn or Die 死ぬ気で学べ プリファードネットワークスの挑戦』(西川 徹との共著、2020)
・連載「AI最前線」(『日経Robotics』、本書制作時点で連載中)

装丁・本文デザイン	西岡 裕二
図版	さいとう 歩美
本文レイアウト	酒徳 葉子(技術評論社)

Tech × Books plusシリーズ

ディープラーニングを支える技術
「正解」を導くメカニズム[技術基礎]

2022年1月21日 初版 第1刷発行
2023年9月19日 初版 第4刷発行

著者	岡野原 大輔
発行者	片岡 巌
発行所	株式会社技術評論社
	東京都新宿区市谷左内町21-13
	電話 03-3513-6150 販売促進部
	03-3513-6177 第5編集部
印刷/製本	日経印刷株式会社

● お問い合わせについて

本書に関するご質問は記載内容についてのみとさせていただきます。本書の内容以外のご質問には一切応じられませんのであらかじめご了承ください。なお、お電話でのご質問は受け付けておりませんので、書面または小社Webサイトのお問い合わせフォームをご利用ください。

〒162-0846
東京都新宿区市谷左内町21-13
㈱技術評論社
『ディープラーニングを支える技術』係
URL https://gihyo.jp(技術評論社Webサイト)

ご質問の際に記載いただいた個人情報は回答以外の目的に使用することはありません。使用後は速やかに個人情報を廃棄します。